Martin Karplus

Facetten meines Lebens

EINE AUTOBIOGRAFIE

Martin Karplus

Facetten meines Lebens

Optimismus, Selbstvertrauen und manchmal Glück

Aus dem Englischen von Sebastian Vogel

VERLAG DER
ÖSTERREICHISCHEN
AKADEMIE DER
WISSENSCHAFTEN

Bibliografische Information der Deutsche Nationalbibliothek
Die Deutsche Nationalbibliothek verzeichnet diese Publikation in der Deutschen Nationalbibliografie; detaillierte bibliografische Daten sind im Internet über http://dnb.dnb.de abrufbar.

Die verwendete Papiersorte in dieser Publikation ist DIN EN ISO 9706 zertifiziert und erfüllt die Voraussetzung für eine dauerhafte Archivierung von schriftlichem Kulturgut.

Umschlaggestaltung: World Scientific Publishing Europe Ltd.
Umschlagbilder: World Scientific Publishing Europe Ltd.

Originaltitel: Spinach on the Ceiling.
The Multifaceted Life of a Theoretical Chemist.

ISBN 978-3-7001-9210-7 (Softcover)
ISBN 978-3-7001-9237-4 (Hardcover)
Übersetzung: Dr. Sebastian Vogel
Wissenschaftliches Lektorat und Redaktion:
Prof. Stefan Boresch
Sprachklektorat: Susanne Warmuth
Lektorat: Rudolph Schuster
Satz/Design: buero8, Wien
Druck: PrimeRate, Budapest
https://epub.oeaw.ac.at/9210-7
https://verlag.oeaw.ac.at
Made in Europe

Für meine Frau Marci und die Karplusianer,
ohne die diese Autobiographie nicht geschrieben worden wäre.

Inhalt

Vorwort
von Anton Zeilinger

Es gehört zu den großen Auszeichnungen meines Lebens, Martin Karplus und seine Frau Marci kennengelernt zu haben. Zum ersten Mal traf ich die beiden mit ihrer Familie in der österreichischen Botschaft in Stockholm, kurz vor der Verleihung des Nobelpreises für Chemie im Dezember 2013. Ich hatte die große Ehre, bei dieser Gelegenheit ein paar Worte als Vertreter der österreichischen Wissenschaft sprechen zu dürfen. Man kann Martin Karplus nur sehr herzlich danken, die Verbindung mit Österreich weiter gepflegt zu haben. Dies ist angesichts dessen, was seine Familie, seine Freunde und viele andere Menschen jüdischer Abstammung in Österreich vor und nach dem Anschluss erleben mussten, keineswegs selbstverständlich. Insbesondere für die junge Generation ist es wichtig, Persönlichkeiten wie Martin Karplus näher kennenzulernen.

Martin Karplus ist ohne Frage einer der führenden Wissenschaftler weltweit. Er selbst sagt, die Liebe zur Wissenschaft sei eine Möglichkeit, immer wieder etwas Neues entdecken zu können. Die Offenheit für dieses Neue und das zielgerichtete Arbeiten an manchmal auch kleinen Problemen mache Wissenschaft wunderbar.

Martin Karplus ist nicht nur ein Ausnahmewissenschaftler, er ist auch ein hervorragender Fotograf. So hat er zur Promotion von seinen Eltern eine Leica-Kamera geschenkt bekommen. Fotografie betreibt er nicht nur leidenschaftlich, sondern auch mit wunderschönen Resultaten. Dies konnte man etwa in einer Ausstellung anlässlich seiner Ehrenpromotion an der Universität Wien im Jahr 2015 sehen. Eine weitere kreative Tätigkeit von Martin Karplus betrifft das Kochen. Er hat selbst als Gast bei verschiedenen berühmten Köchen in Frankreich sozusagen als „Praktikant“ mitgearbeitet und erzählt auch darüber mit Begeisterung spannende Geschichten.

Österreich und die österreichische Wissenschaft sind froh, dass Martin Karplus nach dem Nobelpreis Auszeichnungen von verschiedenen österreichischen Institutionen angenommen hat. So erhielt er 2015 die Ehrendoktorwürde der Universität Wien, im selben Jahr wurde er zum Ehrenmitglied der mathematisch-naturwissenschaftlichen Klasse der Österreichischen Akademie der Wissenschaften gewählt. Er erhielt die Ehrenbürgerschaft der Stadt Wien und das österreichische Ehrenzeichen für Wissenschaft und Kunst, die höchste Auszeichnung für Wissenschaftler und Wissenschaftlerinnen in Österreich.

Die Österreichische Akademie der Wissenschaften ist ihm auch ganz besonders dafür dankbar, dass er am Film „Exile and Excellence" mitgewirkt hat. In diesem Film erzählen 16 von den Nationalsozialisten vertriebene Wissenschaftlerinnen und Wissenschaftler von ihren persönlichen Erlebnissen.

Ich wünsche Martin Karplus von Herzen viel Gesundheit, damit er weiterhin so viel Vergnügen bei Wissenschaft, Fotografie und Kochen finden kann wie bisher.

o. Univ.-Prof. Dr. Dr. h. c. mult.
Anton Zeilinger
Präsident der Österreichischen Akademie der Wissenschaften

MEINRADPHOTOGRAPHY.COM

Vorwort
von Martin Karplus

Am 9. Oktober 2013 um 5 Uhr 30 wurde meine Frau Marci von dem Telefon neben ihrem Bett geweckt. Noch halb im Schlaf stieß sie mich an und sagte, der Anruf sei für mich. Sofort dachte ich: Wenn jemand um halb sechs morgens anruft, muss einem meiner Kinder etwas passiert sein. Ich rechnete mit dem Schlimmsten.[1]

Als ich mich meldete, sagte die Stimme am anderen Ende der Leitung: „Hier ist Stockholm. Spreche ich mit Professor Karplus?" Ich sagte ja, und jemand (später erfuhr ich, dass es Gunnar Karlström war, der Vorsitzende des Nobelkomitees für Chemie) gratulierte mir zum Nobelpreis für Chemie 2013. Anschließend beglückwünschten mich nacheinander die anderen Mitglieder des Komitees. Aber erst als Astrid Gräslund die Glückwünsche wiederholte – sie war die Sekretärin des Komitees, und ich kannte sie von ihren Arbeiten in Biophysik –, konnte ich es endlich glauben: Man hatte mir tatsächlich den Nobelpreis 2013 verliehen, die höchste Auszeichnung für wissenschaftliche Leistungen.

Am Vormittag fand im Chemischen Institut der Harvard University eine Feier statt. Dort sagte E. J. Corey, der Chemie-Nobelpreisträger von 1990, ich hätte Glück, dass ich den Preis erst mit 83 Jahren bekäme, denn auf diese Weise seien mir zwanzig Jahre mehr zum Arbeiten geblieben als ihm, ohne die ständigen Unterbrechungen von Leuten, die dieses oder jenes von mir wollten. Seine Prophezeiung erwies sich als nur allzu richtig.

Ich wurde am 15. März 1930 in Wien geboren und kam 1938 als Flüchtling in die Vereinigten Staaten. Eigentlich hätte ich Arzt werden sollen. Seit

---

[1] *Mein erster Gedanke war, es müsse mit meiner Tochter Reba zu tun haben, die in Jerusalem wohnte. Sie hatte schon manchmal zu ungewöhnlichen Zeiten angerufen (der Zeitunterschied beträgt sieben Stunden) und mir versichert, es gehe ihr gut, wenn die Nachrichten über Bombenangriffe berichtet hatten. An eine solche Gelegenheit erinnere ich mich genau: Es war am 4. September 2001, nachdem eine Bombe im Zentrum von Jerusalem in einem Café nicht weit vom Bikur Holm Hospital detoniert war, dem Krankenhaus, in dem sie arbeitete. Während sie sprach, konnte ich die Schüsse und Schreie über das Telefon hören. Fast zwanzig Menschen wurden verletzt, und Reba half mit, viele davon in der Intensivstation der Klinik zu behandeln.*

mehreren Generationen hatte es in unserer Familie immer mindestens einen Arzt gegeben, unter anderem weil Medizin ein Beruf war, in dem Juden in Österreich mit relativ wenig Behinderungen und Diskriminierung arbeiten konnten. Aber weder mein Bruder noch irgendeiner meiner zahlreichen Cousins zeigte das geringste Interesse daran, Arzt zu werden. Ich dagegen lief schon mit fünf Jahren herum und bandagierte Stuhlbeine oder andere Dinge als Ersatz für gebrochene Knochen. Also gelangte meine Familie zu dem Schluss, ich müsse „der" Arzt meiner Generation werden. Verstärkt wurde mein Interesse an Medizin durch die Geschichten, die verschiedene Verwandte über ihre Arbeit erzählten. Am faszinierendsten waren die Berichte meines Onkels Paul Wermer, eines hervorragenden Mediziners, der mir in allen Einzelheiten schilderte, wie er bei der Diagnose seiner Patienten vorging. Bei ihm hörte es sich an wie eine Detektivgeschichte.[2]

Manchmal habe ich mich gefragt, wie mein Leben wohl ausgesehen hätte, wenn ich in Wien geblieben wäre. Ich hätte vielleicht ebenfalls Forschung betrieben, aber vermutlich hätte ich nicht den gleichen Antrieb gehabt, etwas Besonderes zu erreichen, wie ich ihn als Ausländer in den Vereinigten Staaten verspürte. Dass ich ein Flüchtling war und nicht ganz dazugehörte, spielte für meinen Blick auf die Welt und meine Herangehensweise an die Wissenschaft eine zentrale Rolle. Es trug zu der Erkenntnis bei, dass ich die Arbeit in Fachgebieten, die ich nach meinem eigenen Gefühl verstand, getrost einstellen konnte, um mich stattdessen auf andere Forschungsgebiete zu konzentrieren und Fragen zu stellen, durch die ich und andere etwas Neues lernen konnten.

Wenn ich noch einmal lese, was ich in der Hoffnung geschrieben habe, das vorliegende Buch fertigzustellen, wird mir klar, welches Glück ich hatte, dass ich so weit gekommen bin. Dieses Buch beschreibt meinen Weg: Er begann in Österreich, aus dem ich kurz nach Hitlers Einmarsch in Wien flüchtete, und führte nach meiner Ausbildung in den Vereinigten Staaten über die Postdoc-Zeit in England bis hin zu Stellungen als Hochschullehrer in Illinois, Columbia, Straßburg und Harvard. In dieser kurzen Zusammenfassung meiner Laufbahn mag es so aussehen, als sei der Übergang von einem Stadium zum nächsten immer einfach gewesen, aber in Wirklichkeit gab es unterwegs auch Schwierigkeiten. Dass ich sie überwinden konnte, lag vor allem an meiner optimistischen Einstellung und meinem Selbstvertrauen, manchmal hatte ich aber auch einfach Glück. Die Beschreibung, die ich in diesem Buch von meinen Erlebnissen gebe, wird hoffentlich insbesondere

[2] *Sogar ein Krankheitsbild wurde nach ihm benannt: Das „Wermer-Syndrom" ist eine Gruppe seltener Erkrankungen der Hormondrüsen.*

jüngeren Leserinnen und Lesern helfen, in ihrem eigenen Leben einen erfolgreichen Weg einzuschlagen.

Was ich geschrieben habe, zeichnet im besten Fall ein bruchstückhaftes Bild meines Lebens, und zwar auch meines wissenschaftlichen Lebens. Unzählige Begegnungen – die meisten davon konstruktiv, manche aber auch nicht – fehlen, obwohl sie in meiner Laufbahn eine bedeutende Rolle gespielt haben. Die mehr als 250 Doktoranden, Postdocs und Gastdozenten, die zu dieser oder jener Zeit der Arbeitsgruppe angehört haben und heute als „Karplusianer" bezeichnet werden, sind in Anhang 1 aufgeführt. Viele sind im weiteren Verlauf Hochschullehrer und führende Köpfe in ihren Forschungsgebieten geworden. Sie bilden ihrerseits wieder Studierende aus, also habe ich heute wissenschaftliche Kinder, Enkel und Urenkel auf der ganzen Welt. Dass ich zu ihrer beruflichen und persönlichen Laufbahn einen Beitrag geleistet habe, ist mir ebenso wichtig wie die wissenschaftlichen Fortschritte, die wir gemeinsam erzielt haben.

Die Ausbildung von Studierenden in ihren prägenden Jahren ist ein Hauptaspekt des Hochschullebens. Für die Ausbildung von Doktoranden und Postdocs war es meine Philosophie, eine Umwelt zu schaffen, in der junge Wissenschaftler ihre Fähigkeiten unter Beweis stellen konnten, um dann eigene Ideen zu entwickeln, die in den Gesprächen mit mir verfeinert und durch die anderen Gruppenmitglieder unterstützt wurden. Diese unterstützte Selbstständigkeit hat nach meiner Überzeugung entscheidend dazu beigetragen, dass so viele meiner Studierenden heute selbst herausragende Wissenschaftler und Hochschulangehörige sind. Ich hatte die Funktion, ihnen zur Seite zu stehen, wenn Probleme auftraten, und in ihnen das Bewusstsein dafür zu wecken, dass man alles so gut wie möglich machen muss. Damit ist allerdings nicht gesagt, dass ich in allen Fällen Erfolg gehabt hätte.

Neben meiner „wissenschaftlichen" Familie hat auch meine private Familie in meinem Leben eine wichtige Rolle gespielt. Meine beiden Töchter Reba und Tammy, deren Mutter Susan 1982 starb, wurden Ärztinnen (und übernahmen damit die mir zugedachte Rolle). Reba lebt in Jerusalem, Tammy an der US-Westküste. Vervollständigt wird meine engere Familie durch meine Frau Marci und unseren Sohn Mischa, der sein Examen an der School of Public Policy der New York University gemacht hat und über ein juristisches Examen der Universität Boston verfügt. Wie viele wissen, ist Marci das organisatorische „Herz" meines Instituts und sorgt für Kontinuität innerhalb der Gruppe; das macht es möglich, dass wir zwischen den Instituten an der Harvard University und in Straßburg pendeln. Ohne meine Familie wäre mein Leben trotz aller wissenschaftlichen Erfolge öde gewesen.

Meine Autobiografie beruht zum größten Teil auf den Arbeiten, die ich als Professor für Chemie an der Harvard University und als *Professeur Conventionné* an der Université de Strasbourg geleistet habe.

Dank

Meinen Lektorinnen und Lektoren bei World Scientific Publishers danke ich einerseits für ihre Hilfe und andererseits für ihre Geduld, während ich mit Schreiben beschäftigt war. Sie alle – Koe Shi Ying, Ramya Gangadharan und Britta Ramaraj – haben in verschiedenen Stadien eine wichtige Rolle gespielt.

Laurent Chaminade und Jennifer Brough von der Verlagsleitung haben mich ermutigt und letztlich davon überzeugt, dass es ein lohnendes Unterfangen sei, den Artikel „Spinach on the Ceiling“ [Karplus, 2006] zu einer Autobiografie zu erweitern. Als ich noch einmal meinen Briefwechsel mit Laurent las, stellte ich zu meiner Überraschung fest, dass ich erst im August 2017 mit der Arbeit an der Autobiografie begonnen hatte; mir selbst kam es so vor, als hätte ich mich schon ewig mit dem Manuskript beschäftigt.

Mein ganz besonderer Dank gilt Jane Sanders, die den gesamten Text las und zu allen Kapiteln zahlreiche konstruktive Vorschläge machte. Ihre Unterstützung bei der Erstellung des Registers war unentbehrlich, als ich mich von der Aufgabe überfordert fühlte.

Simone Conti war von unschätzbarem Wert, weil er mir bei Problemen half, die rund um den Mac auftauchten. Oftmals wusste er gleich die Lösung, und wenn nicht, war er zuversichtlich, dass er sie finden würde.

Mein besonderer Dank im Rahmen der deutschen Ausgabe gilt Professor Anton Zeilinger, dem Präsidenten der Österreichischen Akademie der Wissenschaften, für sein Vertrauen und seine Unterstützung bei der Übersetzung meiner Autobiographie.

Danken möchte ich auch Dr. Sebastian Vogel und Professor Stefan Boresch für die sorgfältige Übersetzung des Textes, die in manchen Fällen sicher nicht ganz einfach war. Michael Fürnsinn, dem Grafiker, gebührt Dank für die farbige Wiedergabe der Abbildungen und die optimale Gestaltung des Layouts. Schließlich danke ich Thomas Jentzsch für die Betreuung der Übersetzung.

1.1. Meine Großeltern mütterlicherseits:
Marie (Bernstein) Goldstern und
Samuel Goldstern

1.2. Meine Großmutter mit vieren ihrer Kinder.
Von links nach rechts: meine Mutter Lucie, Claire, Alex und Lene

KAPITEL 1

Meine Vorfahren

Als ich 1930 geboren wurde, lebten meine vier Großeltern und der größte Teil ihrer weitverzweigten Familien in Wien. Sie waren aber unterschiedlicher Herkunft, und vor allem waren sie auf unterschiedliche Weise in die österreichische Hauptstadt gekommen. Heute ist mir klar, dass die geistigen Traditionen meiner Familie und insbesondere meiner Großväter, aber auch die meiner Tanten und Onkel, neben meinen Eltern eine wichtige Rolle für meinen späteren Lebensweg gespielt haben.

Die Familie meiner Mutter

Samuel (Samolja) Goldstern, der Vater meiner Mutter, wurde am 31. Dezember 1865 geboren und wuchs in Odessa auf (Abbildungen 1.1 und 1.2).

Odessa war Ende des 19. Jahrhunderts die viertgrößte Stadt Russlands und eine florierende Handelsmetropole. Manchmal wurde es als russisches Marseille bezeichnet. Die Eltern meines Großvaters waren wohlhabende Getreidehändler und gehörten zu der großen jüdischen Gemeinde, die etwa 30 Prozent der Bevölkerung von Odessa ausmachte. Die Familie war aus Lemberg (Lviv) in Galizien dorthin gezogen, einer Provinz, die früher zu Polen und heute zur Ukraine gehört. Während der Herrschaft Josephs II. (1780–1790) konnten Juden in Städten leben, die zum Habsburgerreich gehörten. Davor durften sie zwar in den Städten arbeiten, mussten aber außerhalb wohnen.

Der Name Goldstern wurde zum ersten Mal erwähnt, als Joseph II. die Anweisung erteilte, dass Juden einen Familiennamen tragen sollten, unter anderem weil das die Steuererhebung vereinfachte. Davor hatten Juden wie viele andere ethnische Gruppen den ältesten Sohn meist nach dem Vater be-

1.3. Ein früher in meinem Besitz befindliches Gemälde des israelischen Künstlers Tumarkin. Es zeigt eine berühmte Szene aus dem Film Panzerkreuzer Potemkin von Eisenstein.

nannt: Wenn der Vater Mendel hieß, war der Sohn Mendelson. Die Namen wurden an Juden verkauft – dabei waren Namen wie Diamant, Gold und Silber besonders teuer. In diese Kategorie gehörte sicher auch Goldstern. Arme Juden erhielten häufig unangenehme Namen wie Schmerz.

Das erste Familienoberhaupt mit dem Namen Goldstern war der Rabbi Mendel Goldstern, nachdem zuvor mehrere Generationen jeweils den ältesten Sohn Mendelson genannt hatten [Norbert Goldstern, persönliche Mitteilung].[1]

Abraham, der jüngste Sohn des Rabbi Mendel Goldstern und Vater meines Großvaters, wurde 1832 in Lemberg geboren und starb 1905 in Wien. In Odessa war Abraham der einzige jüdische Großhändler, der Handel in der „ersten" Klasse betreiben durfte, das heißt, er durfte auf Warenmärkten und in Wechselstuben tätig sein und auch exportieren. Er besaß im

[1] *Rabbi Mendel, der Urgroßvater von Samuel Goldstern, lebte Ende des 18. Jahrhunderts und war ein chassidischer Rabbiner; sein Sohn, der ebenfalls Mendel hieß, war Talmudgelehrter und Bankier, oder genauer gesagt Geldverleiher.*

Zentrum von Odessa ungefähr vierzig Gebäude, darunter das Hauptpostamt, das Gymnasium und das Lyzeum. Da er aus Lemberg kam, sprach die Familie auch in Odessa nicht Jiddisch oder Polnisch, sondern Deutsch. Die Goldsterns gehörten zu den „Weihnachtsbaumjuden", wie sie umgangssprachlich genannt wurden, das heißt, sie waren „assimilierte Juden", praktizierten die jüdische Religion nicht mehr und hatten sich damit weit von den rabbinischen Ursprüngen der Familie entfernt.

Als die erste Ehe von Abraham Goldstern nach zehn Jahren noch kinderlos war, wurde sie um 1860 geschieden, und er heiratete Marie Kitower, ein Mädchen von sechzehn Jahren. Dass er mehr als dreißig Jahre älter war, mag uns heute schockierend erscheinen, es war zu jener Zeit aber nichts Ungewöhnliches. Marie brachte jedes Jahr ein Kind zur Welt – insgesamt waren es sechzehn, von denen drei schon in der frühen Kindheit starben. Das war für jene Zeit eine ausgesprochen niedrige Todesrate, die vermutlich darauf zurückzuführen war, dass die Eltern in sehr guten finanziellen Verhältnissen lebten und ihren Kindern ausreichende Fürsorge angedeihen ließen. Diese wurden jeden Tag vom Kutscher zu jüdischen Schulen gebracht, und sowohl die Jungen als auch die Mädchen erhielten eine höhere Schulbildung. Von den dreizehn, die das Kleinkindalter überlebten, waren acht Jungen und fünf Mädchen.

Im Oktober 1905, unter Zar Nikolaus II., führten der wirtschaftliche Abschwung und der wachsende Antisemitismus zu einem blutigen Pogrom. Ausgelöst wurde er unter anderem durch den Aufstand der Seeleute auf dem Schlachtschiff Potemkin, der durch den Film von Sergej Eisenstein unsterblich gemacht wurde (Abbildung 1.3).

Am Abend bevor das Gemetzel an den Juden begann, waren mein Großvater und einige seiner Geschwister noch in Odessa, aber es gelang ihnen, nach Wien zu fliehen. Die Ereignisse gaben einen Vorgeschmack auf das, was meinen Eltern und mir widerfuhr, als Hitler 1938 in Österreich einmarschierte.

Samuel (Samolja) Goldstern, der Drittälteste unter den Geschwistern, hatte – ebenso wie sein älterer Bruder Sima – in Odessa ein Medizinstudium begonnen. Samolja promovierte 1892 an der medizinischen Fakultät der Universität Wien, wo er sich auf Innere Medizin spezialisierte. In Wien lernte er auch seine spätere Frau Marie (Manja) Bernstein kennen. Sie war 1877 in Winnyzja geboren, einer Stadt in der Zentralukraine, ungefähr 300 Kilometer landeinwärts von Odessa. Manja war ebenfalls nach Wien gezogen und studierte Wirtschaftswissenschaft an der dortigen Universität. Die beiden wurden 1899 getraut, nachdem Manja ihr Studium, dem Wunsch ihrer Eltern entsprechend, beendet hatte.

1.4. Foto der Fango-Heilanstalt

Seine erste Stellung trat Samolja an der Fango-Heilanstalt an (Abbildung 1.4, 1.5a und 1.5b), einer Privatklinik, die 1892 gegründet worden war und ihren Sitz kurzfristig in der Brünnlbadgasse 12 hatte. Im Jahr 1898 zog sie in ihr dauerhaftes Quartier in der Lazarettgasse 20, wo sie ein ganzes Gebäude belegte. Samolja kaufte die Fango-Heilanstalt 1915 und leitete sie bis kurz vor seinem Tod im März 1939.[2] Ich war oft in der Fango-Heilanstalt, denn meine Großeltern hatten dort in der oberen Etage ihre Wohnung. Die Privatklinik war auf die Behandlung rheumathologischer Erkrankungen mit einem schwach radioaktiven Schlamm spezialisiert.[3] Ich hatte „Fango" immer für ein Kunstwort gehalten und erfuhr erst Jahrzehnte später, dass *fango* nichts anderes ist als das italienische Wort für „Schlamm". Viele Patienten der Fango-Heilanstalt waren wohlhabende Araber aus dem Nahen Osten – ein Beispiel dafür, wie die Geschichte von Arabern und Juden schon seit langem verflochten war, und das nicht immer auf so destruktive Weise wie heute.

---

[2] *Ihr Sohn Alex, mein Onkel, wurde im Frühjahr 1938 im Konzentrationslager Dachau interniert. Ein Nazibeamter sagte meinem Großvater, Alex werde frei gelassen, wenn er die Fango-Heilanstalt den Nazis überließe. Natürlich hatte mein Großvater keine andere Wahl und unterschrieb, womit die Übernahme durch die Nazis legal wurde. Im Januar 1939 wurde Alex unter der Bedingung freigelassen, dass er Österreich innerhalb von drei Wochen verließ. In so kurzer Zeit ein Visum für die Vereinigten Staaten zu bekommen, war unmöglich, aber er erhielt eines für Neuseeland. Also zog Alex nach Neuseeland und lebte dort, bis er nach dem Krieg nach Wien zurückkehrte. Er übernahm die Fango-Heilanstalt wieder und leitete sie bis zu seinem Ruhestand; mittlerweile war die Klinik zu einem Teil des Wiener Krankenhaussystems geworden, und das ist sie bis heute geblieben.*

[3] *Interessanterweise berichtete ein Artikel in Arthritic Care and Research im Oktober 2016 über eine randomisierte Studie, in der gezeigt wurde, dass die „Schlammtherapie" bei Patienten mit Osteoarthritis des Knies die Schmerzen vermindert und die Funktionsfähigkeit verbessert. Vielleicht war die schwache Radioaktivität nicht entscheidend.*

36 Niederösterreich, Wien.

Wiener Kuranstalt für physikalisch-diätetische Heilmethoden und Diagnostisches Institut

= Wien, IX., Lazarettgasse 20 — Borschkegasse 2—4. =

Telephon (interurban): 13.352.

Telegramme: Wien, Fangoanstalt, Lazarettgasse.

Geöffnet: Ganzjährig.

Die Anstalt wurde als Fangowasserheilanstalt vor zwölf Jahren gegründet, dann durch Einführung aller wertvollen physikalischen Heilmethoden erweitert und zu einem Sanatorium ausgestaltet. Der Diagnostik wurde dasselbe durch Errichtung des Röntgeninstitutes (mit den modernsten Einrichtungen für Röntgenbestrahlung) unter Leitung des Dozenten Dr. Holzknecht, sowie eines Laboratoriums (Dr. Türkel) gerecht. Ein Operationszimmer für kleine chirurgische Eingriffe und aseptische Untersuchungen befindet sich in der Anstalt.

Kurmittel: Fangoheilverfahren, gesamtes Wasserheilverfahren, Dampfkästen und Dampfbäder, Elektrische Lichtbäder, Elektrische Bäder (Ein-, Zwei- und Vierzellenbäder mit galvanischem, faradischem und Wechselstrom), Medizinalbäder, Kohlensäurebäder, Radiumbäder, Moorbäder, Bulling-Inhalatorium, Heißluftbehandlung, Hydrothermoregulator, Mechanotherapie, Massage, Ataxiebehandlung, Arsonvalisation, Blaulichtbehandlung usw. Chemisches Laboratorium, Röntgeninstitut, diätetische Kuren.

Indikation: Alle inneren Erkrankungen, besonders Stoffwechselkrankheiten (Diabetes, Gicht), Rheumatismus, alle Gehirn- und Nervenkrankheiten, Erschöpfungszustände (Mastkuren), Magen- und Darmerkrankungen, Herzkrankheiten etc., etc. Klinische Diagnostik.

Ärzte: Dr. v. Aufschnaiter, Dr. Goldstern, leitende Ärzte. Dr. Buxbaum (Spezialarzt für Wasserheilverfahren). Dozent Dr. Holzknecht (Röntgen), Dr. Türkel, (Laboratorium), 1 bis 2 Hausärzte.

Ausführliche Prospekte mit Preisangabe gratis und franko durch die Direktion.

1.5a. Eine Beschreibung der Fango-Heilanstalt aus der Zeit, als mein Großvater Goldstern dort Chefarzt war.

Samuels Brüder und Schwestern hatten ebenfalls eine höhere Schulbildung und führten ein erfolgreiches Leben. Mischa, der Älteste, war Buchhalter und Namensgeber für unseren Sohn.[4] Sima, der Zweitälteste, begann sein Medizinstudium wie mein Großvater in Odessa und beendete es in Wien. Dann wechselte er zur Chemie und lebte auch nach der Machtergreifung der Nazis weiter in Österreich. Als er 1942 erfuhr, dass er in ein Konzentrationslager deportiert werden sollte, beging er Selbstmord. Zwei Brüder, Philip und David, studierten ebenfalls Chemie; sie zogen in die rumänische Hauptstadt Bukarest, wo sie zusammenarbeiteten und eine erfolgreiche Ölfirma gründeten.

Eugenie, die jüngste der fünf Schwestern, trug den Spitznamen Jenja und war Ethnologin [Ottenbacher, 1999] (Abbildung 1.6).

[4] *Marci und ich hatten große Schwierigkeiten, einen Namen für unseren Sohn zu finden. Drei Wochen vor dem berechneten Entbindungsdatum besuchte Marci zu einer Ultraschalluntersuchung die Klinik in Paris, in der Mischa dann auch geboren wurde. Die Untersuchung bestätigte, dass es ein Junge werden würde. Als wir anschließend mit dem Aufzug nach unten fuhren, einigten wir uns sofort auf Mischa, unter anderem weil der Name sowohl auf Französisch als auch auf Englisch gut klingt.*

1.5b. Das 25-jährige Jubiläum der Fango-Heilanstalt

1.6. Eugenie Goldstern

1.7. Der Umschlag der französischen Übersetzung von Eugenie Goldsterns Doktorarbeit

Im Gegensatz zu den meisten Ethnologen konzentrierte sie sich aber nicht auf primitive Kulturen in fernen Ländern, sondern sie studierte die Menschen isolierter Gemeinden in den europäischen Alpen. Ihre Kinderspielzeug-Sammlung schenkte sie dem Ethnographischen Museum in Wien, wo sie kaum beachtet wurde, bis sich französische Ethnographen für Jenjas Untersuchungen in dem französischen Dorf Bessans interessierten, das vom Tourismus noch völlig unberührt war, als sie vor dem Ersten Weltkrieg zwei Winter dort verbrachte.

Ich hatte von Tante Jenjas Arbeit keine Ahnung, bis Marci und ich eines Tages in Annecy eine Buchhandlung besuchten. Es war der nächste größere Ort in der Nähe von Manigod, wo wir seit 1970 immer den Sommer verbrachten. Marci bemerkte ein kleines Buch von einer gewissen Eugenie Goldstern, und als wir die Beschreibung lasen, wurde uns klar, dass es sich um meine Großtante handelte. Das Buch war ihre Doktorarbeit in französischer Übersetzung von Francis Tracq (Abbildung 1.7).

1.8a. Der jüdische Friedhof
und das Museumsgebäude in Prag

Als wir in den 1980er Jahren in dem Dorf Bessans waren, sahen wir ihr Buch auf der Theke des lokalen Zeitungsladens. Stolz erzählte Marci dem Inhaber, dass Eugenie meine Großtante war. Innerhalb weniger Minuten, noch bevor wir das Privatzimmer erreichten, in dem wir wohnen sollten, wusste das ganze Dorf über uns Bescheid. Offensichtlich waren wir die ersten Mitglieder der Familie, die nach Bessans gekommen waren, nachdem Eugenie zu Beginn des Ersten Weltkrieges über einen Gebirgspass nach Italien geflüchtet war.

Meine eigenen Erinnerungen an Tante Jenja stammen aus der Zeit, als ich sie an den Wochenenden in der Wohnung meiner Großeltern in der Fango-Heilanstalt in Wien besuchte. Es war ein typisch Wiener Nachmittagstee mit großartigem Kuchen. Tante Jenja, die ebenfalls in der Klinik wohnte, brachte in der Regel für meinen Bruder und mich ein wenig Spielzeug mit. Sie blieb nach der Machtübernahme der Nazis in Wien, wurde später in das Konzentrationslager in Sobibor deportiert und dort ermordet.

Sonia, die zweitjüngste Tochter, heiratete den Zahnarzt Leopold Wermer. Ihr Sohn war Paul Wermer, ein Arzt, dessen Erzählungen über seine Arbeit mir, wie ich bereits im Vorwort erwähnt habe, zur Anregung wurden. Hans (Johnny) Wermer, der Sohn von Paul und seiner Frau Eva, war im Alter meines Bruders, und wir spielten in Wien oft zusammen. Johnny und seine Eltern konnten 1939 in die Vereinigten Staaten auswandern.

Die Familie meines Vaters

Die Ursprünge der Familie meines Großvaters väterlicherseits liegen in dem Dorf Hotzenplotz rund 240 Kilometer von Prag entfernt. Es gehörte damals zum österreichisch-ungarischen Kaiserreich und liegt heute in der Tschechischen Republik. Hotzenplotz war fast vollständig katholisch, hatte aber auch eine kleine jüdische Bevölkerung, und noch heute gibt es dort einen alten jüdischen Friedhof.[5]

[5] *Meine Frau Marci und ich waren 1988 im Rahmen einer Vortragsreise in Prag. Als wir ein Museum in der Nähe des Friedhofs (Abbildung 1.8a) besuchten, sahen wir eine Ausstellung mit Kinderzeichnungen aus dem Konzentrationslager Theresienstadt. Dort lebten mehr als 15.000 Kinder monatelang, bevor sie in die Todeslager transportiert wurden. Die Kunstlehrerin Friedl Dicker-Brandeis organisierte Zeichenunterricht für die Kinder, um ihnen das Leben erträglicher zu machen. Als wir die Zeichnungen sahen (Abbildung 1.8b) waren wir schockiert, dass auch einige von einem Mädchen namens Erika Hanna Karplosová darunter waren; Karplosová ist die tschechische Form des Namens Karplus. Sie war aus Brno (Brünn), wo es vor dem Krieg eine große jüdische Bevölkerung gegeben hatte. Die Stadt liegt auf halbem Weg zwischen Hotzenplotz und Wien. Erika war eine entfernte Cousine, die am 1. April 1930 geboren wurde. Sie wäre heute in meinem Alter, wäre sie nicht 1944 in Auschwitz gestorben.*

1.8b. Erikas Zeichnung
in der Ausstellung

1.9. Meine Großeltern väterlicherseits:
Johann Paul Karplus und Valerie (von Lieben) Karplus

1.10. Meine Großeltern väterlicherseits mit vieren ihrer Kinder 1930. Von links nach rechts: Edu, Johann Paul, Walter, Valerie, Heinrich und mein Vater Hans

1.11. Das Palais Lieben-Auspitz mit dem Café Landtmann im Erdgeschoss

Die Familie Karplus lebte weiterhin in Hotzenplotz und war vorwiegend im Handel tätig, insbesondere mit Holz für den Bau von Häusern und Eisenbahnlinien. Mein Urgroßvater Gottlieb Karplus wurde in Hotzenplotz geboren, zog aber zusammen mit seiner Frau Elizabeth 1859 nach Wien. Elizabeth starb 1925 in der Fango-Heilanstalt, der Klinik der Goldsterns. Mein Großvater Johann Paul Karplus (Abbildungen 1.9 und 1.10) war Professor für Neurologie an der Universität Wien, wo er auch seinen Doktor der Medizin gemacht hatte. Er wurde bekannt, weil er entdeckte, wie der Hypothalamus funktioniert. Zusammen mit seinem Mitarbeiter Kreidl konnte er zu Beginn des 20. Jahrhunderts in Experimenten nachweisen, dass eine elektrische Anregung des Hypothalamus zur Ausschüttung einer Flüssigkeit führt, die eine „Furchtinformation" an den übrigen Körper überträgt. Heute wissen wir, dass der Hypothalamus ein Teil des Gehirns ist und diverse regulatorische Neurohormone freisetzt.

Mein Großvater Johann Paul heiratete Valerie von Lieben, die zu einer noch reicheren jüdischen Familie aus Wien gehörte. Sie wohnten in einem der „Ringstraßenpalais". Das waren imposante Gebäude, und viele davon waren von wohlhabenden jüdischen Familien errichtet worden, denen man das Recht zugestanden hatte, Eigentum in Wien zu besitzen, als Kaiser Franz Joseph I. (1830–1916) in den 1850er Jahren das Ringstraßenprojekt in

1.12. Marie-Louise Motesiczky in einem Selbstporträt

Angriff genommen hatte. Er ließ die Stadtmauer von Wien abreißen und hatte die Absicht, die Ringstraße zur schönsten Straße der Stadt zu machen. Dabei gehörte es zu seinem Plan, das Geld, das durch den Verkauf der Grundstücke eingenommen wurde, zum Bau der Staatsoper, des Kunsthistorischen Museums und des Staatstheaters zu verwenden. Das vielleicht bekannteste Ringstraßenpalais ist das Palais Ephrussi, das durch das Buch *Der Hase mit den Bernsteinaugen* bekannt wurde. Das Palais Lieben-Auspitz meiner Familie (Abbildung 1.11) wurde 1872 gebaut; im Erdgeschoss eröffnete 1873 das Café Landtmann, das noch heute eines der elegantesten Wiener Kaffeehäuser ist. Ich weiß noch, wie ich meine Großeltern in ihrer Wohnung in der ersten Etage des Palais besuchte, die mit Möbeln und Kunstwerken vollgestopft war.

Auf der Seite meiner Großmutter Lieben gab es einige angesehene Wissenschaftler. Am bekanntesten ist Robert von Lieben, ein Bruder meiner Großmutter. (Das Adelsprädikat „von" wurde wohlhabenden Familien – auch wohlhabenden jüdischen Familien – verliehen, wenn sie sich um das österreichisch-ungarische Kaiserreich verdient gemacht hatten.) Er erfand die Radiodiode und ließ sie in Europa patentieren. In der Familie Lieben gab es ebenfalls mehrere Chemiker; in jeder Generation teilten sich die Männer auf: Die einen wurden Wissenschaftler, die anderen Geschäftsleute. Henri-

1.13. Titelbild des Katalogs
der Ausstellung „Die Liebens“

ette, eine Schwester meiner Großmutter Valerie, heiratete Edmund von Motesiczky, der zu einer weiteren wohlhabenden jüdischen Familie gehörte. Henriette war Hobbymalerin. Das Ehepaar Motesiczky hatte zwei Kinder: Karl, ein begabter Musiker, starb mit 39 Jahren in Auschwitz; Marie-Louise, Schülerin und Muse von Max Beckmann, wurde auch selbst zu einer bekannten Malerin, Anerkennung erhielt sie aber erst spät in ihrem Leben (Abbildung 1.12). Marie-Louise konnte während des Krieges mit ihrer Mutter nach England fliehen.

Die Familie Lieben wurde 2004/2005 im Wiener Jüdischen Museum in einer Ausstellung mit dem Titel „Die Liebens – 150 Jahre Geschichte einer Wiener Familie" geehrt (Abbildung 1.13).

Wie man sieht, haben Mitglieder der Familie viele Beiträge zum Leben in Wien geleistet. Einer davon ist die Stiftung des Ignaz-Lieben-Preises im Jahr 1862, der für herausragende Beiträge zur Wissenschaft in Österreich verliehen wurde. Man bezeichnete ihn damals als „Österreichischen Nobelpreis".[6] Der letzte ursprüngliche Ignaz-Lieben-Preis wurde 1937 verliehen, kurz bevor die Nazis in Österreich die Macht übernahmen. Nach dem Krieg wurde der Ignaz-Lieben-Preis 2004 durch eine Spende von Dr. Alfred Bader, dem Mitbegründer des Chemieunternehmens Aldrich, und seiner Frau Isabel wiederbelebt.

Meine beiden Eltern hatten als Studierende der Physik die Universität Wien besucht, aber nie ihren Abschluss gemacht. Mein Vater Hans arbeitete in den 1930er Jahren in dem Bankgeschäft, das seine Ursprünge auf der Seite der Liebens hatte, und meine Mutter Isabella (Lucie) war Ernährungsberaterin an der Fango-Heilanstalt, der Klinik ihres Vaters.

[6] *Tatsächlich hatten mehrere Nobelpreisträger, darunter Otto Loewi und Karl von Frisch, auch den Lieben-Preis erhalten, ebenso Lise Meitner, eine entfernte Cousine, die keinen Nobelpreis bekam; nach Ansicht vieler Wissenschaftler hätte sie ihn gemeinsam mit Otto Hahn (Nobelpreis für Chemie 1944) für ihre theoretischen Beiträge zum Verständnis der Kernspaltung erhalten sollen.*

2.1. Ein typisches Heurigenlokal

2.2. Mein Bruder und ich als Kinder

KAPITEL 2

Kindheit in Europa

Das Haus meiner Kindheit, in dem wir bis 1938 wohnten, lag in der Wiener Vorstadt Grinzing, die als Weinbaugebiet bekannt ist. Dort gab es die Heurigen, kleine, urige Gasthöfe, die wir manchmal mit der Familie aufsuchten, um entspannt zu Abend zu essen und auch (vor allem die Erwachsenen) den fruchtigen jungen Weißwein aus der Region zu trinken (Abbildung 2.1).

Die Heurigen waren auch für uns Kinder etwas Großartiges, denn wir konnten Würstchen, Käse und Brot essen und zwischendurch im Garten spielen.

Wir hatten ein bescheidenes Haus mit Garten und einem kleinen Schwimmbecken, in dem mein Bruder und ich (Abbildung 2.2), aber auch einige Freunde aus der Nachbarschaft, in den heißen Sommermonaten planschen konnten (Abbildung 2.3).

Im Jahr 1935, als ich fünf und mein Bruder Robert acht Jahre alt war, ereigneten sich mehrere denkwürdige Dinge. Der Garten vor dem Haus war von einem hohen Metallzaun begrenzt, der oben Spitzen trug (Abbildung 2.4). Robert war ein ziemlich wildes Kind und gab gern damit an, dass er auf den Zaun klettern konnte. Eines Tages rutschte er ab und stürzte so, dass eine der Spitzen in sein Kinn eindrang. Ich weiß noch, dass die Szene mich entsetzlich ängstigte. Mitzi, unser geliebtes Kindermädchen, hörte seine Schreie und konnte ihn vom Zaun heben. Er hatte großes Glück: Wie durch ein Wunder war die Verletzung nicht schwer. Sie hielt meinen Bruder auch nicht davon ab, weiterhin vor seinen Freunden anzugeben. Später im gleichen Jahr spielten wir in der Nähe in einem Park, in dem wir gern auf die Bäume kletterten. An jenem Tag waren wir mit unserem Cousin Johnny Wermer dort, und Robert stieg hoch auf einen Baum. Es war windig; Robert fiel herunter und schlug mit dem Kopf auf dem Boden auf. Er war zwar bei Bewusstsein, konnte aber nicht aufstehen. Johnny rannte zurück zu unserem Haus, das ein paar Minuten entfernt war, und alarmierte meine Eltern.

2.3. Das Haus meiner Kindheit heute

2.5. Alex' Motorrad mit meinem Bruder und mir sowie unseren Cousins Gus und George

2.4. Unser Haus mit meinem Bruder und mir 1935

Die wiederum riefen Onkel Alex, der ein Motorrad mit Beiwagen besaß (Abbildung 2.5), und er brachte Robert ins Krankenhaus, wo er ungefähr eine Woche blieb.

Die ganze Familie war sehr besorgt, und in unserem Haus, in dem es gewöhnlich lebhaft zuging, blieb es die ganze Woche still. Als Robert aus dem Krankenhaus nach Hause kam, konnte er sich an den Vorfall nicht erinnern. Der Unfall hatte nur eine erkennbare Folge: Er war auf dem rechten Ohr taub, weil das Trommelfell bei dem Sturz gerissen war. Allmählich zeigte sich aber eine Veränderung seiner Persönlichkeit. Er war jetzt kein wilder Draufgänger mehr, sondern wurde stiller und fleißiger. Man könnte also sagen, dass der Sturz für seine Zukunft eine „positive Wirkung“ gehabt hatte. Er wurde ein hervorragender Schüler, und das sowohl in Österreich, bevor wir das Land verließen, als auch danach in den Vereinigten Staaten.

Später hat man mir erzählt, worin eine meiner ersten Reaktionen bestand, als Onkel Alex vom Krankenhaus zurückkam, wohin er Robert gebracht hatte: Ich sagte, ich müsse mich jetzt nicht mehr mit ihm darum streiten, wer im Beiwagen des Motorrades mitfahren dürfe. Das vermittelt eine Vorstellung von der Beziehung zu meinem Bruder während meiner gesamten Jugend. Ich war immer bemüht, mit ihm und seinen Freunden mitzuhalten, und anscheinend merkte ich nie, dass es oftmals nicht ging, weil ich drei Jahre jünger war.

Anfang der 1930er Jahre war es noch etwas relativ Ungewöhnliches, ein Auto zu besitzen, aber wir hatten bereits einen kleinen Wagen, einen „Steyr Baby“. Eines Tages – das Auto stand vor unserem Haus – setzte ich mich auf den Fahrersitz und tat so, als würde ich fahren. Dabei löste ich versehentlich die Bremse, und der Wagen rollte bergab. Als er am Ende der Straße eine Grube erreichte, hatte ich entsetzliche Angst. Irgendwie gelang es mir, die Lenkung zu betätigen, und der Wagen machte kurz vor dem Loch eine Kurve und hielt an. In meiner Erinnerung war die Steigung ziemlich steil und die Grube ziemlich groß. Als wir 1981 in Wien waren, besichtigten wir das Haus meiner Kindheit. Dabei stellte ich fest, dass der „steile“ Hügel eine relativ sanfte Böschung und die „Grube“ eine relativ flache Vertiefung war.

Während des Zweiten Weltkrieges hatten die Nazis unser Haus beschlagnahmt und an eine nichtjüdische Familie „verkauft“. Bei unserem Besuch 1981 wohnte dort noch der Sohn des Paares, das es von den Nazis erworben hatte, mit seiner Familie. Er lud uns ins Haus ein, aber unsere Gegenwart war ihm sichtlich peinlich. Dennoch führte er uns herum und zeigte uns, wo eine Bombe das Wohnzimmer beschädigt hatte. Als Marci nach Einzelheiten des Bombenangriffs fragte, wurde der Eigentümer abweisend und sagte: „Ich war zu jung und kann mich nicht erinnern." Meine Eltern versuchten nie, das Haus zurückzubekommen. Ebenso versuchten sie nicht, den „Steyr Baby" zurückzuholen, der ebenfalls beschlagnahmt worden war. Die einzige Wiedergutmachung waren 5080 Euro, die wir 25 Jahre nach dem Tod meiner Eltern erhielten, nachdem ich erfahren hatte, dass sie jedem Österreicher zustanden, der wegen einer möglichen Verfolgung ausgewandert war.

Die meisten Geschichten aus meiner Kindheit kenne ich aus den Erzählungen meiner Eltern, Tanten und Onkel. Sie deuten darauf hin, dass ich ein willensstarkes, selbstständiges Kind (im positiven Sinn) und ein Schlingel (im negativen Sinn) war. Eine solche Geschichte handelt davon, dass ich im Alter von drei Jahren aus einer sommerlichen Tagespflege „flüchtete", offensichtlich weil es mir nicht gefiel, wie ich dort behandelt wurde. Eines Morgens ging ich einfach nach draußen und obwohl die Einrichtung mehr als eineinhalb Kilometer von unserem Haus entfernt war, fand ich den Heimweg. Sowohl die Angestellten der Tagesstätte als auch meine Eltern, die man benachrichtigt hatte, machten sich riesige Sorgen wegen meines Verschwindens und suchten nach mir. Als meine Eltern mich dann sahen, waren sie so glücklich, dass die Bestrafung nur aus einer sanften Schelte bestand. Aus meiner Sicht erfüllte das Unternehmen seinen Zweck, denn danach durfte ich zu Hause bleiben.

Dann gab es den berüchtigten „Vorfall mit dem Spinat". Mitzi erklärte mir, ich müsse meinen Spinat essen. (Popeye gab es in Österreich nicht, Spinat aber leider sehr wohl.) Mit aller Kraft, die ich aufbringen konnte, nahm ich einen Löffel Spinat und schleuderte ihn gegen die Decke. Der Fleck war dort oben noch lange zu sehen, und immer wenn meine Eltern mir klarmachen wollten, was für ein ungezogenes Kind ich war, zeigten sie darauf.

In einer Beschreibung über mich, die meine Mutter 1936 im Rahmen eines Kurses verfasste, erklärte sie: „Bevor Martin in den Kindergarten geht, läuft er herum und redet. Er redet wirklich viel, er kommt morgens zu mir und erklärt mir, was für ein begabtes Kind er ist, was er bereits erreicht hat und was seine Pläne für den Tag sind ... Es ist für ihn sehr wichtig, dass seine Mutter zuhört, und er bemerkt sofort, wenn sie unaufmerksam ist. Dann sagt er ‚Mama, du hörst ja gar nicht zu' und wiederholt noch dreimal, was er gesagt hat."

Ein anderes Erlebnis, das mir aus dem Kindergarten im Gedächtnis geblieben ist, hat mit meinen mangelnden musikalischen Fähigkeiten zu tun. Eines Tages sang die ganze Gruppe gemeinsam, aber die Lehrerin kam zu mir und sagte leise, ich solle besser nur so tun, als ob ich singe, denn bei

2.6. Die Großfamilie mit Robert und mir in der Mitte

2.7a. Mein Vater auf dem Fahrrad mit Robert und mir, meinem Cousin Johnny und dessen Kindermädchen Besse

2.7b. Meine Mutter, Robert, Johnny und ich

2.8. Robert und ich mit einem Kajak

2.9. Beim Segeln auf dem Attersee

aller Begeisterung würde ich immer falsch singen. Die gleiche „Regel“ befolge ich bis heute. Offensichtlich hat dieses „Erbe“ keines meiner Kinder verschont, meine Enkelin Rachel dagegen wohl: Sie singt in einem Schulchor, der in einem ganzen Bundesstaat einen Wettbewerb gewonnen hat.

In den Jahren meiner frühen Kindheit unternahmen wir traditionell Wanderungen in der Umgebung von Wien, und die Sommerferien verbrachten wir an einem österreichischen See oder an der italienischen Adriaküste zusammen mit mehreren Familien, die entweder Verwandte oder Freunde mit Kindern in ähnlichem Alter waren (Abbildung 2.6).

2.10. Auf dem Arm einer Verwandten; im Vordergrund mein Bruder Robert und mein Cousin Gus

Solche Unternehmungen der Großfamilie waren ein unverzichtbarer Bestandteil meiner Jugend und vermittelten mir sowohl Selbstvertrauen als auch ein Gefühl der Zugehörigkeit (Abbildungen 2.7 bis 2.9).

Eines Tages hob eine Freundin meiner Eltern mich am Strand hoch und umarmte mich, sehr zu meinem Missfallen. Ich schrie laut „Ich bin ein Nazi"; darüber war sie so erschrocken, dass sie mich fallen ließ. Offensichtlich war es mir schon damals klar – vermutlich weil ich meinen Eltern und anderen zugehört hatte: Ein Nazi zu sein, war das Schlimmste, was es gab (Abbildung 2.10).

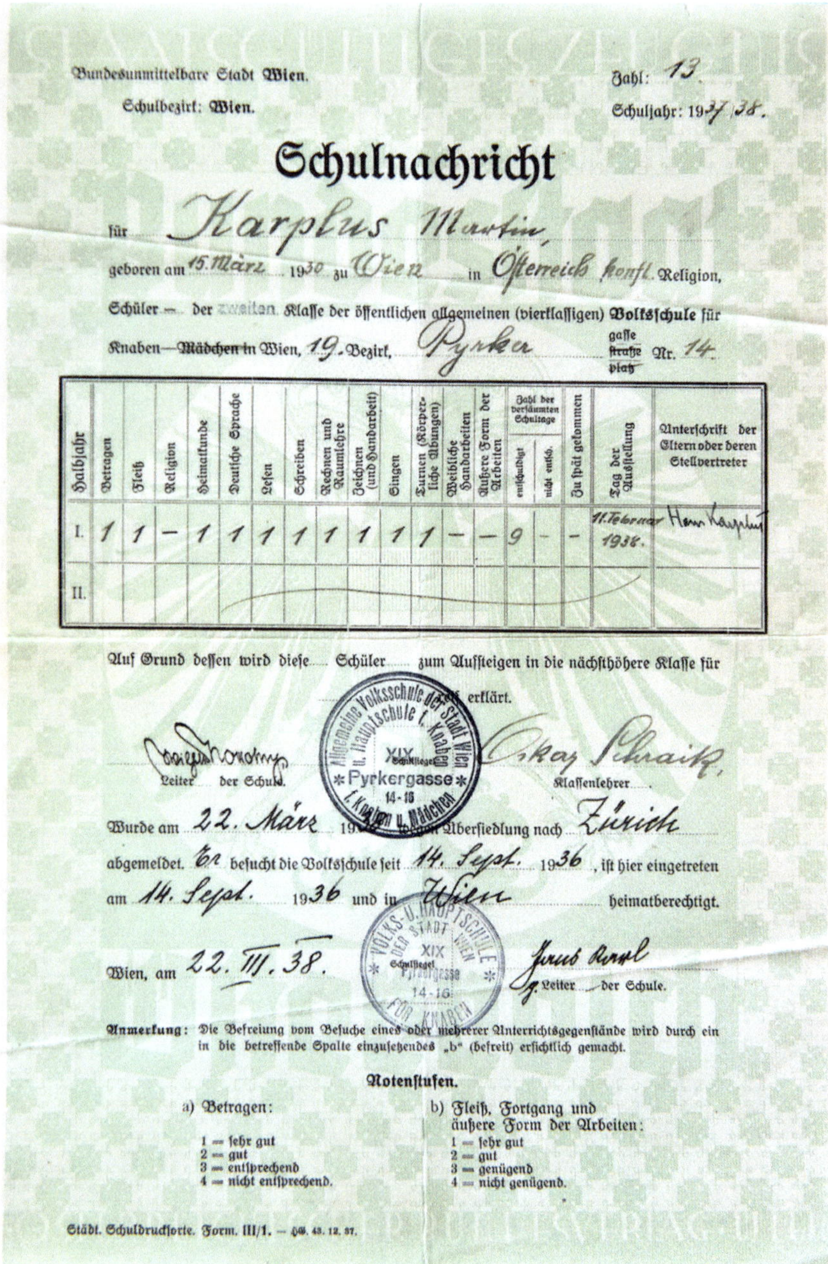
Bundesunmittelbare Stadt Wien. Zahl: 13.

Schulbezirk: Wien. Schuljahr: 1937/38.

Schulnachricht

für Karplus Martin,

geboren am 15. März 1930 zu Wien in Österreich konf[l]. Religion,

Schüler der zweiten Klasse der öffentlichen allgemeinen (vierklassigen) Volksschule für Knaben—~~Mädchen~~ in Wien, 19. Bezirk, Pyrker gasse Nr. 14.

Halbjahr	Betragen	Fleiß	Religion	Heimatkunde	Deutsche Sprache	Lesen	Schreiben	Rechnen und Raumlehre	Zeichnen (und Handarbeit)	Singen	Turnen (Körperliche Übungen)	Weibliche Handarbeiten	Äußere Form der Arbeiten	Zahl der versäumten Schultage: entschuldigt	Zahl der versäumten Schultage: nicht entsch.	Zu spät gekommen	Tag der Ausstellung	Unterschrift der Eltern oder deren Stellvertreter
I.	1	1	–	1	1	1	1	1	1	1	1	–	–	9	–	–	11. Februar 1938.	[signature]
II.																		

Auf Grund dessen wird dieser Schüler zum Aufsteigen in die nächsthöhere Klasse für ... erklärt.

Leiter der Schule. Klassenlehrer.

Wurde am 22. März 1938 wegen Übersiedlung nach Zürich abgemeldet. Er besucht die Volksschule seit 14. Sept. 1936, ist hier eingetreten am 14. Sept. 1936 und in Wien heimatberechtigt.

Wien, am 22. III. 38. Leiter der Schule.

Anmerkung: Die Befreiung vom Besuche eines oder mehrerer Unterrichtsgegenstände wird durch ein in die betreffende Spalte einzusetzendes „b" (befreit) ersichtlich gemacht.

Notenstufen.

a) Betragen:
1 = sehr gut
2 = gut
3 = entsprechend
4 = nicht entsprechend.

b) Fleiß, Fortgang und äußere Form der Arbeiten:
1 = sehr gut
2 = gut
3 = genügend
4 = nicht genügend.

Städt. Schuldrucksorte. Form. III/1. — Hd. 43. 12. 37.

3.1a. Mein Zeugnis aus der ersten Klasse

KAPITEL 3

Letzte Tage in Europa

Schon bevor die Nazis 1938 in Österreich einmarschierten, traten in unserem Leben auch aus der Sicht eines Achtjährigen beträchtliche Veränderungen ein. Unter unseren Nachbarn waren zwei Jungen in ähnlichem Alter wie mein Bruder Robert und ich. Sie waren unsere „besten Freunde“: Wir spielten regelmäßig mit ihnen, und unter anderem planschten wir auch zusammen in dem kleinen Schwimmbecken in unserem Garten. Im Frühjahr 1937 wollten sie plötzlich mit uns nichts mehr zu tun haben und verhöhnten uns als „dreckige Judenjungen“, wenn wir törichterweise versuchten, etwas mit ihnen zu unternehmen. Ähnliche Probleme gab es in der Schule mit unseren nichtjüdischen Klassenkameraden. Zuvor, in der ersten (Abbildungen 3.1a und 3.1b) und zu Beginn der zweiten Klasse, hatte ich in der Schule ausgezeichnete Erfahrungen gemacht. Das lag unter anderem an unserem großartigen Lehrer, Herrn Schraik, zu dessen wichtigsten Eigenschaften es gehörte, dass seine Frau ein Süßwarengeschäft führte. Als wir in die zweite Klasse kamen, baten die Eltern darum, dass Herr Schraik mit uns „versetzt“ werde, und wegen seiner herausragenden Leistungen als Lehrer wurde die Bitte erfüllt. In der Mitte des Schuljahres 1937/38 jedoch durfte er plötzlich nicht mehr unterrichten. Er war Jude, und die Behörden waren der Auffassung, jeder Kontakt mit ihm werde den Geist der Kinder vergiften. Der neue Lehrer war unfähig und ein ausgesprochener Antisemit – jüdische Schüler wie mich kritisierte er ständig und unabhängig davon, wie gute oder schlechte Leistungen wir erbrachten. Die Lage wurde schon bald so schlimm, dass meine Eltern mich aus der Schule nahmen.

Zwischen den Grundschulen in Österreich und in Amerika gab es eine Reihe von Unterschieden. In Österreich fand der Unterricht von montags bis samstags statt, Hausaufgaben gab es ab der ersten Klasse, Aktivitäten außerhalb des Lehrplanes existierten nicht. In meiner Klasse waren nur Jungen; die Mädchen besuchten eigene Klassen in derselben Schule (Abbildung 3.2).

Vielleicht der bedeutendste große Unterschied in meinem Schulunterricht in Österreich hatte damit zu tun, dass ich Linkshänder bin. Als ich in die erste Klasse kam, musste ich lernen, mit der rechten Hand zu schreiben. Welche psychischen Folgen das auch gehabt haben mag, ich war immer dankbar dafür, dass ich gezwungen wurde, beim Schreiben Rechtshänder zu werden. Besonders galt das, als ich in die Vereinigten Staaten kam und sah, welche Verrenkungen Kinder ausführten, um mit der linken Hand zu schreiben. Natürlich ist – zumindest in den westeuropäischen Sprachen – alles für Rechtshänder ausgelegt.

Am 12. März 1938 überschritten deutsche Truppen die Grenze nach Österreich und vollzogen den „Anschluss“ des Landes an Nazideutschland, der nach dem Ersten Weltkrieg im Versailler Vertrag ausdrücklich verboten worden war. Die Deutschen waren von Arthur Seyss-Inquart nach Österreich „eingeladen“ worden, der Marionette, die die österreichische Regierung übernommen hatte, nachdem man Kanzler Schuschnigg zum Rücktritt gezwungen hatte. An dem Abend, bevor die Nazitruppen in die Stadt kamen, saßen meine Familie und einige Freunde im Wohnzimmer vor dem Radio; da Ausgangsverbot und Verdunkelung für den Fall von Luftangriffen vorgeschrieben waren, war es dunkel. Ich war wütend, aber nicht wegen der politischen Ereignisse, sondern weil meine Eltern für mich an diesem Abend eine vorgezogene Geburtstagsfeier geplant hatten (mein eigentlicher Geburtstag war der 15. März) und ich nun keineswegs im Mittelpunkt der Aufmerksamkeit stand. Hitler kam im Triumph nach Österreich, und seine Soldaten wurden von einer begeisterten Menschenmenge empfangen. (Noch heute, 75 Jahre später, fahre ich mit gemischten Gefühlen nach Österreich, denn den Antisemitismus gibt es immer noch. Als ich aber 2012 erfuhr, dass ich nach wie vor die österreichische Staatsbürgerschaft besitze, gab ich sie nicht auf. Die doppelte Staatsbürgerschaft ist nützlich, denn als Österreicher gehöre ich der Europäischen Union an.)

Meine Eltern hatten sich wegen des wachsenden Antisemitismus und der Möglichkeit, dass Hitler in Österreich die Macht übernehmen könnte, schon seit einiger Zeit Sorgen gemacht. In Österreich hatten sich bereits einige beunruhigende Ereignisse abgespielt. Anfang der 1930er Jahre hatte Hitler von seinem Traum gesprochen, alle Deutsch sprechenden Völker zu vereinen, insbesondere Deutschland und Österreich, und 1934 war der Wiener Regierungschef, Kanzler Dollfuss, von österreichischen Nazis ermordet worden.

Mit ihrem Bewusstsein für die politische Lage hatten meine Eltern begonnen, für uns die Auswanderung vorzubereiten. Tante Claire, die in England studiert hatte, brachte Robert und mir Englisch bei. Am 21. Feb-

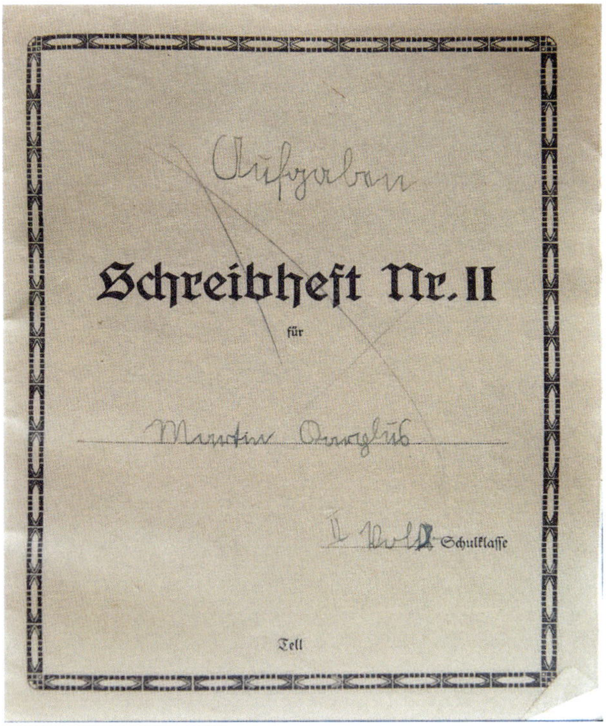

3.1b. Der Umschlag meines Schreibheftes

3.2. Grundschüler mit mir im Vordergrund

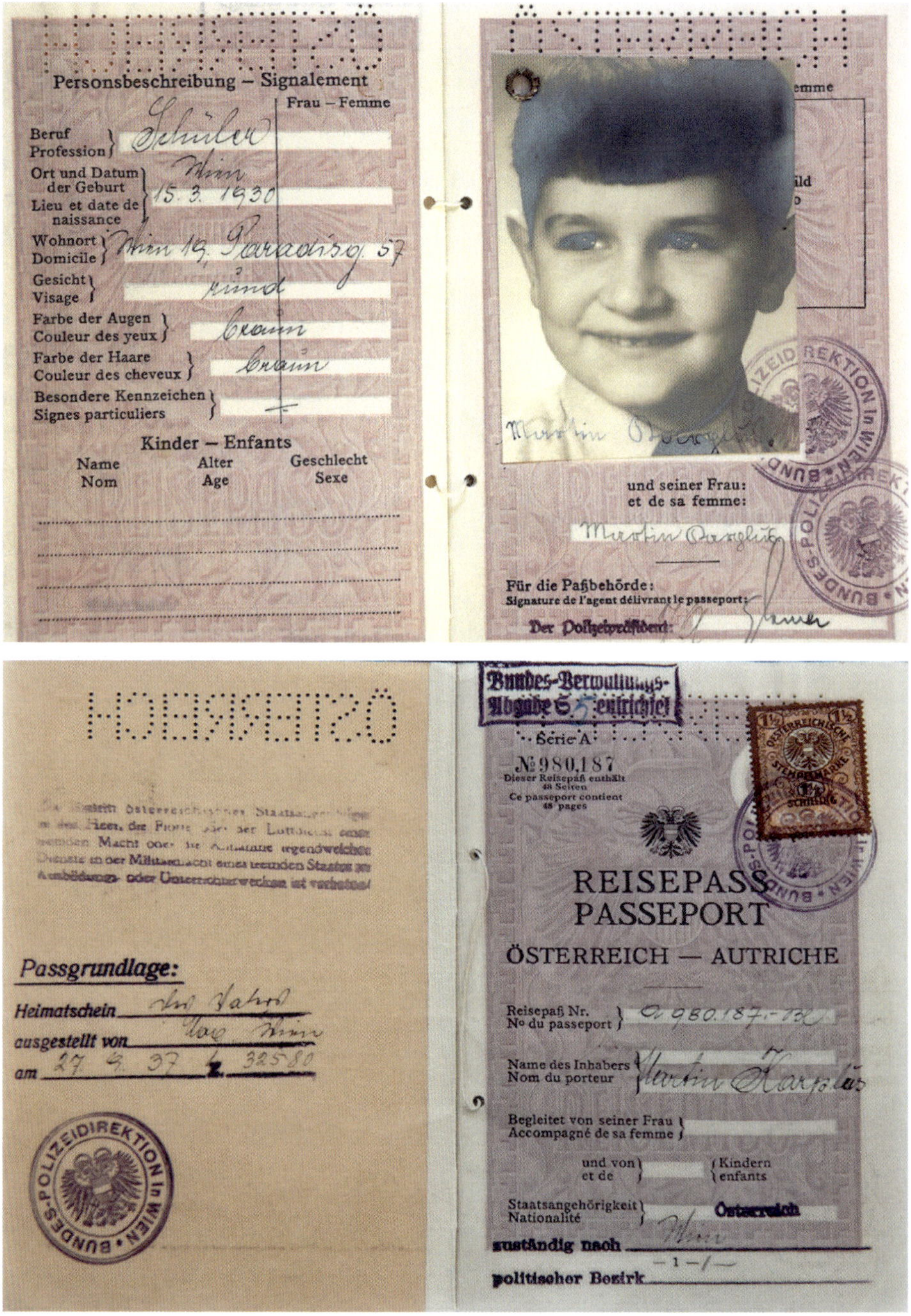

3.3. Mein Pass aus dem Jahr 1938

ruar 1938 erhielt ich meinen Pass (Abbildung 3.3); bereits vor dem 12. März hatten meine Eltern Bahnfahrkarten für einen „Skiurlaub" in der Schweiz gekauft und in Zürich ein Zimmer in einer Pension reserviert.

Einige Tage nach dem „Anschluss" fuhren meine Mutter, mein Bruder und ich mit dem Zug in die Schweiz. Als ich an diesem Tag nach Hause kam, sah ich, dass alle Koffer verladen waren. Man sagte mir, ich solle meinen warmen Mantel anziehen und in das Auto steigen. Dann wurden wir zum Bahnhof gefahren und zum Zug geführt. Erst jetzt sagte man mir, worum es ging: Wir fuhren in die Schweiz, um aus Österreich und vor den Nazis zu fliehen.

Der traumatischste Aspekt unserer Abreise war, dass mein Vater nicht mitkommen durfte: Er musste sich im Wiener Stadtgefängnis inhaftieren lassen. Unter anderem wurde er als Geisel festgehalten, damit das Geld, das wir möglicherweise besaßen, nicht aus dem Land geschmuggelt werden konnte. Meine Mutter beruhigte meinen Bruder und mich: Sie sagte, ihm werde nichts passieren, aber natürlich hatte auch sie selbst keine Gewissheit, dass es stimmte. Zu jener Zeit erlaubte die Naziregierung Juden noch die Ausreise aus Österreich, vorausgesetzt, sie ließen Geld und Eigentum zurück. Wenn man Geld heimlich außer Landes bringen wollte, bestand eine Methode darin, Diamanten zu kaufen und sie in der Kleidung und in Lebensmitteln zu verstecken. Auf der Zugfahrt nach Zürich wurden wir an der Grenze aufgehalten, und alle mussten mit ihren Koffern den Zug verlassen. Nachdem unser Gepäck untersucht und nichts gefunden worden war, durften wir wieder einsteigen. Meine Mutter hatte ein Mittagessen eingepackt, und dazu gehörte auch eine dicke Wurst. Die Grenzbeamten schnitten sie pingelig in dünne Scheiben, vermutlich weil sie nach versteckten Diamanten suchten. Glücklicherweise konnte man die Wurst anschließend noch essen, sodass Robert und ich über das Ereignis nicht allzu beunruhigt waren.

Mein Vater Hans war der älteste der vier Brüder und als einziger zur Zeit des „Anschlusses" noch in Wien. Der Zweitälteste, Eduard (Edu), ein Ingenieur, war bereits einige Jahre zuvor in die Vereinigten Staaten ausgewandert. Heinrich, der dritte Bruder, hatte 1930 an der medizinischen Fakultät in Wien sein Examen als Pathologe gemacht und war 1936 nach Israel emigriert. Walter, der jüngste Bruder, war vor 1938 in die Vereinigten Staaten gekommen. Nach dem Tod meiner Großeltern stand mein Vater im Begriff, seine Angelegenheiten zu regeln, als die Nazis in Österreich die Macht übernahmen. Während meine Mutter, mein Bruder und ich in den ersten Tagen nach dem „Anschluss" das Land verlassen durften, musste mein Vater zurückbleiben. Er wurde im Gefängnis festgehalten, bis er alle unsere Besitztümer und Vermögensgegenstände den Nazis überschrieben

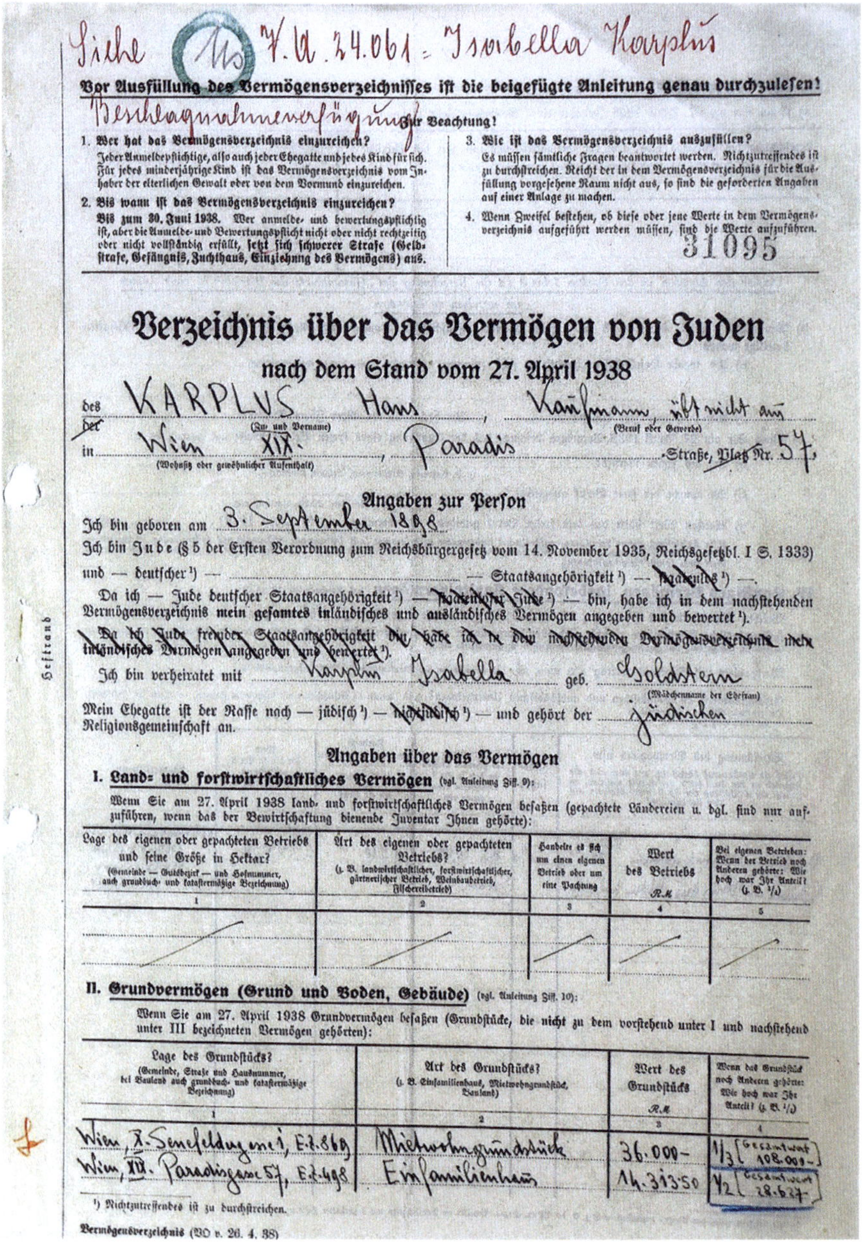

Siehe (Ms) V.A. 24.061 = Isabella Karplus

Vor Ausfüllung des Vermögensverzeichnisses ist die beigefügte Anleitung genau durchzulesen!

Beschlagnahmeverfügung

Zur Beachtung!

1. **Wer hat das Vermögensverzeichnis einzureichen?**
Jeder Anmeldepflichtige, also auch jeder Ehegatte und jedes Kind für sich. Für jedes minderjährige Kind ist das Vermögensverzeichnis vom Inhaber der elterlichen Gewalt oder von dem Vormund einzureichen.

2. **Bis wann ist das Vermögensverzeichnis einzureichen?**
Bis zum 30. Juni 1938. Wer anmelde- und bewertungspflichtig ist, aber die Anmelde- und Bewertungspflicht nicht oder nicht rechtzeitig oder nicht vollständig erfüllt, **setzt sich schwerer Strafe (Geldstrafe, Gefängnis, Zuchthaus, Einziehung des Vermögens) aus.**

3. **Wie ist das Vermögensverzeichnis auszufüllen?**
Es müssen sämtliche Fragen beantwortet werden. Nichtzutreffendes ist zu durchstreichen. Reicht der in dem Vermögensverzeichnis für die Ausfüllung vorgesehene Raum nicht aus, so sind die geforderten Angaben auf einer Anlage zu machen.

4. Wenn Zweifel bestehen, ob diese oder jene Werte in dem Vermögensverzeichnis aufgeführt werden müssen, sind die Werte aufzuführen.

31095

Verzeichnis über das Vermögen von Juden

nach dem Stand vom 27. April 1938

des ~~der~~ KARPLUS Hans (Zu- und Vorname), Kaufmann, übt nicht aus (Beruf oder Gewerbe)

in Wien XIX. (Wohnsitz oder gewöhnlicher Aufenthalt), Paradis-Straße, ~~Platz~~ Nr. 57,

Angaben zur Person

Ich bin geboren am 3. September 1898

Ich bin Jude (§ 5 der Ersten Verordnung zum Reichsbürgergesetz vom 14. November 1935, Reichsgesetzbl. I S. 1333) und — deutscher ¹) — .... — Staatsangehörigkeit ¹) — ~~staatenlos~~ ¹) —.

Da ich — Jude deutscher Staatsangehörigkeit ¹) — ~~staatenloser Jude~~ ¹) — bin, habe ich in dem nachstehenden Vermögensverzeichnis **mein gesamtes inländisches und ausländisches Vermögen** angegeben und bewertet ¹).

~~Da ich Jude fremder Staatsangehörigkeit bin, habe ich in dem nachstehenden Vermögensverzeichnis mein inländisches Vermögen angegeben und bewertet ¹).~~

Ich bin verheiratet mit Karplus Isabella geb. Goldstern (Mädchenname der Ehefrau)

Mein Ehegatte ist der Rasse nach — jüdisch ¹) — ~~nichtjüdisch~~ ¹) — und gehört der jüdischen Religionsgemeinschaft an.

Angaben über das Vermögen

I. Land- und forstwirtschaftliches Vermögen (vgl. Anleitung Ziff. 9):

Wenn Sie am 27. April 1938 land- und forstwirtschaftliches Vermögen besaßen (gepachtete Ländereien u. dgl. sind nur aufzuführen, wenn das der Bewirtschaftung dienende Inventar Ihnen gehörte):

Lage des eigenen oder gepachteten Betriebs und seine Größe in Hektar? (Gemeinde — Gutsbezirk — und Hofnummer, auch grundbuch- und katastermäßige Bezeichnung)	Art des eigenen oder gepachteten Betriebs? (z. B. landwirtschaftlicher, forstwirtschaftlicher, gärtnerischer Betrieb, Weinbaubetrieb, Fischereibetrieb)	Handelte es sich um einen eigenen Betrieb oder um eine Pachtung	Wert des Betriebs RM	Bei eigenen Betrieben: Wenn der Betrieb noch Anderen gehörte: Wie hoch war Ihr Anteil? (z. B. ¹/₂)
1	2	3	4	5
—	—	—	—	—

II. Grundvermögen (Grund und Boden, Gebäude) (vgl. Anleitung Ziff. 10):

Wenn Sie am 27. April 1938 Grundvermögen besaßen (Grundstücke, die **nicht** zu dem vorstehend unter I und nachstehend unter III bezeichneten Vermögen gehörten):

Lage des Grundstücks? (Gemeinde, Straße und Hausnummer, bei Bauland auch grundbuch- und katastermäßige Bezeichnung)	Art des Grundstücks? (z. B. Einfamilienhaus, Mietwohngrundstück, Bauland)	Wert des Grundstücks RM	Wenn das Grundstück noch Anderen gehörte: Wie hoch war Ihr Anteil? (z. B. ¹/₂)
1	2	3	4
Wien, X. Senefeldergasse 1, E.Z. 869	Mietwohngrundstück	36.000.–	1/3 (Gesamtwert 108.000.–)
Wien, XIX. Paradisgasse 57, E.Z. 498	Einfamilienhaus	14.313.50	1/2 (Gesamtwert 28.627.–)

¹) Nichtzutreffendes ist zu durchstreichen.

Vermögensverzeichnis (VO v. 26. 4. 38)

Heftrand

3.4. Die erste Seite der Liste, in der die Nazis den beschlagnahmten Besitz meines Vaters verzeichnet hatten

3.5. Ein typisches Zimmer im Palais Lieben-Auspitz

hatte. Dazu gehörten unter anderem unser Haus in Grinzing und unser Auto, das „Steyr Baby".

Viele dieser Einzelheiten erfuhr ich durch einen glücklichen Zufall. Im März 2014 war Joseph Ostermayer, der österreichische Bundesminister für Kunst und Kultur, zu einer Tagung über die „Transformation schwer lösbarer Konflikte" („Transformation of Intractable Conflicts") an das Herman C. Kelman Institute der Harvard University eingeladen worden und sollte dort den Eröffnungsvortrag halten. Als Dr. Ostermayer in Boston war, richtete der österreichische Konsul es so ein, dass er mit mir zusammentreffen und mir zum Nobelpreis gratulieren konnte. Während wir uns unterhielten, fragte er (nach meinem Eindruck eher aus Höflichkeit): „Kann ich irgendetwas für Sie tun?" Ich habe solche Gelegenheiten nie ungenutzt gelassen und erwähnte, ich hätte mich immer gefragt, was mit meinem Vater geschehen sei, als er in Wien im Gefängnis saß. Dr. Ostermayer erwiderte, er werde sich darum kümmern, und er hielt Wort: Ich erhielt eine vollständige Aufstellung aller Dinge, die beschlagnahmt worden waren. Die Nazis hatten ein detailliertes Verzeichnis erstellt, das im Österreichischen Staatsarchiv aufbewahrt wurde. Offensichtlich war mein Vater am 3. April 1938 von der Gestapo festgenommen worden, und die Behörde hatte alle unsere Besitztümer in einer Liste zusammengestellt (Abbildung 3.4).

Vieles war zwar beschlagnahmt worden, meinem Vater war es aber noch gelungen, einen Container mit Möbeln und anderen Besitztümern aus der Wohnung meiner Großeltern väterlicherseits im Palais Lieben-Auspitz in die Vereinigten Staaten verschiffen zu lassen (Abbildung 3.5).

3.6. Kopie des Gemäldes „Die Auffindung des Moses“

Insgesamt hatte er vier Container losgeschickt, für jeden der vier Brüder einen, und alle erreichten ihren Bestimmungsort. Unserer enthielt neben dem Familiengeschirr und der Aussteuer eine zeitgenössische Kopie des Gemäldes „Die Auffindung des Moses“ von Veronese (Abbildung 3.6) sowie einige Möbelstücke, die schon seit Generationen der Familie gehörten. Zwei davon stifteten Marci und ich dem Jüdischen Museum in Wien. Das eine ist ein gepolsterter Schaukelstuhl mit geschnitzten Schwänen als Armlehnen, das andere ein zusammenklappbarer Kartenspieltisch (Abbildung 3.7), an dem mein Vater mit Sigmund Freud, einem Kollegen und Freund der Familie, Tarock gespielt hatte. Freuds erste Patientin, die unter dem Pseudonym „Frau Caecilie M.“ beschrieben wurde, war meine Urgroßmutter Anna von Lieben. Anna hatte fünf Kinder, spielte ausgezeichnet Schach und sollte wie viele hochintelligente Frauen in jener Zeit nur heiraten und eine Familie gründen. Nur selten durften Frauen arbeiten, und in manchen Fällen wurden sie als „hysterisch“ bezeichnet. Eine solche Frau war Anna; sie wurde jahrelang von Freud behandelt.

3.7. Der Kartenspieltisch steht heute im Jüdischen Museum

Meine Eltern hatten vor, in die Vereinigten Staaten zu gehen, aber Visa für das Land wurden nur an Antragsteller vergeben, die ein „Affidavit" vorweisen konnten, ein Dokument von einem amerikanischen Staatsbürger, der finanzielle Unterstützung zusagte.[1] Mein Onkel Edu war mittlerweile Chefingenieur bei der General Radio Corporation in Boston und erfand dort den „Variac" (Stelltransformator), der noch heute häufig zur kontinuierlichen Veränderung elektrischer Spannungen verwendet wird. Mr. Eastman, der Präsident von General Radio, stellte die erforderliche Bürgschaftserklärung aus, und so erhielten wir US-amerikanische Visa.

Bis die Dokumente kamen und unsere Überfahrt organisiert war, vergingen mehrere Monate. Nachdem wir Österreich verlassen hatten, lebten meine Mutter, mein Bruder und ich in Zürich in der Pension Comi an der Ekkehardstrasse (Abbildung 3.8), in der wir vor unserer Abreise Zimmer reserviert hatten; sie existiert noch heute. Wir hatten zwei Zimmer, eines

[1] *Viele Juden durften Österreich (oder Deutschland) verlassen, wenn sie ein Visum für ein anderes Land besaßen. Manche gelangten auf diese Weise nach Südamerika, Australien oder Neuseeland, aber wie die Geschichte gezeigt hat, konnten auch viele das Land nicht gefahrlos verlassen. Von den 180.000 Juden, die vor dem Krieg in Österreich lebten, konnten mehr als 120.000 auswandern, aber viele von ihnen gingen in andere europäische Länder, sodass sie später ebenfalls von den Nazis gefangen genommen wurden und in Konzentrationslagern ums Leben kamen.*

3.8. Die Pension Comi (ca. 1930)

für meine Eltern – das aber nur von meiner Mutter bewohnt wurde, da mein Vater noch in Wien festgehalten wurde –, das andere für meinen Bruder und mich. Robert und ich wurden in der Nachbarschaft an einer staatlichen Schule angemeldet und lernten dort schnell Schwyzerdütsch. Dass wir den Schweizer Dialekt sprachen, verschaffte uns nicht nur ein Gefühl der Zugehörigkeit, sondern wir hatten nun auch eine Geheimsprache, die unsere Mutter nicht verstand. Die Pension lag auf einem Hügel, und mein Bruder und ich mussten von dort zur Schule bergab gehen. Manchmal fuhren wir auf Rollschuhen; eines Tages rutschte ich auf dem Heimweg aus und fiel auf Stufen, die den Hügel hinunterführten. Ich glaube, ich war nicht ernsthaft verletzt, aber als ich in der Pension ankam, erschrak meine Mutter gewaltig, weil mein Gesicht voller Blut war. Nachdem sie alles abgewaschen hatten, stellte sich heraus, dass ich nur eine kleine Platzwunde an der Stirn hatte – die Narbe trage ich noch heute. Das Bild meiner verängstigten Mutter blieb mir aber im Gedächtnis. Ich wollte nicht nur nie wieder Rollschuh fahren, sondern erlaubte auch meinem Sohn Mischa nicht, als Kind Rollschuhe zu besitzen.

Als es Sommer wurde, reisten wir von Zürich nach La Baule, einen Badeort an der bretonischen Atlantikküste in Frankreich, wo unser Onkel Ernst Papanek ein Sommerlager für Flüchtlingskinder eingerichtet hatte. Die meisten Kinder stammten aus jüdischen Familien, in einigen Fällen waren die Eltern aber auch politische Flüchtlinge. Ende der 1930er und Anfang der 1940er Jahre organisierte Ernst eine ganze Reihe solcher Kinderheime. (Die Tätigkeit beschreibt er in seiner Autobiografie [Papanek, 1975]).[2] In La Baule verbrachten Robert und ich zusammen mit unseren Cousins Gus und George (den Kindern von Ernst) und einigen neuen Freunden einen glückseligen Sommer. Wir schwammen, bauten auf dem Anwesen Sandburgen (Abbildungen 3.9a und 3.9b) und Bahnlinien mit Tunnels und so weiter aus dem Sand, den wir von unseren vielen Strandausflügen mitgebracht hatten. Lebensmittel waren knapp, aber wir waren einigermaßen gut ernährt. Damals war mir nicht klar, dass meine Mutter und die anderen Erwachsenen sich um die Zukunft große Sorgen machten. Irgendwie hielten sie es von uns fern und verschafften uns einen glücklichen Sommer. Die Zeit ist sowohl Robert als auch mir als großartiges Erlebnis in Erinnerung geblieben. Der Film *Das Leben ist schön* von Roberto Benigni steht sinnbildlich für meine Erinnerungen an jene Tage.

Im Laufe des Sommers trafen endlich die Visa für uns alle vier ein, und meine Mutter buchte die Überfahrt auf der Ile de France. Meine Mutter, Robert und ich standen bereit, um in die Vereinigten Staaten abzureisen. Von meinem Vater gab es, soweit mir bekannt ist, keine Nachrichten, aber einige Tage bevor die Ile de France fahrplanmäßig nach New York auslaufen sollte, tauchte er in Le Havre auf. Aus meiner Sicht war es genau so gekommen, wie meine Mutter es mir gesagt hatte: Wir würden alle zusammen nach Amerika fahren. Als mein Vater sich in Le Havre zu uns gesellte, fragten Robert und ich, wie es im Gefängnis gewesen sei. Er erzählte, man habe ihn gut behandelt, und dann schilderte er fröhlich, wie er sich die Zeit vertrieben hatte, indem er den Wachleuten das Schachspielen beibrachte. Das war ein Aspekt im Charakter meines Vaters, der sowohl meinen Bruder

[2] *Ernst vertrat die Philosophie, dass man sich auf den gesunden Menschenverstand und die Intelligenz von Kindern verlassen kann. Typisch für die Heime war, dass sie als Kooperativen geführt wurden, in denen die Mitwirkung der Kinder von großer Bedeutung war.*

3.9a. Unsere Cousins, meine Mutter, mein Bruder und ich 1938 in La Baule

3.9b. Robert und ich mit Gus und George Papanek 1938 in La Baule

als auch mich stark beeinflusste: Er versuchte, aus jedem Erlebnis etwas Positives zu machen.

Über die Freilassung meines Vaters aus dem Gefängnis wussten wir lange nichts Genaues, und manche Details sind bis heute unklar. Wie bereits erwähnt, wurde er gefangen gehalten, bis er unser gesamtes Eigentum überschrieben hatte. Nach den Dokumenten im Österreichischen Staatsarchiv erfolgte die Freilassung im Juni 1938, aber Österreich durfte er erst im September des gleichen Jahres verlassen. Mein Onkel Edu hatte für seine Entlassung nicht nur eine Bürgschaft von 5000 Dollar gestellt, sondern mein Vater musste an die Naziregierung auch noch mehrere Steuern bezahlen, um Österreich verlassen zu dürfen. Nach dem Krieg schrieben uns einige Personen (darunter ein Gefängniswärter und ein Beamter aus der Gefängnisverwaltung) und beanspruchten für sich das Verdienst, für die Freilassung meines Vaters gesorgt zu haben. Es gab aber keinen Beleg dafür, wer was getan hatte, wenn überhaupt. Dennoch schickten meine Eltern nach Kriegsende an alle Anspruchsteller Care-Lebensmittelpakete und wünschten ihnen alles Gute.[3] Ebenso schickten meine Eltern auch Care-Pakete an viele andere Menschen, die wir kannten, so an Mitzi, die keine Jüdin war und den Krieg überlebt hatte.

[3] *CARE (Cooperative for Assistance and Relief Everywhere) war eine humanitäre Organisation, die nach dem Zweiten Weltkrieg Pakete mit nicht verderblichen Lebensmitteln verteilte, um in den vom Krieg zerstörten Ländern die Lebensmittelknappheit zu lindern.*

PASSENGER RECORD

First Name : Martin
Last Name : Karplus
Place of Birth : Austria
Date of Arrival : 1938
Age at Arrival : 8
Gender : Male
Ship of Travel : Ile De France
Manifest Line Number : 10

4.1. Ein typisches Einreisedokument (Muster)

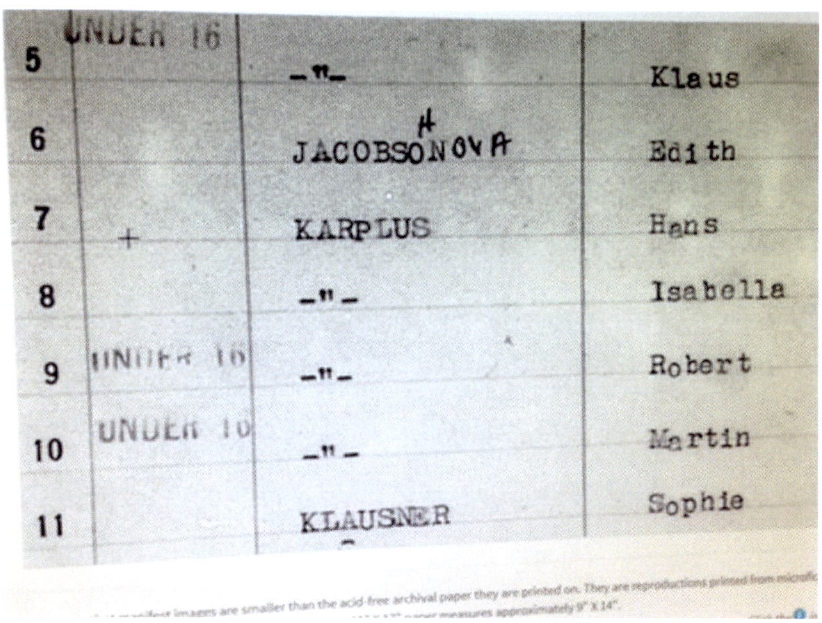

5	UNDER 16	–"–	Klaus
6		JACOBSONOVA	Edith
7	+	KARPLUS	Hans
8		–"–	Isabella
9	UNDER 16	–"–	Robert
10	UNDER 16	–"–	Martin
11		KLAUSNER	Sophie

4.2a. Das Zertifikat meiner Einreise von Ellis Island

KAPITEL 4

Ein neues Leben in Amerika

Als wir am frühen Morgen des 8. Oktober 1938 in New York einliefen, stand ich an Deck und betrachtete die Freiheitsstatue, von der ich bereits gelesen hatte. Dass sie aus dem Dunst auftauchte, war für mich und vermutlich für alle, die während des Krieges in die Vereinigten Staaten einreisten, etwas ganz Besonderes (Abbildung 4.1). Die Symbolik, die sich mit der Freiheitsstatue verbindet, mag abgedroschen erscheinen (und ist angesichts der derzeitigen Einwanderungspolitik auch ein wenig trügerisch), aber damals war sie wirklich ein Willkommenszeichen für Menschen, die in Angst gelebt hatten. Um die meisten Formalitäten der Einreise hatte sich Onkel Edu bereits gekümmert (Abbildungen 4.2a und b, 4.3), und so stiegen wir schon wenige Stunden nach unserer Ankunft zusammen mit ihm in einen Zug nach Boston.

Die ersten Wochen in den Vereinigten Staaten waren wir in Brighton untergebracht, einem Wohnviertel im Großraum Boston, wo man ein großes Landhaus zu einem Aufnahmezentrum für Flüchtlingsfamilien umgebaut hatte. Wir wurden darüber unterrichtet, was Amerika war und wie man dort lebte; mit Unterricht sollte unser Englisch verbessert werden, und wir erhielten Hilfestellung bei den Schritten, die man unternehmen musste, um als Flüchtling in den Vereinigten Staaten bleiben zu dürfen.

Wenig später waren wir so weit, dass wir unser neues Leben beginnen konnten. Meine Eltern mieteten in Brighton eine kleine Wohnung (Abbildung 4.4). Bob, wie er schon bald genannt wurde, und ich wurden sofort an den örtlichen Schulen angemeldet. Ich kam in die Harriet A. Baldwin Elementary School, die von unserer Wohnung zu Fuß erreichbar war. Ich war in der dritten Klasse und hatte das Glück, dass meine Lehrerin (in die ich verknallt war) mir nach der Schule Englisch-Nachhilfeunterricht gab. Ich war acht Jahre alt, und mein Englisch machte durch die Schule und das Spielen mit den Kindern aus der Nachbarschaft so schnelle Fortschritte, dass diese besonderen Unterrichtsstunden leider nur wenige Monate dauerten.

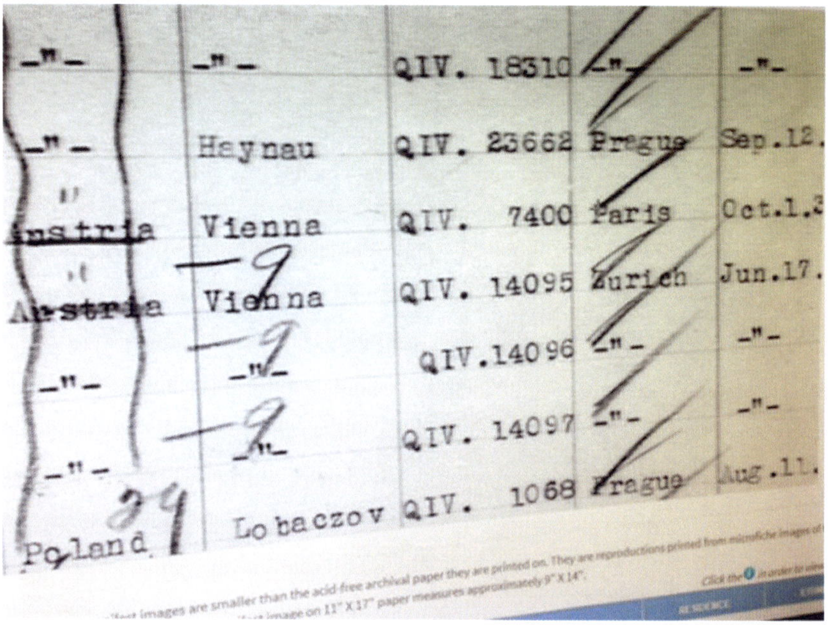

4.2b. Dokumente der Einreisestelle von Ellis Island, 1938

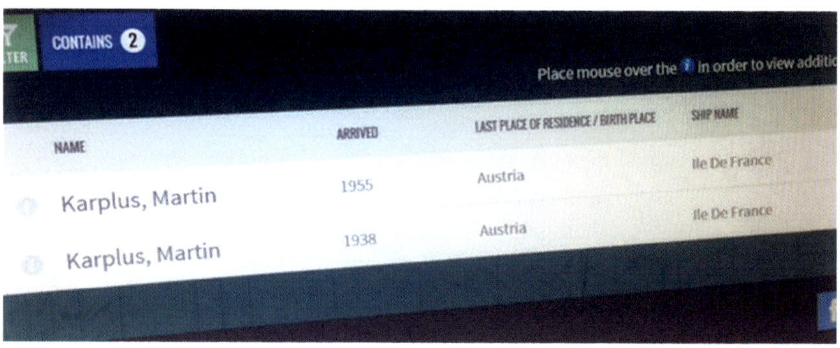

4.3. Dieses Dokument von Ellis Island zeigt, dass ich auch 1955 bei meiner Rückkehr aus Europa mit der Ile de France eintraf.

4.4. Das Haus mit unserer Wohnung in Brighton

Ich wollte in meiner neuen Heimat unbedingt anerkannt werden, und eine Zeit lang weigerte ich mich trotz der begrenzten Englischkenntnisse meiner Eltern sogar, zu Hause Deutsch zu sprechen. Während unserer Zeit in Brighton war ich in jeder Hinsicht ein Straßenkind: Ich trieb mich mit meinen Freunden herum, spielte Stickball und ähnliche Spiele und klaute hin und wieder nur aus Spaß ein paar Bonbons. Eines Nachmittags, als ich wieder einmal auf der Straße spielte, stolperte ich, weil ich einem Auto ausweichen wollte, und am Ende war mein Fuß unter dem Hinterrad des Wagens eingeklemmt. Der Fahrer hatte angehalten und war ausgestiegen, um nachzusehen, aber als ich schrie und weinte, begriff er erst nach einiger Zeit, dass er das Auto von meinem Fuß wegfahren musste. Nachdem das geschehen war, stellte sich glücklicherweise heraus, dass mein Fuß nur ein paar Schrammen hatte. Er wollte mich nach Hause bringen und meinen Eltern von dem Vorfall berichten, aber ich behauptete steif und fest, es gehe mir gut und ich würde allein nach Haus kommen. Dass ich nicht verletzt war, stimmte, aber vor allem war mir daran gelegen, dass meine Eltern nicht erfahren sollten, was geschehen war, wie ich mir die Zeit vertrieb und insbesondere, dass ich auf der Straße spielte.

Mein Bruder und ich waren mit den beiden Töchtern unseres Hausarztes aus Wien befreundet, der jetzt ebenfalls in Brighton wohnte. Am Samstagnachmittag gingen wir häufig mit ihnen in das örtliche Kino. Eine Filmserie hieß *Hawk of the Wilderness,*[1] und darin gab es einen Tarzan-ähnlichen Helden. Jede Episode endete damit, dass der Hauptdarsteller in eine Situation kam, in der er mit Sicherheit nicht überleben konnte, beispielsweise weil er von einer Klippe (engl. *cliff*) stürzte. Deshalb wurden solche Filmserien sogar als *cliffhanger* bezeichnet. Atemlos warteten wir auf das Kapitel am nächsten Samstag. Es begann in der Regel mit einer kurzen Rückblende, und dann bekam der Held in letzter Sekunde eine Liane zu fassen und konnte sich mit einem Schwung in Sicherheit bringen. Zu unserem Quartett gehörte, dass ich für die jüngere Schwester schwärmte, aber die hatte nur Augen für meinen Bruder.

Das Wohlstandsleben von Wien war Vergangenheit; wir waren jetzt relativ arm. Mein Vater hatte ein wenig Geld aus Österreich herausschleusen können, indem er wertvolle Briefmarken kaufte und auf Umschläge klebte, die er dann an Verwandte in den Vereinigten Staaten schickte. Außerdem hatte er in den Niederlanden einige Aktien gekauft, die vor der Invasion der Nazis 1940 in die Vereinigten Staaten transferiert wurden. Mit diesem Geld konnten meine Eltern eine Einwanderungsbürgschaft für meine Großmutter mütterlicherseits abgeben, sodass auch Tante Mania, wie wir sie nannten, in die Vereinigten Staaten kam; ihr Mann, Onkel Samolja, war 1939 an einem Herzinfarkt gestorben. (Die Wörter „Tante" und „Onkel" wurden in einem recht weit gefassten Sinn für Verwandte gebraucht.)

Trotz der wirtschaftlichen Engpässe taten meine Eltern alles, was in ihrer Macht stand, damit unser Leben sich so wenig wie möglich änderte. In unserem ersten Sommer in den Vereinigten Staaten arbeiteten meine Eltern als Hausangestellte – mein Vater als Hausmeister und meine Mutter als Köchin und Putzfrau – bei einer wohlhabenden Familie, die ein Anwesen in Holderness im Bundesstaat New Hampshire besaß. Wir wohnten in einem kleinen Haus auf dem Grundstück, und dort verlebten Bob und ich einen idyllischen Sommer. Im darauffolgenden Jahr waren meine Eltern während des Sommers in ähnlichen Funktionen in einem Jugendlager tätig, in dem auch Bob und ich die warme Jahreszeit verbringen konnten.

Im November 1939, ungefähr ein Jahr später als wir, kam die Familie Wermer, Verwandte meiner Mutter, in die Vereinigten Staaten. Sie waren

[1] *Hawk of the Wilderness (auf Deutsch erschienen als Tarzan auf der Schatzinsel, Anm. d. Übers.) war eine Filmserie der Republic Pictures Corporation mit zwölf Episoden, von denen jede ungefähr 17 Minuten dauerte. Sie waren in den Samstagsmatineen bis Mitte der 1950er Jahre sehr beliebt, danach traten Fernsehserien an ihre Stelle.*

vollkommen mittellos, und bis Paul Wermer seine Anerkennung als Arzt erhielt, dauerte es eine gewisse Zeit. Meine Eltern luden ihren Sohn John ein, ein halbes Jahr bei uns in Brighton zu verbringen. Johnny war als einziges Kind verwöhnt und sehr wählerisch beim Essen, als er in unsere Familie kam. Bei den Mahlzeiten stellte meine Mutter das Essen auf den Tisch, und jeder durfte sich bedienen. Johnny bemerkte schon sehr bald, dass Bob und ich alles verschlangen, wenn er nicht ebenfalls zuschlug. Nach Angaben seiner Eltern hatten sich Johnnys Essgewohnheiten nach seinem Aufenthalt bei uns völlig verändert. Außerdem lernte er, sich an den alltäglichen häuslichen Pflichten zu beteiligen; unter anderem trocknete er das Geschirr ab, wenn mein Vater es spülte. Das machte uns allen Spaß, denn dabei hatten wir Gelegenheit, uns mit ihm zu unterhalten.

Meine Eltern belegten Kurse, um bessere Stellungen zu finden. Mein Vater hatte an der Universität Wien Physik studiert und interessierte sich schon immer dafür, wie Dinge funktionieren. Im Jahr 1939 begann er einen einjährigen Kurs am Wentworth Institute in Boston. Das Institut konnte damals keine Abschlüsse verleihen, und die Studierenden waren vorwiegend Menschen wie mein Vater, die ein Handwerk lernen wollten. Im Fall meines Vaters war es der Maschinenbau. Die Vereinigten Staaten waren zwar noch nicht in den Zweiten Weltkrieg eingetreten, lieferten aber bereits Flugzeuge nach Großbritannien, was zu einer hohen Nachfrage nach Ingenieuren führte. Nachdem mein Vater den Kurs am Wentworth Institute abgeschlossen hatte, erhielt er fast sofort eine Stelle in Nonantum, einem Stadtviertel von Newton in Massachusetts, bei einem Hersteller hydraulischer Pumpen für Flugzeuge. Anfangs arbeitete er als Mechaniker, aber dann stieg er schnell zum Inspektor auf und war bei der Firma bis zu seinem Ruhestand tätig. In diesen Jahren aß er jeden Tag in einem nahegelegenen italienischen Restaurant zu Mittag, und dabei bestellte er immer Cotoletta alla Milanese, was nichts anderes ist als ein Wiener Schnitzel. In meiner Jugend begleitete ich ihn hin und wieder dorthin zum Mittagessen. Mein Vater erzählte Bob und mir oft davon, welche Probleme er gelöst hatte oder auf welche Verbesserungsvorschläge für die Konstruktion der Pumpen er gekommen war. Die Art, wie er seine Ideen schilderte, trug dazu bei, bei uns die wissenschaftliche Neugier zu wecken.

Auch meine Mutter ging wieder zur Schule. Zunächst besuchte sie das Simmons College und machte dort 1952 einen Bachelor-Abschluss in Ernährungswissenschaft. Wenig später fand sie eine Stelle als Ernährungsberaterin am Bostoner Beth Israel Hospital, und dort stieg sie schnell zur leitenden Ernährungsberaterin auf. Damit bekleidete sie eine ähnliche Position

4.5. Die MA-Examensurkunde meiner Mutter von der Universität Boston

wie früher in der Fango-Heilanstalt in Wien, war aber die Vorgesetzte einer viel größeren Zahl von Mitarbeitenden. Neben ihrer Arbeit studierte sie in Teilzeit an der Universität Boston und schloss mit sechzig Jahren ein Masterstudium in Erziehungswissenschaften ab (Abbildung 4.5).

Durch die Sorge um unsere Ausbildung motiviert, entschlossen sich meine Eltern, nach Newton (eine Vorstadt von Boston) zu ziehen, wo die Schulen allgemein einen besseren Ruf hatten als die in Boston selbst.[2] Sie kauften ein kleines Haus (Abbildung 4.6) in einem angenehmen Viertel in West Newton. Dort wurde ich in der Junior High School angemeldet, und mein Bruder wechselte auf die Newton High School. Unser Zu Hause war eines von vier Häusern, die ein Immobilienunternehmen kurz zuvor auf einem Hügel auf halbem Weg zwischen der Newton High School und meiner Schule, der Levi F. Warren Junior High School, errichtet hatte. Mit unseren Nachbarn hatten wir wenig Kontakt, denn unser gesellschaftliches Leben spielte sich zu jener Zeit vorwiegend unter anderen Flüchtlingsfamilien aus Österreich ab, die jetzt in Boston und Nachbargemeinden wie Brookline wohnten (Abbildung 4.7).

Nach meiner Kenntnis waren wir in West Newton die erste jüdische Familie.[3] An einem Samstag – wir wohnten ungefähr seit einem halben Jahr in

[2] Eine Ausnahme war die Boston Latin School, die meinen Bruder in der siebten Klasse angenommen hatte. Sie ist bis heute eine hervorragende Schule und sucht sich ihre Schüler mit einer Aufnahmeprüfung aus; die Schule wurde bereits 1635 gegründet und ist damit die älteste noch existierende Highschool der Vereinigten Staaten.

[3] Der Historical Atlas of Massachusetts (University of Massachusetts, Amherst, 1991) enthält eine Landkarte mit den Wanderungsbewegungen der jüdischen Gemeinschaft von Boston. Deutsche und osteuropäische Juden ließen sich in der Innenstadt von Boston nieder. Erst in den 1960er Jahren wurden viele jüdische Familien zu Mitgliedern der Mittelschicht und bevölkerten auch Wohnviertel wie Brookline, Newton und andere. Onkel Edu, der in den 1930er Jahren nach Belmont zog, war eindeutig eine Ausnahme.

4.6. Unser früheres Wohnhaus in der 259 Otis Street, Newton, Massachusetts, im Jahr 2016

4.7. Beim Damespiel mit meiner Mutter

West Newton – klopfte ein FBI-Agent an die Tür und erkundigte sich höflich nach meinem Vater. Der Agent erklärte, er ermittle wegen einer Anzeige von unserem Nachbarn: Dieser hatte beim FBI angerufen und berichtet, mein Vater würde jeden Morgen, bevor er zur Arbeit ging, auf die Vorderveranda treten, sich umdrehen, den Nazigruß zeigen und „Heil Hitler" rufen. Dem FBI-Agenten schien die Angelegenheit ausgesprochen peinlich zu sein, und er sagte, ihm sei klar, dass eine solche Anschuldigung gegen einen jüdischen Flüchtling aus Nazi-Österreich lächerlich sei. Nachdem er einige Fragen nach unserer Familiengeschichte gestellt und unsere Aufenthaltsgenehmigungen gesehen hatte, stand er auf, ging wieder und sagte uns, es werde weiter nichts passieren.

Dass Flüchtlinge nicht immer willkommen waren, zeigte sich auch an der Situation meines Onkels Edu. Er hatte ein Haus mit großem Garten in einem exklusiven Teil der Bostoner Vorstadt Belmont, in der Juden damals nicht wohnen durften.[4] In der ersten Zeit, nachdem wir in die Vereinigten Staaten gekommen waren, wurden wir nur selten von ihm zu Besuchen eingeladen, und wenn es geschah, mussten wir unser „Judentum" verbergen. Bevor wir das Haus betraten, durften wir nichts sagen, damit die Nachbarn unseren ausländischen Akzent nicht hörten. Im Laufe der Zeit wurden Edu und seine Frau Harriet gelassener, was die Nachbarn betraf, und nun wurden in ihrem Haus zahlreiche Familientreffen abgehalten, an denen neben verschiedenen Karplus-Brüdern (Abbildung 4.8) auch Vettern und entfernte Verwandte aus Österreich teilnahmen.

Meine Lehrer an der Junior High School erkannten schon bald, dass mich der normale Lehrplan langweilte. Also setzten sie mich im Klassenzimmer ganz nach hinten und ließen mich allein lernen. Besonders angenehm war diese Erfahrung, weil eine andere Schülerin, ein sehr hübsches Mädchen namens Martha Palmer, das gleiche Privileg genoss, und so arbeiteten wir zusammen. Es war vereinbart, dass wir in unserem eigenen Tempo lernen durften, ohne uns um den täglichen Lehrstoff kümmern zu müssen, aber die wichtigen Prüfungen mussten wir ablegen. Wenn Fragen auftauchten, halfen uns mehrere engagierte Lehrer der Warren High School, insbesondere in den Naturwissenschaften und Mathematik. Mit dieser Freiheit gingen wir allen Fragen nach, die uns interessierten, und arbeiteten mehr,

---

[4] *Solche staatlichen Einschränkungen, von denen neben Juden auch andere Minderheiten betroffen waren, gab es im Nordosten der Vereinigten Staaten zu jener Zeit häufig. Aufgestellt wurden die Beschränkungen von Immobilienentwicklern, Hausbesitzern und Nachbarschaftsvereinen. Häufig bezeichnet man sie als „rote Linien", weil die Geltungsbereiche auf Stadtplänen durch rote Linien gekennzeichnet waren und bis heute gekennzeichnet sind. Für Juden sind die Beschränkungen mittlerweile im Allgemeinen weggefallen, aber für Afroamerikaner existieren sie in vielen Wohnvierteln nach wie vor.*

4.8. Mein Vater und seine Brüder Edu und Walter Karplus
in Belmont, Massachusetts, 1969

als wenn wir uns nur darum hätten sorgen müssen, den vorgeschriebenen Lehrstoff abzuarbeiten.

Als ich an der Junior High School war, arbeitete ich eine Zeit lang in einem örtlichen Lebensmittelmarkt, der Kunden belieferte. Ich hatte die Aufgabe, die Bestellungen vor der Lieferung in Kisten zu packen. Der Filialleiter erkannte schon bald, dass ich ziemlich clever war, und übertrug mir die Verantwortung für die Auslieferungsmannschaft. Ich musste Stichproben durchführen und sicherstellen, dass die anderen Gruppenmitglieder, von denen manche älter waren als ich, die Bestellungen korrekt ausführten. Damals hatte ich immer noch einen Akzent, und einige der anderen „Jungs“ in der Auslieferung hatten wegen meiner Stellung gewisse Vorbehalte.

Im Rahmen unserer Ausbildung mussten wir auch mehrere Kurse in Technik belegen. Ich besuchte Kurse in Buchdruck und Hauswirtschaft, Letzteres, weil die Schüler dort tatsächlich kochten. Ich hatte mich schon von Anfang an für das Kochen interessiert und in West Newton viel Zeit mit meiner Mutter und meiner Großmutter in der Küche verbracht. Meine Mutter kochte einfach, aber gut, und meine Großmutter und ich halfen ihr (siehe Kapitel 19). Bei der Abschlussprüfung unseres Kochkurses mussten wir ein Abendessen für die ganze Klasse zubereiten, wobei jede Gruppe für einen Gang verantwortlich war. Am nichtwissenschaftlichen Unterricht nahm ich teil wie alle anderen, allerdings war ich in Sport nicht besonders gut. Wichtig war aber, dass ich eine Reihe von Freunden gewann, mit denen ich während der Highschoolzeit eine eingeschworene Gruppe bildete.

5.1. Der Blick durchs Mikroskop

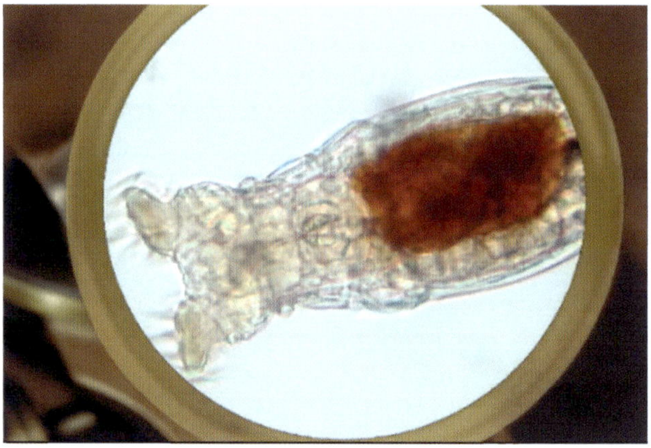

5.2. Ein Rädertierchen, durch das Mikroskop gesehen

KAPITEL 5

Erste wissenschaftliche Interessen

Kurz nachdem wir nach Newton gezogen waren, bekam Bob von unseren Eltern einen Chemiebaukasten geschenkt, den er mit Material aus dem Schullabor und der Drogerie ergänzte. Viele Stunden saß er im Keller, erzeugte die üblichen schlechten Gerüche und stellte Sprengstoff her. Ich war von seinen Experimenten gefesselt und wollte mitmachen, aber er gab mir zu verstehen, ich sei für derart gefährliche wissenschaftliche Forschungsarbeiten noch zu jung. Meine Bettelei um einen eigenen Chemiekasten wurde von meinen Eltern abgeschmettert, denn sie waren der Ansicht, das sei keine gute Kombination – wenn zwei Jungen im Teenageralter Sprengstoffe herstellten, könnten sich wahrhaft explosive Situationen ergeben! Stattdessen kam mein Vater auf die Idee, mir ein Mikroskop von Bausch & Lomb zu schenken (Abbildung 5.1).

Anfangs war ich enttäuscht – kein Lärm, kein Gestank –, aber Letzteren produzierte ich schon wenig später mit den Aufgüssen, die ich aus Sümpfen, dem Abwasser auf dem Bürgersteig und anderen Quellen mikroskopisch kleiner Lebensformen kultivierte. Das Mikroskop wurde mein größter Schatz, und mehr als sechzig Jahre später besitze ich es immer noch. Die Arbeit mit dem Mikroskop hatte für mich einen besonders lohnenden Aspekt: Mein Vater, ein aufmerksamer Naturbeobachter, war oft bei mir und immer bereit, zu kommen und sich anzusehen, was ich Neues entdeckt hatte. Solche Gemeinsamkeiten schufen in gewisser Weise einen Ausgleich dafür, dass ich auf meinen Bruder eifersüchtig gewesen war, als wir noch kleiner waren – da hatte er sich oft morgens zu meinem Vater ins Bett gesetzt und mit ihm an mathematischen Fragen gearbeitet. Ich hockte dann neben dem Bett auf dem Fußboden und hörte zu, aber natürlich überstiegen die Probleme im Allgemeinen mein Fassungsvermögen.

Viele Stunden spähte ich durch mein Mikroskop und entdeckte eine aufregende neue Welt. Als ich zum ersten Mal ein paar Rädertierchen sah, war ich so aufgeregt, dass ich mich nicht von ihnen zu lösen vermochte – nicht einmal um etwas zu essen (Abbildung 5.2).

Mir erschienen sie als die verblüffendsten Lebewesen der Welt, wie sie da mit Hilfe ihres „Räderorgans“ (das aus beweglichen Wimpernkränzen besteht) durch das Blickfeld des Mikroskops schwammen und auf der Suche nach Nahrung die Richtung wechselten. Meine Begeisterung war so ansteckend, dass auch einige meiner Freunde herüberkamen, in das Mikroskop blickten und die Rädertierchen sahen. So begann mein Interesse an der Natur, das sich zu einer Leidenschaft für die Wissenschaft weiterentwickelte. Sie wurde von meinem Vater genährt und von meiner Mutter unterstützt, obwohl alle immer noch annahmen, dass ich Medizin studieren und Arzt werden würde.

Eines Tages stolperte Alan MacAdam, mein engster Freund, über eine Ankündigung für eine Vortragsreihe der Lowell-Vorlesungen.[1] Die Vortragsreihe, die Alan ins Auge gestochen hatte, trug den Titel „Vögel und ihre Bestimmung im Freiland“; die Vorlesungen sollten im Januar 1944 von Ludlow Griscom gehalten werden, dem Kurator für Ornithologie am Museum für Vergleichende Zoologie der Harvard University. Alan und ich waren bereits hin und wieder in den Grünanlagen von Newton spazierengegangen, insbesondere auf dem Friedhof der Stadt; dabei hatten wir mit dem alten Fernglas meines Vaters, einem Andenken aus seiner Militärzeit im Ersten Weltkrieg, Ausschau nach Vögeln gehalten. Von Griscoms erstem Vortrag war ich begeistert: Er verschaffte uns Einblicke in das Verhalten der Vögel und beschrieb die vielen Arten, die man in einem Umkreis von 50 Meilen um Boston beobachten konnte. Es verblüffte mich, dass man eine Spezies anhand weniger äußerer Merkmale mit einem einzigen Blick identifizieren kann, wenn man nur weiß, wie und wo man hinschauen muss. Die nachfolgenden Vorlesungen besuchte Alan nicht mehr, aber ich blieb während der gesamten Reihe bei der Stange. Am Ende des vierten oder fünften Vortrages kam Griscom zu mir und fragte mich, wer ich sei. Dann lud er mich ein, an seinen Freilandexkursionen teilzunehmen. Damit war bei mir eine neue Leidenschaft geboren (Abbildung 5.3).

Mein geliebtes Mikroskop wurde jetzt in einen Wandschrank verbannt, und ich verbrachte meine Freizeit damit, Vögel entweder allein zu beobachten oder auch zusammen mit Griscom und seinen Kollegen, mit der Au-

---

[1] *Die Bostoner Institution wurde 1836 von John Lowell Jr. gegründet, einem „Brahmanen“, wie man die wohlhabende Oberschicht der Stadt damals nannte. Er hinterließ Geld für eine Stiftung zur „Veranstaltung und Unterstützung öffentlicher Vorträge“, die allen ungeachtet des Geschlechts oder der ethnischen Zugehörigkeit kostenlos offenstehen sollten. Organisiert wurden sie in Form von Abendvorträgen über ein breites Spektrum von Themen, Veranstaltungsort war die öffentliche Bibliothek von Boston. Man lud dazu hervorragende Redner von den vielen Universitäten in der Region ein, aber auch von nichtakademischen Institutionen. Die Vortragsreihe gibt es noch heute; in den Jahren 2016/17 beispielsweise drehte sie sich um Shakespeare, anlässlich des 400. Todestages des großen Dichters.*

5.3. Als Vogelbeobachter mit dem Fernglas meines Vaters bei einer Freilandexkursion

dubon Society und anderen Gruppen, die Exkursionen organisierten. Für mich war es ein großartiges Erlebnis, mit fachkundigen Vogelbeobachtern („Birdern") wie Argues und Rosarion Mazeo, dem damaligen Konzertmeister des Boston Symphony Orchestra, an Exkursionen teilzunehmen. Auch den Frühlingsspaziergängen des Brookline Bird Club auf dem Mt. Auburn Cemetery in Cambridge schloss ich mich an. Viele Vögel, insbesondere die farbenfrohen Waldsänger, nutzen den Friedhof als Rastplatz auf ihrer Wanderung von der Karibik zu den Nistgebieten im Norden der Vereinigten Staaten und Kanada. Der Brookline Bird Club wurde 1913 gegründet und ist heute, mehr als hundert Jahre später, immer noch aktiv.

Der Höhepunkt dieser Exkursionen war der alljährliche „Zensus", der in der Regel im Mai auf dem Höhepunkt des Vogelzuges veranstaltet wurde. Er wurde von der Audubon Society gesponsert und verfolgte das Ziel, innerhalb von 24 Stunden eine möglichst große Zahl von Vogelarten zu beobachten (das heißt, zu sehen oder zu hören). Griscom organisierte jedes Jahr eine solche Exkursion und lud dazu nur eine handverlesene Gruppe von „Birdern" ein. Die Zählung dauerte volle 24 Stunden und begann unmittelbar nach Mitternacht, damit man Eulen im Wald sowie Rallen und andere Wasservögel in den Sumpfgebieten ausmachen konnte. Die Route wurde

1947 The Bulletin of the Massachusetts Audubon Society 21

Massachusetts Alcids

By Martin Karplus*

ALFRED O. GROSS

Razor-billed Auks and Brunnich's Murres, two of the alcids that reach New England shores, are here shown on their rocky breeding grounds farther north.

5.4. Meine erste wissenschaftliche Veröffentlichung

anhand bekannter Lebensräume und aktueller Sichtungen seltener Arten sorgfältig geplant. Der detaillierte Marschplan wurde in einer Besprechung ausgearbeitet, in der alle mitteilen konnten, welche interessanten Vögel sie in letzter Zeit gesehen hatten; die endgültige Entscheidung über den Ablauf des Zensus wurde aber von Griscom getroffen. Als (mit Abstand) jüngstes Mitglied der Gruppe erhielt ich besondere Aufgaben. Eine davon – und vielleicht nicht die angenehmste – bestand darin, nachts in den Sumpf zu waten (glücklicherweise schien der Mond) und Vögel aufzuscheuchen, sodass sie davonflogen und anhand ihrer Rufe bestimmt werden konnten. Um die Vögel zu der Liste hinzuzufügen, mussten wir sie nicht sehen. Eine andere Aufgabe erkannte meine Fähigkeiten bei der Bestimmung von Vögeln an: Ich sollte einen anderen Vogelbeobachter, der bei Griscom Verdacht erregt hatte, „beschatten". Der Mann zog häufig allein los und berichtete, er habe einen seltenen Vogel gesehen, was manchmal kein anderer bestätigen konnte. Vielleicht aus diesem Grund stellte Griscom die Regel auf, dass Beobachtungen nur dann verzeichnet wurden, wenn mindestens zwei Personen beteiligt waren. Bei dieser Zählung fanden wir rund 160 verschiedene Arten, was zu jener Zeit in der Region ein Rekord war.

Besonders fasziniert war ich von den Alkenvögeln, einer Familie, deren spektakulärstes Mitglied, der flugunfähige Riesenalk, heute ausgestorben ist. Ich überredete meine Eltern, in den Sommerferien auf die Gaspé-Halbinsel in Kanada zu fahren, wo sich auf einer unmittelbar vor der Küste gelegenen Felseninsel, dem Perzé Rock, die Brutkolonien von zwei Alkenarten befanden: Tordalke und Trottellummen (Abbildung 5.4).

Die Insel konnte man zwar nicht besuchen (sie war 1919 zum Schutzgebiet erklärt worden, und der Zutritt war zum Schutz der nistenden Vögel verboten), aber ich hatte mir von der Audubon Society ein Teleskop ausgeliehen, um die Vögel zu beobachten. Wir fuhren mit dem Auto über die Gaspé-Halbinsel und übernachteten in Frühstückspensionen, deren Inhaber sowohl Englisch als auch Französisch sprachen. Ich gewann auf der Fahrt durch New Brunswick und die Gaspé-Region den starken Eindruck, dass die Häuser in den meisten Dörfern in viel schlechterem Zustand waren als an der Küste, wo der Tourismus Einnahmen brachte. Außerdem waren die kleinen Dörfer häufig von einer überdimensionalen Kirche beherrscht, ein Hinweis auf die Macht der Religion in diesen Gemeinden.

Wir blieben mehrere Tage in einem Gasthof an der Küste. Dort verbrachte ich meine Zeit vorwiegend damit, durch das Teleskop die nistenden Vögel zu beobachten. Die wunderschönen, spektakulären Tölpel, Tordalke und gelegentlich einen Papageitaucher zu sehen, gehörte zu meinen spannendsten Erlebnissen als Vogelbeobachter.

Viele Alkenvögel, die auf der Gaspé-Halbinsel und weiter nördlich nisten, ziehen im Winter in südlicher Richtung nach Neuengland, wo sie sich meist weit draußen auf dem Meer aufhalten. Bei Sturm werden sie aber häufig in die Nähe der Küste abgetrieben, und deshalb sind solche Unwetter (insbesondere bei nordöstlichen Windrichtungen) die beste Gelegenheit, seltene Arten zu sehen. Eine davon ist der winzige Krabbentaucher, der nur 20 Zentimeter lang ist und dennoch auch in der rauesten See überlebt. Im Winter 1944 war die Schule mehrere Tage wegen eines heftigen Schneesturms geschlossen; ich stieg am frühen Morgen in den Zug und fuhr nach Gloucester, einer Ortschaft auf Cape Ann nördlich von Boston, und wanderte hinaus an die Küste. Dort setzte ich mich auf die Stufen eines großen Ferienhauses, dessen Fensterläden den Winter über geschlossen waren. Hier hatte ich einen hervorragenden Überblick über den Ozean. Und der Tag begann gut: Sehr schnell konnte ich in der Bucht mehrere Alkenvögel ausmachen. Als ich nach einigen Stunden zu frieren begann und mich auf den Rückweg zum Bahnhof machen wollte, hielt neben mir ein Auto. Ein paar Männer stiegen aus und kamen langsam auf mich zu. Anfangs nahm ich naiverweise an, sie seien ebenfalls Vogelbeobachter und würden sich für das Gleiche interessieren wie ich. Aber schon bald wurde mir klar, dass sie nicht wie Vogelliebhaber aussahen – zum einen hatten sie keine Ferngläser dabei, und zum anderen waren sie für einen Tag im Schnee auch nicht richtig gekleidet. Außerdem kamen sie recht aggressiv auf mich zu und fragten mich, was ich hier täte und warum. Dass ich bei einem solchen Unwetter herumsaß und Ausschau nach Vögeln hielt, mochten sie nicht glauben. Wenig später zeigten sie mir ihre Polizeimarken und zogen mich in das Auto. Die Fahrt ging nicht zum Bahnhof, sondern zum Polizeirevier von Gloucester. Ich war erst 14 Jahre alt und sehr verängstigt; noch größer wurde meine Furcht, als ich ihren Fragen entnehmen konnte, dass sie mich möglicherweise für einen deutschen Spion hielten. Man muss bedenken, dass sich das Ganze 1944 abspielte, als der Zweite Weltkrieg noch im Gang war. Auch dass ich österreichischer Einwanderer war, Deutsch sprach und ein in Deutschland hergestelltes Zeiss-Fernglas bei mir hatte, war nicht gerade hilfreich. Sie hatten den Verdacht, ich würde deutschen U-Booten vor der Küste Signale geben, Vorbereitungen für Sabotage an Land treffen oder Ähnliches.[2] Erst nach stundenlangen Verhören und mehreren Telefongesprächen mit der Audubon Society erreichten sie jemanden, der mich kannte. Schließlich gelangten die Beamten zu dem Schluss, ich hätte nichts Unrechtes getan, und brachten mich zum Bahnhof. Es war das letzte Mal, dass ich mich allein auf einen solchen Ausflug wagte.

Ein Projekt, an dem ich 1945 unter Griscoms Leitung mitarbeitete, war eine Freilandstudie in einer Region in Wayland rund um den Hurds Pond [Griscom, 1949]. In dem abwechslungsreichen Gelände hatte man über 200 verschiedene Arten beobachtet. Im Rahmen der Übersichtsuntersuchungen suchten einige Mitglieder der Arbeitsgruppe von Februar bis Juni jedes Wochenende das Gebiet auf und hielten fest, welche Vögel sie sahen oder hörten. Außerdem wurde die Zahl der Paare aufgezeichnet und mit früheren Untersuchungen verglichen. Manche Arten, so der Indigofink, nisteten hier mittlerweile nicht mehr, andere dagegen, darunter die Spottdrosseln, hatten sich vermehrt, weil es mehr offene Flächen gab. Wie die Populationen heute, mehr als siebzig Jahre später, aussehen, wäre eine interessante Frage.

Bei einer Exkursion mit Griscom nach Newburyport fiel mir eine ungewöhnliche Möwe auf. Als ich ihn darauf aufmerksam machte, erklärte er nach einem Blick durch sein Teleskop, er habe einen solchen Vogel noch nie gesehen, und wir sollten uns darum bemühen, ihn zu „sammeln“, eine

[2] Im Mai 1945, als der Zweite Weltkrieg mit Deutschland vorüber war, ergaben sich mehrere U-Boote, die vor der Ostküste patroulliert hatten, den US-Seestreitkräften.

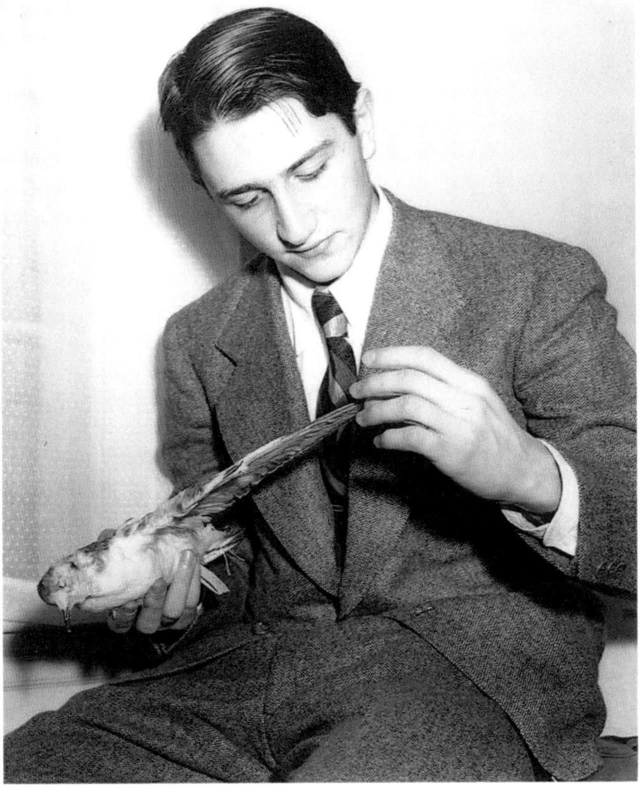

5.5. Die mutmaßliche Möwenhybride; die Flügelfedern, die ich hier betrachte, spielten für ihre Bestimmung eine wesentliche Rolle.

beschönigende Bezeichnung für das Abschießen des Vogels. Er hatte die Genehmigung, ein „Sammelgewehr" zu tragen, bei dem ein Pistolengriff und ein langer Lauf das Zielen erleichterten. Der Vogel war weit weg und durch Wattflächen von uns getrennt, die bei Niedrigwasser nur teilweise frei lagen. Ich erhielt die Aufgabe, den Vogel einzusammeln, obwohl ich außer auf dem Jahrmarkt noch nie mit einem Gewehr geschossen hatte. Ich watete ziemlich dicht an den Vogel heran, und es gelang mir tatsächlich, ihn zu erschießen. Nach einem sorgfältigen Vergleich mit den Vögeln in der Sammlung des Museums für Vergleichende Zoologie war Griscom überzeugt, dass wir etwas Neues gefunden hatten, nämlich eine Hybride, also eine Kreuzung zwischen einer Bonapartemöwe (die in Nordamerika häufig vorkommt) und einer Lachmöwe (die in Europa verbreitet, in Nordamerika aber selten ist), der es irgendwie gelungen war, den Ozean zu überqueren (Abbildung 5.5).

Die Möwe wurde über viele Jahre mit hübsch ausgebreiteten Flügelfedern in der Vogelsammlung des Museums für Vergleichende Zoologie an der Harvard University aufbewahrt. Heute befindet sie sich zusammen mit anderen Vögeln aus dem Kreis Essex im Peabody Essex Museum in Salem.[3]

Im Herbst 1944 kam ich an die Newton High School, und dort merkte ich sehr schnell, dass ich in meinem Umfeld nicht die gleiche Unterstützung erfuhr wie an der Grundschule und der Junior High School. Mein Bruder Bob hatte an der Newton High School zwei Jahre zuvor sein Examen gemacht und dabei ausgezeichnet abgeschnitten. Meine Lehrer gingen davon aus, dass ich nicht an die von meinem Bruder gesetzte Messlatte heranreichen würde. Da ich immer danach gestrebt hatte, mit Bob Schritt zu halten, verstärkte sich dadurch mein Unterlegenheitsgefühl. Besonders unangenehm war der Umgang mit dem Chemielehrer. Als mein Bruder vorschlug, ich solle mich an dem Wettbewerb der Westinghouse Science Talent Search beteiligen, erklärte mir der Chemielehrer, der für die Organisation solcher Anträge verantwortlich war, es sei für mich nur Zeitverschwendung und es sei sehr schade, dass Bob es nicht versucht habe. Dennoch sprach ich mit dem Leiter der Highschool, und der erlaubte mir, den Antrag einzureichen. Es gelang mir, alle notwendigen Formalitäten zu erfüllen, ohne dass irgendjemand an der Schule mich unterstützt hätte. Im Rahmen des Auswahlprozesses musste ich eine Prüfung ablegen, und ich fand einen Lehrer, der bereit war, als Prüfungsaufsicht tätig zu werden. Dabei schnitt ich so gut ab, dass ich als einer von vierzig Finalisten nach Washington eingeladen wurde. Jeder von ihnen präsentierte in dem Statler Hotel, in dem wir wohnten, ein wissenschaftliches Projekt. Mein Thema war das Leben der Alkenvögel; ich stützte mich dabei teilweise auf die Reise zur Gaspé-Halbinsel, teilweise auch auf meine winterlichen Freilandstudien aus Neuengland. Die Preisrichter sprachen lange mit uns, und der Astronom Harlow Shapley, der die Jury leitete, beglückte mich mit seinem offenkundigen Interesse an meinem Projekt. Ich wurde als einer von zwei Preisträgern ausgewählt. Damals gab es einen männlichen und einen weiblichen Sieger: Rada Demereck und ich wurden gemeinsam geehrt. Der Besuch in Washington war ein großartiges Erlebnis, insbesondere weil wir auch Präsident Truman kennenlernten (Abbildungen 5.6 und 5.7), der uns als zukünftige Führungs-

[3] *Heute könnte man die Einordnung anhand der DNA überprüfen. Für viele Möwenarten hat man „Strichcodes" entwickelt, um Vögel zu identifizieren, die durch die Düsentriebwerke von Flugzeugen eingesaugt wurden. Ich habe mich zwar darum bemüht, dass Fachleute für Genetik die DNA des Museumsexemplars testen, aber keiner erklärte sich zu der Analyse bereit.*

5.6. Präsident Truman mit den vierzig Finalisten der Westinghouse Science Talent Search 1947

THE BOSTON HERALD, WEDNESDAY, MARCH 5, 1

Newton High Senior Wins $2400 Prize

WASHINGTON, March 4—Martin Karplus, 16, of 259 Otis street, West Newton, Mass., a refugee with his family from Austria, tonight was awarded one of the two $2400 top scholarships in the Westinghouse Science Talent Search in which 3200 high school seniors competed.

The other winner was Miss Vera Radoslava Demerec, 16, daughter of Dr. Milislav Demerec, director of the department of genetics at Carnegie Institution, Cold Spring Harbor, N. Y. The awards were announced at a banquet here tonight.

Karplus, a senior at Newton High School, is at 16 one of the leading ornithologists in the country, having contributed to scientific magazines from his knowledge of birds. His goal is to solve one of nature's great mysteries—the bird's uncanny orientation ability.

The Massachusetts winner came to this country in 1938, when his family fled from Vienna a few days after Hitler invaded Austria. His parents are Mr. and Mrs. Hans Karplus. His brother, Robert, 19, is a freshman adviser at Harvard, where he is teaching and studying for his doctor's degree.

Winners of $400 four-year scholarships included Paul Leroy Cloke, 18, 49 Forest avenue, Orono, Me., and Irene Elizabeth Nagy, 17, 134 Andover street, Bridgeport, Ct. Winners of $100 one-year awards included James McKenna, 17, 3 Union street, Lebanon, N. H., and Clarence Leslie Gregory, Jr., 16, 14 Maher avenue, Greenwich, Ct.

MARTIN KARPLUS

ST. ALBANS ELECTS FISHER

ST. ALBANS, Vt., March 4—Former Mayor B. W. Fisher, Republican, was elected mayor today.

5.7. Ein Artikel des *Boston Herald* über die Science Talent Search

5.8. Schild auf dem Gelände des Patuxent Refuge

5.9. Die Mannschaft des Arctic Research Laboratory vor dem Gebäude mit mir im Vordergrund

kräfte Amerikas willkommen hieß. Der Preis bei der Westinghouse Talent Search schuf einen Ausgleich für die entmutigenden Erfahrungen mit einigen Highschool-Lehrern. Ihre Einstellung stand in krassem Gegensatz zu der meiner Klassenkameraden, die mir in einer Abstimmung die „größte Erfolgswahrscheinlichkeit" attestierten.

Meine letzten Ausflüge in die Ornithologie fanden während mehrerer Sommer am Ende meiner Highschool-Zeit und nach dem Eintritt ins College statt. Im Jahr 1947 war ich im Rahmen eines Sommerpraktikums in Maryland am Patuxent Research Refuge, dem einzigen vom United States Fish and Wildlife Service verwalteten Naturschutzgebiet, das dafür eingerichtet worden war, Forschung zu betreiben (Abbildung 5.8).[4]

Die öffentliche Aufmerksamkeit für die schädlichen Wirkungen von DDT auf das Leben der Vögel hatte in dem Schutzgebiet den Anlass zu Studien gegeben. Im Rahmen einer Bestandsaufnahme sammelten wir Eierschalen auf zwei Flächen von jeweils mehreren hundert Quadratmetern. Die eine war mit DDT in normaler Menge gespritzt worden, die andere nicht. Ich hatte die Aufgabe, die Eierschalen auf ihren DDT-Gehalt hin zu untersuchen und die Unterschiede (Dicke der Schalen und andere Eigenschaften) zwischen den Proben von den beiden Versuchsflächen festzuhalten. Dabei fand ich heraus, dass die Eierschalen von Vögeln in den mit DDT behandelten Gebieten dünner waren und häufiger zu Bruch gingen. Meine Beobachtungen verschwanden vermutlich in irgendeiner Behördenakte.[5] Es war für mich ein spannender Sommer und eine großartige Einführung in Freiland- und Laborforschung als Teil eines Forschungsteams. Es war sehr heiß, und am späten Nachmittag tranken alle meine Kollegen zur Entspannung Bier. Ich mochte den bitteren Geschmack anfangs nicht, aber schon bald lernte ich, das Bier zu genießen, insbesondere wenn es eiskalt war.

Nach einem Gespräch mit Professor Robert Galambos, der die Echoortung von Fledermäusen erforschte (sein Labor befand sich an der Harvard University im Keller der Memorial Hall), wurde ich von seinem Kollegen Donald Griffin eingeladen, mich seiner Arbeitsgruppe anzuschließen und an einer Studie zur Orientierung von Vögeln mitzuarbeiten, die im Sommer

---

[4] *Der Name stammt aus der Sprache der Algonquin und bedeutet „Wasser, das über lockere Steine läuft".*

[5] *Fast 25 Jahre später, im Juni 1972, wurde aufgrund eines Gerichtsverfahrens, das der Environmental Defense Fund angestrengt hatte, ein landesweites Verbot von DDT als Pestizid verabschiedet. Für das Verbot wurde unter anderem das Argument angeführt, dass die Fischadlerbestände im Osten der Vereinigten Staaten durch das DDT, das man in ihren Eiern in hoher Konzentration nachgewiesen hatte, gefährdet seien. Nachdem das Verbot in Kraft getreten war, erholten sich die Bestände schnell, und heute sieht man die Nester dieser großartigen Vögel entlang der Küste von Neuengland auf den Telefonmasten.*

1948 in Alaska stattfinden sollte.[6] Unser Team hatte seinen Stützpunkt am Arctic Research Laboratory am Point Barrow, der mit 71 Grad nördlicher Breite nördlichsten Landspitze des nordamerikanischen Kontinents. Betrieben wurde das Labor vom Office of Naval Research[7] vorwiegend zur Erforschung der Frage, wie Soldaten und Seeleute sich an das Leben im arktischen Winter anpassen. Aber sein Direktor, Lawrence Irving vom Swarthmore College, hatte weiter gefasste Vorstellungen von den Aufgaben des Labors und lud unsere Arbeitsgruppe ein, die Einrichtung zu nutzen (Abbildung 5.9).

Unser Hauptinteresse galt den Goldregenpfeifern, die in der Tundra nicht weit von dem Labor nisteten. Dort befanden sich die Nester von Prärie- wie auch von Tundra-Goldregenpfeifern; erst im Herbst trennten sich die beiden Arten und zogen über tausende von Kilometern nach Süden in ihre jeweiligen Winterquartiere. Wir fingen einige Exemplare beider Arten ein und statteten alle mit Radiosendern sowie die Hälfte von ihnen mit Magneten aus. Dann ließen wir die Vögel 30 bis 70 Kilometer von ihren Nestern entfernt in Richtung des Atlantiks und des Pazifiks frei und verfolgten sie aus der Ferne mit einem kleinen Flugzeug. Der Gedanke dahinter: Wir wollten nachweisen, dass die Vögel unter dem Einfluss von Magneten größere Schwierigkeiten hatten, in ihr Nistgebiet zurückzukehren. Die Ergebnisse schienen das zu belegen: Tatsächlich sah es so aus, als könnten sich Vögel mit Magneten schlechter orientieren als ohne sie, aber am Ende fanden alle den Weg zurück zu ihren Nestern. Nach Griffins Überzeugung war damit nicht schlüssig bewiesen, dass Goldregenpfeifer über einen Magnetsinn verfügen. Ich war enttäuscht, bedeutete es doch, dass wir unsere Befunde nicht veröffentlichen würden. Griffins wissenschaftliche Strenge beeindruckte mich sehr und trug dazu bei, dass ich auch selbst immer Bedenken hatte, Ergebnisse zu veröffentlichen, die nicht eindeutig Hand und Fuß hatten.

In Umiat, einem Beobachtungslager rund 270 Kilometer vom Hauptlabor entfernt, organisierte ich mit Hilfe anderer Wissenschaftler, die sicher über meine jugendliche Begeisterung belustigt waren, ein Experiment. (Ich war damals siebzehn und mit Abstand das jüngste Mitglied des Forschungs-

---

[6] *Griffin und Galambos wurden bekannt, weil sie 1940 nachgewiesen hatten, dass Fledermäuse sich mit Ultraschallsignalen orientieren und so auch ihre Beute finden. Die Vermutung hatte Lazzaro Spallanzani schon 1794 geäußert, aber offensichtlich war sie nicht allgemein anerkannt.*

[7] *Eines sollte nicht unerwähnt bleiben: Bevor es Organisationen wie die National Science Foundation (NSF) gab, die zivile Forschung finanzieren sollen, war das ONR die wichtigste staatliche Finanzierungsquelle. Das lag vorwiegend an Vannevar Bush, der während des Zweiten Weltkrieges das Office of Scientific Research and Development geleitet hatte. Bush erkannte, wie wichtig Grundlagenforschung für die Zukunft der Vereinigten Staaten ist, und aufgrund seiner Initiative finanzierte das ONR solche Forschungsarbeiten, bis 1950 die NSF gegründet wurde.*

teams.) An dem Experiment waren mehrere Paare von Rotkehlchen beteiligt. Die Nester wurden von drei Personen beobachtet, die jeweils zweimal am Tag eine Schicht von vier Stunden absolvierten. Auf diese Weise verfügten wir über die Informationen aus allen 24 Stunden des arktischen Sommertages mit seinem Tageslicht. Wie wir feststellten, fütterten die Rotkehlchen ihre Jungen während der gesamten 24 Stunden, und interessanterweise verließen die Jungvögel das Nest früher als ihre Vettern, die in Massachusetts zu Hause waren. Ich schilderte die Befunde in einem Fachartikel [Karplus, 1952] und gelangte darin zu der Schlussfolgerung, dass der Überlebensvorteil durch die kürzere Zeit im Nest, in der die Jungvögel stark durch natürliche Feinde gefährdet sind, einen Ausgleich für die Gefahren des längeren Fluges bildeten, der zum Erreichen des Nistgebietes in der Arktis notwendig war. Ob meine Schlussfolgerung stimmte, ist bis heute nicht geklärt, gab aber Anlass zu einer Reihe weiterer Aufsätze mit Pro und Contra, und der Artikel wird noch heute zitiert [Schekkerman et al., 2003]. Nebenbei bemerkt: Wie ich in Umiat, wo wir ganz auf uns allein gestellt waren, feststellte, verlängerte sich der normale Tag dort von 24 auf über 30 Stunden: Wir waren rund 22 Stunden wach und schliefen dann ungefähr acht Stunden.

Im folgenden Sommer lud mich Griffin an die Cornell University ein, wo er einen Lehrstuhl innehatte, bevor er an die biologische Fakultät in Harvard wechselte. Neben den Experimenten in Griffins Institut hatte ich Spaß daran, mit Studierenden und Lehrkräften, die Sommerkurse an der Universität belegt hatten, „herumzuhängen". Anfangs arbeitete ich an der Echoortung von Fledermäusen, und dabei beeindruckte mich die Art, wie man Fledermäuse zwischen den Experimenten im Kühlschrank aufbewahrte; sie schliefen dort und hingen alle nebeneinander an einer Stange. Auf Griffins Vorschlag konzentrierte ich mich später darauf, Tauben so zu konditionieren, dass sie auf ein Magnetfeld ansprachen; damit sollte ich die Ergebnisse eines Artikels überprüfen, der zu dem Schluss gelangt war, Tauben würden sich zur Orientierung des Erdmagnetfeldes bedienen. Ich hatte an dem Aufsatz meine Zweifel, denn ich hielt die Analysen für fehlerhaft. Meine Versuche, die Tauben zu konditionieren, waren nicht von Erfolg gekrönt, und so veröffentlichten wir unsere negativen (oder für mich positiven) Ergebnisse nie. Später wurde in anderen Experimenten gezeigt, dass Tauben genau wie Wildvögel das Erdmagnetfeld zur Unterstützung ihrer Orientierung heranziehen. Das Experiment lehrte mich, dass Skepsis in der Wissenschaft unentbehrlich ist, gleichzeitig ist es aber auch wichtig, für neue Ideen aufgeschlossen zu sein, selbst wenn sie einem nicht gefallen.

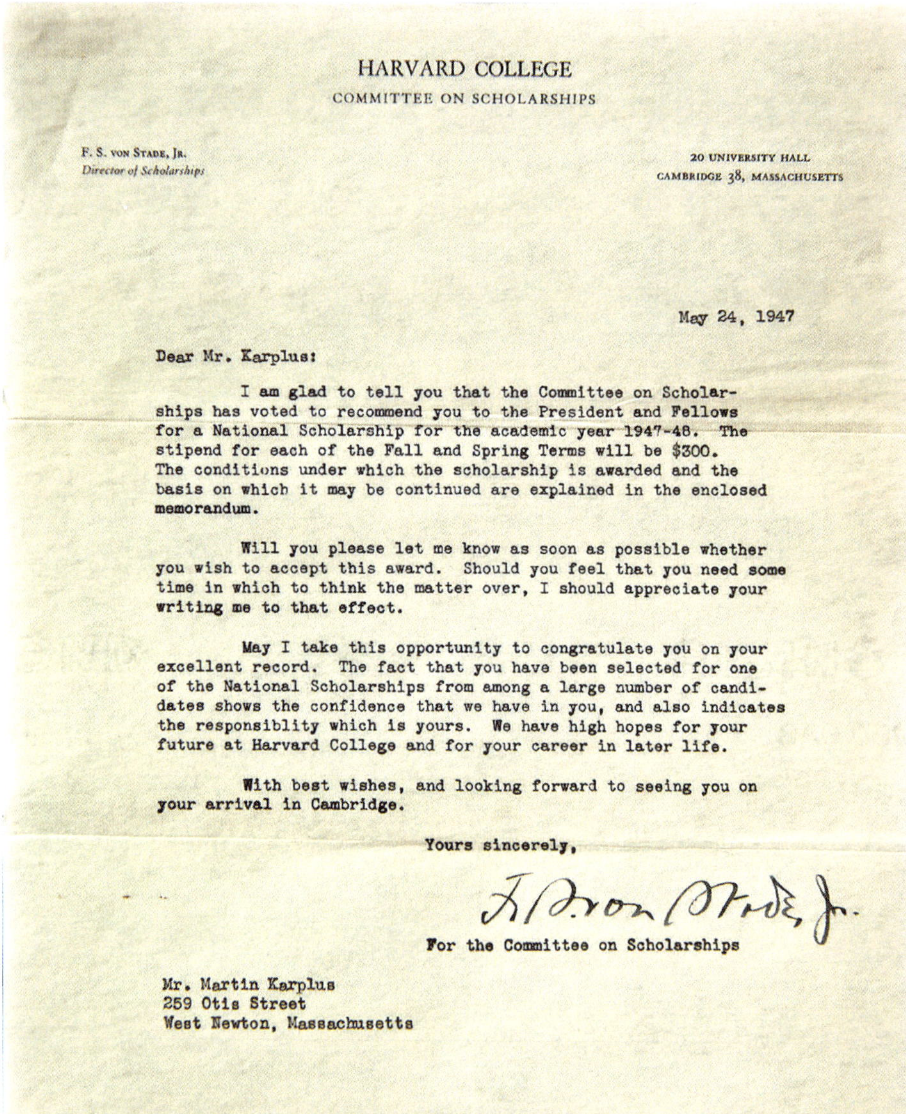

HARVARD COLLEGE

COMMITTEE ON SCHOLARSHIPS

F. S. von Stade, Jr.
Director of Scholarships

20 University Hall
Cambridge 38, Massachusetts

May 24, 1947

Dear Mr. Karplus:

I am glad to tell you that the Committee on Scholarships has voted to recommend you to the President and Fellows for a National Scholarship for the academic year 1947-48. The stipend for each of the Fall and Spring Terms will be $300. The conditions under which the scholarship is awarded and the basis on which it may be continued are explained in the enclosed memorandum.

Will you please let me know as soon as possible whether you wish to accept this award. Should you feel that you need some time in which to think the matter over, I should appreciate your writing me to that effect.

May I take this opportunity to congratulate you on your excellent record. The fact that you have been selected for one of the National Scholarships from among a large number of candidates shows the confidence that we have in you, and also indicates the responsiblity which is yours. We have high hopes for your future at Harvard College and for your career in later life.

With best wishes, and looking forward to seeing you on your arrival in Cambridge.

Yours sincerely,

F. S. von Stade, Jr.

For the Committee on Scholarships

Mr. Martin Karplus
259 Otis Street
West Newton, Massachusetts

6.1. Brief mit der Mitteilung, dass mir die National Scholarship gewährt wird

KAPITEL 6

Collegejahre

Im Herbst 1947 nahm ich das Studium an der Harvard University auf. Dass ich nach Harvard gehen wollte, stand nie infrage, und ich hatte mich an keiner anderen Hochschule beworben. Meine Eltern hatten Sorgen, man werde mich nicht zulassen (Harvard stand in dem Ruf, die Zulassung jüdischer Studierender zu beschränken, aber eine Quote gab es offensichtlich nie), und so baten sie Richard von Mises, einen Harvard-Professor, der seinen Doktor in Wien gemacht hatte und als Flüchtling in die Vereinigten Staaten gekommen war, einen Empfehlungsbrief zu schreiben. Er unterhielt sich eine halbe Stunde mit mir und erklärte sich dann bereit, einen Brief zu verfassen, wie er es auch bereits für meinen Bruder getan hatte. Neben dem Westinghouse-Stipendium erhielt ich auch eine *National Scholarship* der Universität, die meine Lebenshaltungskosten während des Studiums decken sollte (Abbildung 6.1).

Ohne das Stipendium hätte ich zu Hause wohnen müssen, um Geld zu sparen. Das hätte mir nicht viel ausgemacht, denn ich war kein aufsässiger Teenager, der nach Selbstständigkeit und Abstand von den Eltern strebte. Aber wie ich schon bald merkte, sammelte man Erfahrungen an der Harvard University zu einem großen Teil außerhalb der Lehrveranstaltungen auf dem Campus beim Essen und am Abend.

Zu Beginn meines Studiums hatte ich immer noch vor, Medizin zu studieren. Während des ersten Collegejahres überlegte ich es mir allerdings anders. Als ich meinen Eltern davon berichtete, unterstützten sie mich glücklicherweise in meinen geänderten Plänen. Ich hatte immer das Gefühl, dass sie unabhängig davon, was ich für die Zukunft plante, für mich da sein und mir nach Kräften helfen würden. In gewisser Weise setzte sich damit das familiäre Umfeld meiner Kindheit in Wien fort.

Die ornithologischen Studien meiner Jugendzeit, die von Griscom und Griffin gefördert worden waren, hatten mich bereits mit der faszinierenden Welt der Forschung bekanntgemacht: Man versucht, etwas zu entdecken, was noch völlig unbekannt ist. Ich dachte daran, biologische Forschung zu betreiben, gelangte aber zu dem Schluss, dass man die Biologie auf einer grundlegenden Ebene („um das Leben zu verstehen“) nur betreiben konnte, wenn man fundierte Vorkenntnisse in Chemie, Physik und Mathematik besaß. Also schrieb ich mich in den Studiengang für Chemie und Physik ein, der in Harvard zu jener Zeit einzigartig war. Die Studienanfänger wurden dabei mit beiden Bereichen in einer Tiefe bekanntgemacht, die sie in einem Fach allein nicht hätten erreichen können. Aus meiner Sicht war es ein zusätzlicher Vorteil, dass der Studiengang weniger streng strukturiert war als das reine Chemiestudium. Zum Beispiel wurde keine Analytische Chemie gefordert – das Praktikum wurde von Professor James J. Lingane geleitet und war sicher gut, hatte für mich aber keinen Reiz. Um die recht lockeren Anforderungen zu erfüllen, sah ich mich zwar in wissenschaftlichen Seminaren für Fortgeschrittene um, ich schrieb mich aber auch in „Grundlagen der Chemie“ ein, weil dieser Kurs von Leonard Nash unterrichtet wurde. Nash war im Lehrkörper der Harvard-Universität noch relativ neu und stand in dem Ruf, ein hervorragender Dozent zu sein. Die Grundlagen der Chemie waren in seinen Vorlesungen ein spannendes Thema. Eine Gruppe von uns (mit DeWitt Goodman, Gary Felsenfeld und John Kaplan, der später Juraprofessor in Stanford wurde) genoss ein besonderes Vorrecht: Nash nahm sich zusätzlich Zeit und erörterte mit uns ein breites Spektrum chemischer Fragen, die weit über die Themen der Vorlesungen hinausgingen. In Examenszeiten waren wir zwar sehr konkurrenzbewusst, der Umgang in unserer Gruppe war aber auch von Hilfsbereitschaft geprägt. Die Erfahrungen im ersten Studienjahr stärkten mein Interesse an Forschung und die Entscheidung, nicht Medizin zu studieren.

Harvard bot mir als Studienanfänger ein höchst anregendes Umfeld. Angesichts der lockeren Vorschriften konnte man mit der Erlaubnis des Kursleiters jede Lehrveranstaltung belegen, selbst wenn man nicht die formellen Voraussetzungen mitbrachte. Der Dekan für *undergraduates* (Studierende vor dem ersten akademischen Abschluss) sagte, ich solle selbst entscheiden, und wenn ich mich durch einen Kurs überfordert fühlte, sei das „mein Problem“. Ich schrieb mich in die verschiedensten Kurse ein; teilweise hatte ich sie wegen der Themen ausgewählt, teilweise aber auch weil die Dozenten einen herausragenden Ruf genossen. Dazu gehörte der Kurs „Demokratie und Regierung“ von Louis Hartz, einem jungen Professor, der in dem Ruf stand, ein charismatischer Lehrer zu sein. Tatsächlich war er ein großartiger Dozent, aber mit meinen sozialistischen Neigungen stimmte ich nicht immer mit ihm überein. Eine andere Vorlesung war „Abnormale Psychologie“ von Robert White, der wahrlich faszinierende Vorträge über die Entstehung von Persönlichkeitsstörungen hielt. In engerem Zusammenhang mit meinen langfristigen Interessen standen einige Kurse in Biologie für Fortgeschrittene – dort schrieb ich mich ein, ohne Vorlesungen über die Grundlagen von Biologie und Biochemie durchleiden zu müssen. Zwei Kurse sind mir besonders in Erinnerung geblieben: „Molekulare Grundlagen des Lebens“ von George Wald und „Pflanzenphysiologie“ von Kenneth Thimann, der besonderes Gewicht auf Chemie und Physiologie der Wachstumshormone (Auxine) legte. Beide Professoren waren anregende Dozenten und weckten in mir die Begeisterung für das Thema. Sie betonten, dass man biologische Phänomene („das Leben als solches“) auf molekularer Ebene verstehen kann, eine Erkenntnis, die auch das Leitmotiv meiner späteren Forschungslaufbahn bildete. Wald machte mich in seinen Vorlesungen auch mit den Mechanismen des Sehvermögens bekannt, und das führte zu meiner ersten Publikation über eine theoretische Herangehensweise an eine biologische Fragestellung [Honig und Karplus, 1971].

Meine ersten Studienjahre in Harvard waren für mich eine prägende Erfahrung und stärkten mein Interesse an Wissenschaft, in einer Hinsicht erinnerten sie mich aber auch an meine Zeit an der Highschool: Mein Bruder war mir vorangegangen, war in dem Studiengang für Chemie und Physik zu einem herausragenden Studenten geworden und stand jetzt gerade im Begriff, an der Harvard University bei E. Bright Wilson Jr. und Julian Schwinger zu promovieren. Ich war häufig mit Bob und den anderen Doktoranden aus Wilsons Gruppe zusammen. Dort wurde ich, so meine Vermutung, nur deshalb geduldet, weil ich Bobs kleiner Bruder war, aber eines Tages konnte ich mich profilieren: Ich löste ein Problem (sie stellten sich immer gegenseitig Fragen) früher als einer von ihnen. Da dieser „Erfolg“ für mein Leben so wichtig war, gefällt mir die Frage noch heute, und ich möchte sie hier wiederholen: „Eines ist klar: Wenn man einen Kuchen so zwischen zwei Menschen aufteilen soll, dass beide einverstanden sind, muss der eine den Kuchen in zwei Stücke schneiden, und der andere muss auswählen. Die Frage ist aber: Wie erweitert man dieses Prinzip (teilen oder auswählen) auf drei oder mehr Personen, und das so, dass alle zufrieden sind?“ Es gibt eine spezielle Lösung für drei Personen und eine allgemeine für eine beliebige Anzahl.[1] Nachdem ich dieses Problem gelöst hatte, wurde ich von meinem Bruder und seinen Freunden in der Gruppe anerkannt, und nachmittags, wenn ich mich von den vielen Praktika losreißen konnte, die ich besuchen

[1] *Ich überlasse es dem Leser, eine Lösung zu finden oder im Internet nachzusehen, wo mittlerweile mehrere Antworten zu finden sind.*

musste, gesellte ich mich häufig zu ihnen. Die wissenschaftlichen Gespräche brachten mich in Kontakt mit neuen Ideen, auf die ich ansonsten nie gestoßen wäre.

Ein Grundbestandteil des Studienganges für Chemie und Physik war die legendäre Vorlesung „Grundlagen der organischen Chemie" von Louis Fieser. Nach meiner Überzeugung war sie Zeitverschwendung, denn sie stand in dem Ruf, dass man dazu ein langwieriges Praktikum machen und endlos auswendiglernen musste. Eine frühe Version des später allgemein bekannten Lehrbuches von Louis und Mary Fieser stand in Form von Vorlesungsskripten zur Verfügung, und Bob und ich besaßen ein Exemplar davon. Statt mich für die Vorlesung einzuschreiben, bemühte ich mich, organische Chemie durch eigenständige Lektüre zu lernen. Was mir erst im Rückblick klar wurde: Hätte ich mich durch den Kurs „gequält", hätte er mir bessere Kenntnisse über organische Reaktionen vermittelt, und die wären für meinen späteren Forschungsschwerpunkt, die biologischen Systeme, nützlich gewesen.[2]

Nachdem ich Fiesers Vorlesungsskripte studiert hatte, schrieb ich mich bei Paul Bartlett für die Vorlesung „Organische Chemie für Fortgeschrittene" ein, in der die physikalischen Grundlagen organischer Reaktionen behandelt wurden. Es war eine hervorragende Vorlesungsreihe, aber für mich war sie schwierig, denn man musste dafür viele organische Reaktionen kennen, und die musste ich erst nach und nach lernen. Irgendwann schlug Bartlett während der Vorlesung vor, wir sollten das Werk *The Nature of the Chemical Bond* (dt. *Die Natur der chemischen Bindung*) von Linus Pauling lesen, das 1939 auf der Grundlage von Paulings Baker Lectures an der Cornell University erschienen war. Die Natur der chemischen Bindung stellte die Chemie erstmals zusammenfassend als Fachgebiet dar, das man anhand seiner quantenmechanischen Grundlagen verstehen – allerdings nicht in vollem Umfang ableiten – kann. Die vielen Erkenntnisse, die dieses Buch vermittelte, waren ein entscheidendes Element für die Richtungsbestimmung in meinen späteren Forschungsarbeiten.

---

[2] *Dazu eine interessante Anmerkung: Ich wurde eingeladen, am 2. Mai 2016 bei der Organisation für das Verbot chemischer Waffen (OPCW) einen Plenarvortrag zu halten; der Anlass war der neunte Jahrestag der Verabschiedung der UN-Chemiewaffenkonvention. Die Einladung hatte ich einem Zufall zu verdanken: Die OPCW hatte 2013 den Friedensnobelpreis erhalten, im gleichen Jahr, in dem ich mit dem Chemie-Nobelpreis ausgezeichnet wurde. Zur Vorbereitung des Vortrages nutzte ich in großem Umfang das Internet und insbesondere Wikipedia, denn ich wusste sehr wenig über chemische Waffen. Dabei erfuhr ich unter anderem, dass Fieser in einem Geheimlabor an der Harvard University Anfang der 1940er Jahre das Napalm erfunden hatte, eine Art Benzin in Geleeform. Napalm wurde von den Vereinigten Staaten und anderen Kriegsparteien im Vietnamkrieg, im Koreakrieg und sogar im Zweiten Weltkrieg eingesetzt und hatte entsetzliche Wirkungen. Die UN-Konvention verbietet seinen Einsatz gegen Zivilisten, aber nicht zu militärischen Zwecken.*

Am Ende meiner drei Jahre in Harvard brauchte ich nur noch einen Kurs abzuschließen, um alle Voraussetzungen für einen Bachelor-Abschluss zu erfüllen. Im Jahr zuvor hatte ich zusammen mit Ruth Hubbard und ihrem Mann George Wald geforscht.[3] Vorwiegend hatte ich nicht mit Wald, sondern mit Hubbard gearbeitet, denn ich interessierte mich für die Chemie des Sehvorganges, und sie besaß umfassendere Kenntnisse der chemischen Eigenschaften des Retinals, das als Chromophor Bestandteil der Sehpigmente ist. Als ich die Notwendigkeit zur Sprache brachte, einen zusätzlichen Kurs zu belegen, um nach drei Jahren mein Examen machen zu können, schlug Wald vor, ich solle mich in den Kurs für Physiologie am Marine Biological Laboratory in Woods Hole in Massachusetts einschreiben. Es war einer der wenigen Kurse, die nicht an der Harvard University stattfanden und dennoch von der Fakultät für Kunst und Wissenschaft als Lehrveranstaltung für *undergraduates* anerkannt wurden. Allgemein war bekannt, dass der Physiologiekurs viele Anregungen bot, denn er war eigentlich für Postdocs und junge Dozenten bestimmt. Die Vorlesungen wurden von Wissenschaftlern gehalten, die während ihrer sommerlichen Aufenthalte in dem Labor Forschung betrieben. Den Studierenden bot er einen aktuellen Blick auf Biologie und biologische Chemie.[4] Für mich, den einzigen Studenten ohne abgeschlossenes Grundstudium in dem Kurs, war es ein großartiges Erlebnis. Ich erfuhr nicht nur viel über Biologie und Biochemie, sondern lernte auch mehrere Menschen kennen, die zu lebenslangen Freunden wurden, etwa Jack Strominger und Alex Rich.

Woods Hole war eine aufregende Institution. Unter den berühmten Wissenschaftlern, die ich dort kennenlernte, war Otto Loewi, der 1936 für die Entdeckung der chemischen Grundlagen der Impulsübertragung in Nerven den Nobelpreis für Physiologie oder Medizin erhalten hatte. Eines seiner Experimente hatte vom Konzept her viele Gemeinsamkeiten mit dem meines Großvaters väterlicherseits, der nachgewiesen hatte, dass der Hypothalamus nicht über Nervenimpulse, sondern durch Hormone mit dem Organismus kommuniziert. Loewi entnahm einem Frosch das Herz, stimulierte es durch Reizung des Vagusnerven, nahm ein wenig von der

[3] *Hubbard war Wald wissenschaftlich ebenbürtig, sie blieb aber leitende Forschungsassistentin und hatte damit keine Professorenstelle; erst sehr spät in ihrer Karriere wurde sie endlich zur Professorin „befördert". Das war für Frauen in der Wissenschaft zu jener Zeit kein ungewöhnliches Schicksal.*

[4] *Den Kurs, der erstmals 1892 angeboten wurde, gibt es noch heute. Das Thema ändert sich jedes Jahr im Einklang mit neuen Entwicklungen in Physiologie und Molekularbiologie. Heute bietet er eine interessante Ausbildung an der Schnittstelle zwischen Zellbiologie und Bioinformatik. Als ich ihn belegte, gab es die „Bioinformatik" noch nicht. Nach meiner Überzeugung kann man mit Fug und Recht behaupten, dass meine Forschungen dazu beigetragen haben, sie zu einem zentralen Teil der Biologie zu machen.*

Flüssigkeit, in der das Herz gelegen hatte, und behandelte ein anderes Herz damit; daraufhin zog sich auch dieses zweite Herz zusammen. Vielleicht hatte mein Großvater keinen Nobelpreis bekommen, weil er seine Arbeiten zu Beginn des 20. Jahrhunderts veröffentlicht hatte (der entscheidende Artikel erschien 1909), als die Nobelpreise noch ganz am Anfang standen. Die ersten Preise wurden 1901 vergeben. Ein weiterer Nobelpreisträger, den ich kennenlernte, war Albert Szent Györgyi. Er war 1937 mit dem Preis für Physiologie oder Medizin ausgezeichnet worden, weil er das Vitamin C entdeckt und nachgewiesen hatte, dass es in hoher Konzentration in Paprika enthalten ist, einem Grundbestandteil der ungarischen Küche. Sein kleines Buch mit dem Titel *The Nature of Life, A Study of Muscle* [Szent-Györgyi, 1948] und die Gespräche mit ihm wurden zur Anregung für mein Interesse an biologischer Forschung. Ein weiteres derartiges Buch war *What is Life? The Physical Aspects of the Living Cell* (dt. *Was ist Leben? Die lebende Zelle mit den Augen eines Physikers betrachtet*) von Erwin Schrödinger [Schrödinger, 1944], das den Blick des Physikers auf die Biologie wiedergab. Nicht alles in diesen Büchern hat sich als richtig erwiesen, für mich war aber wichtig, dass sie ganz allgemein die logische Entwicklung der Wissenschaft präsentierten und insbesondere einen Ansatz boten, um lebende Systeme zu verstehen.

Viele berühmte Wissenschaftler, die den Sommer in Woods Hole verbrachten, hielten nachmittags am nahegelegenen Strand Hof und fesselten uns angehende Wissenschaftler mit Gesprächen über neue Experimente und wissenschaftlichen Tratsch. Zusätzlich gab es ein aktives Studentenleben, denn viele leitende Wissenschaftler brachten Studierende aus ihren Instituten mit.

Woods Hole stellte ein breites Spektrum von Meerestieren bereit, die dort für die wissenschaftliche Arbeit und auch für die Laborexperimente des Physiologiekurses genutzt wurden. Ein Musterbeispiel war der Tintenfisch, dessen Riesenaxon sich ideal eignete, um den Mechanismus der Nervenleitung zu untersuchen. Da für die meisten Experimente nur kleine Teile des Tieres gebraucht wurden, sammelte ich ungefähr einmal in der Woche die Reste der Tintenfische und Hummer aus dem Labor ein und bereitete ein Festessen zu, zu dem Freunde dann Brot, Wein und Salat beisteuerten.

KAPITEL 7

Doktorandenzeit

In meinem letzten Jahr an der Harvard University hatte ich über eine Promotion nachgedacht und mich entschlossen, an die Westküste zu gehen. Ich wollte andere Teile der Vereinigten Staaten kennenlernen. Es würde mir die Gelegenheit verschaffen, Naturwunder wie den Grand Canyon und den Yosemite-Nationalpark zu besuchen. Ich bewarb mich am chemischen Institut der University of California in Berkeley und am biologischen Institut des California Institute of Technology (Caltech). Als ich von beiden Zusagen erhielt, fiel es mir schwer, mich zu entscheiden. Glücklicherweise besuchte ich im Frühjahr 1950 meinen Bruder Bob am Institute of Advanced Studies in Princeton in New Jersey, wo er als Postdoc bei J. R. Oppenheimer arbeitete. Bob, der immer um mich und meine Zukunft besorgt war, machte mich mit dem Physiker bekannt. Als mein Bruder mich herumführte, kam zufällig gerade Einstein vorbei, und mein Bruder stellte mich auch ihm vor.[1] Da Einstein so berühmt war, weiß ich nicht genau, ob ich nach der Vorstellung irgendetwas denken oder sagen konnte. Glücklicherweise erkundigte er sich sofort nach meinen Interessen, und damit erwiderte ich, ich wolle mich mit Biologie aus Sicht des Chemikers beschäftigen. Er schenkte mir ein freundliches Lächeln, sagte mit deutschem Akzent „Das ist gut", und schüttelte mir die Hand. Ich habe Einstein vor allem wegen seiner großen Mähne aus weißen Haaren als hochgewachsenen Mann in Erinnerung, dabei war er gar nicht so groß.

Als Oppenheimer mich nach meinen Plänen fragte, erzählte ich ihm von meinem Dilemma, mich zwischen der University of California in Berkeley und dem Caltech und zwischen einer Promotion in Chemie oder Biologie entscheiden zu müssen. Er hatte an beiden Einrichtungen ähnliche Stellen bekleidet und empfahl mir nachdrücklich das Caltech, das er als „leuchtendes Licht in einem Meer der Dunkelheit" bezeichnete. Das trug maßgeblich zu meiner Entscheidung für das Caltech bei, und ich bemerkte schon bald,

[1] *Einstein hatte Deutschland 1933 verlassen und war an das kurz zuvor gegründete Institut gegangen. Dort arbeitete er bis zu seinem Tod 1955.*

dass Oppenheimers Beschreibung des örtlichen Umfeldes nur allzu genau stimmte. Pasadena selbst hatte für Studierende zu jener Zeit kaum einen Reiz. Aber Campingausflüge in die nahegelegene Wüste und das Gebirge sowie die Nähe von Hollywood machten wett, was in Pasadena fehlte.

Mittlerweile interessierte ich mich sehr für Filme, und kurz nachdem ich ans Caltech gekommen war, organisierte ich dort eine Veranstaltungsreihe mit Vorführungen klassischer Streifen. Einerseits schuf ich damit einen Ausgleich dafür, dass es in Pasadena sonst kaum Freizeitangebote gab, andererseits konnte ich auf diese Weise aber auch viele Filme sehen, die ich schon immer hatte sehen wollen. In der Serie zeigten wir vorwiegend Stummfilme mit Live-Klavierbegleitung, die von anderen Studierenden des Caltech gespielt wurde. (Einer von ihnen war Walter Hamilton, ein Kristallograph, der ein Jahr nach mir ebenfalls nach Oxford kam.) Im Rahmen meiner Suche nach Filmen erhielt ich Zugang zu mehreren Produktionsstudios, und dort konnte ich die Archivare bitten, mir Filme für unsere nicht gewinnorientierte Veranstaltungsreihe am Caltech auszuleihen. Ein Höhepunkt war mein Besuch im Chaplin-Studio. Die Rezeptionistin war nicht gerade zuvorkommend, aber dann kam Charlie Chaplin selbst herein. Er war zu jener Zeit eines meiner Filmidole, und so erkannte ich ihn sofort. Zu meiner Verblüffung fragte er mich, wer ich sei und was ich wolle. Der Gedanke, ein Student der Naturwissenschaft könne sich für Filme interessieren, schien ihn zu faszinieren. Ich fragte ihn, ob es möglich sei, Monsieur Verdoux zu zeigen, den ich noch nicht gesehen hatte. Er erwiderte, der Film sei aus politischen Gründen zurückgezogen worden; offensichtlich wurde er schlecht aufgenommen, was zum Teil an seinem schwarzen Humor und zum Teil auch an Chaplins „linken“ Ansichten lag. Chaplin sagte dem Archivar, er solle mir einige seiner frühen Kurzfilme geben, die zu jener Zeit ebenfalls nicht öffentlich verfügbar waren. Das Zusammentreffen ist in meiner Erinnerung eines der ganz besonderen Ereignisse aus meiner Doktorandenlaufbahn. Erst Jahre später kam Monsieur Verdoux wieder in die Kinos, und ich hatte die Gelegenheit, ihn zu sehen.

Am Caltech schloss ich mich zunächst der biologischen Arbeitsgruppe von Max Delbrück an. Er war ursprünglich Physiker, hatte aber auf Anraten von Niels Bohr zur Biologie gewechselt. Zusammen mit Salvador Luria und anderen trug er entscheidend dazu bei, die Phagengenetik zu einem quantitativen Fachgebiet zu machen. Seine Forschungsarbeiten faszinierten mich, und ich glaubte, die Arbeit bei einem solchen Menschen müsse für mich eine ideale Eintrittskarte für eine biologische Doktorarbeit sein. Bei Delbrück arbeiteten viele kluge, lebhafte Menschen, unter ihnen Seymour Benzer, der wie Delbrück von der Physik kam. Ich freundete mich mit Seymour an, und wir führten viele Gespräche über Phagengenetik, Biologie und die verschiedensten anderen Themen, die uns beide interessierten, darunter die Vorzüge von Pferde- und Rindfleisch. Dass Pferdefleisch in den Vereinigten Staaten erhältlich war, wusste ich nicht, ich hatte aber gelesen, dass es in Frankreich gegessen wird. Da Pferdefilet sehr kostengünstig war, wurde es im weiteren Verlauf meiner Doktorandenlaufbahn zu einem festen Bestandteil unseres häuslichen Speisezettels.

Nachdem ich einige Monate in Delbrücks Gruppe gearbeitet hatte, schlug er mir vor, ich solle einen Vortrag über ein mögliches Forschungsgebiet halten. Ich hatte vor, über meine Gedanken für eine Theorie des Sehvorganges zu sprechen (das heißt darüber, wie die Anregung des Retinals durch Licht zu einem Nervenimpuls führen könnte), die ich bereits vor meinem Examen während der Forschungsarbeiten mit Hubbard und Wald entwickelt hatte. Unter den Zuhörern meines Vortrages war auch Richard Feynman. Ich hatte ihn eingeladen, weil ich seinen Kurs in Quantenmechanik besucht hatte und wusste, dass er sich für Biologie ebenso interessierte wie für alles andere. Zu Beginn meines Vortrages schilderte ich selbstbewusst, was man über den Sehvorgang wusste, aber Delbrück, der hinten im Raum saß, unterbrach mich schon nach wenigen Minuten mit der Anmerkung: „Das verstehe ich nicht.“ Mit seiner Bemerkung wollte er natürlich sagen, dass ich mich nicht klar ausdrückte, und so blieb mir keine andere Wahl, als den ganzen Stoff noch einmal darzulegen. Der Vorgang – Delbrück sagte „Das verstehe ich nicht“, und ich bemühte mich, es zu erklären – wiederholte sich, und so hatte ich nach einer halben Stunde noch nicht einmal meine zehnminütige Einführung beendet. Allmählich wurde ich sehr nervös. Als Delbrück wieder einmal dazwischenfuhr, drehte sich Feynman, der ebenfalls hinten im Raum wenige Plätze von Delbrück entfernt saß, um und flüsterte ihm so laut, dass alle es hören konnten, zu: „Ich verstehe das, Max, mir ist es vollkommen klar.“ Daraufhin wurde Delbrück rot im Gesicht und eilte aus dem Raum, womit der Vortrag abrupt zu Ende war. Später am Nachmittag rief Delbrück mich in sein Büro und sagte mir, ich hätte den schlechtesten Vortrag gehalten, den er jemals gehört hätte. Ich war am Boden zerstört, und wir einigten uns darauf, dass ich nicht weiter mit ihm arbeiten konnte. Erst Jahre später erfuhr ich aus einem Buch, das ihm gewidmet war, dass ich den Standard-Aufnahmeritus für seine Studierenden erlebt hatte – jeder hatte „den schlechtesten Vortrag gehalten, den ich jemals gehört habe“. Der „Ritus“ hatte zur Folge, dass viele Studierende, die tatsächlich bei ihm arbeiteten, mehr Selbstvertrauen hatten als ich zu jener Zeit.

7.1. Linus Pauling mit Molekülmodellen

Nach dem niederschmetternden Erlebnis mit Delbrück sprach ich mit George Beadle, dem Leiter des biologischen Instituts, und er schlug vor, ich solle in dem Institut jemand anderen finden, bei dem ich für meine Promotion forschen könnte. Ich hatte aber das Gefühl, zu meinen „Leisten" zurückkehren zu müssen, und wechselte an das chemische Institut. Dort schloss ich mich der Gruppe von John Kirkwood an, der einerseits Ladungsschwankungen an Proteinen erforschte, andererseits aber auch die grundlegenden Aspekte der statistischen Mechanik und ihrer Anwendungen. Ich begann, mich mit Proteinen zu beschäftigen, und die Arbeit ließ sich gut an. Ergänzt wurde mein Vorhaben von einem Projekt, an dem Irwin Oppenheim und Alex Rich beteiligt waren. Kirkwoods Vorlesungsreihe „Thermodynamik für Fortgeschrittene" war wegen ihres hohen Anspruchs berühmt, und zu dritt schrieben wir für den Kurs mit Unterstützung von Kirkwood ein Vorlesungsskript. Jeweils einer von uns war dafür zuständig, einige Vorträge aufzuschreiben, und die beiden anderen lasen sie gegen. Für uns war es sehr nützlich, auf diese Weise etwas über Thermodynamik zu lernen, und die Skripte waren weithin in Umlauf. Einige Jahre später schrieb Irwin Oppenheim eine verbesserte Version der Skripte, die als Lehrbuch mit dem Titel *Chemical Thermodynamics* [Kirkwood und Oppenheim, 1961] erschienen. Zugegebenermaßen wunderte ich mich darüber, dass Alex und ich nicht als Koautoren aufgeführt wurden, aber das änderte nichts an unserer lebenslangen Freundschaft mit Irwin, und wir wohnten sogar alle drei fünfzig Jahre lang in Gehreichweite zueinander.

Im Frühjahr 1951, während ich dabei war, mich in mein Forschungsprojekt zu vertiefen, erhielt Kirkwood ein Stellenangebot von der Yale University. Linus Pauling, der keine neuen Doktoranden mehr annahm, fragte alle Studierenden, die bei Kirkwood gearbeitet hatten, ob sie am Caltech bleiben und ihre Tätigkeit bei ihm fortsetzen wollten (Abbildung 7.1).

Ich war der Einzige, der das Angebot annahm; alle anderen, die zum Teil schon länger Kirkwoods Studenten gewesen waren, entschieden sich für den Umzug nach Yale, unter ihnen auch Irwin. Im Rückblick glaube ich, dass ich eine hervorragende Entscheidung getroffen habe. Ich war Paulings letzter Doktorand.[2] Anfangs war ich von Pauling überwältigt. Jeden Morgen, wenn ich ins Labor kam, fand ich in meinem Postfach eine handgeschriebene Notiz auf gelbem Papier, die immer mit einem Satz wie „Es wäre interessant, sich anzusehen, ob ..." begann. Als neuer Student hielt ich es für eine Anweisung und bemühte mich, alles über das Thema zu lesen und daran zu arbeiten, nur um am nächsten Morgen eine weitere Notiz vorzufinden, die mit ähnlichen Worten begann. Als ich das Thema bei Alex Rich und anderen Postdocs ansprach, lachten sie und erklärten, solche Notizen erhalte jeder, und man solle sie am besten abheften oder wegwerfen. Pauling hatte so viele Ideen, dass er nicht an allen arbeiten konnte. Er gab sie an diesen oder jenen seiner Studierenden weiter, aber mit einer Reaktion rechnete er nicht. Nachdem ich das wusste, konnte ich eine konstruktivere Beziehung zu Pauling pflegen.

Pauling interessierte sich für die Wasserstoffbrückenbindungen in Peptiden und Proteinen, und deshalb schlug er vor, ich solle die unterschiedlichen Beiträge der Wasserstoffbrücken-Interaktionen in einem biologisch bedeutsamen System studieren. Nach meinem Eindruck war die Fragestellung aber so schwierig, dass man sie nicht streng wissenschaftlich bearbeiten konnte. Da man quantenmechanische Berechnungen für Moleküle noch mit Rechenmaschinen und Integraltafeln vornehmen musste (was man sich

---

[2] *Der lokale Zweig der American Chemical Society in Oregon stiftete den Linus Pauling Award, eine Auszeichnung für herausragende Beiträge zur Chemie. Der erste Preisträger war Pauling selbst 1966, und er lud mich ein, bei einem zu seinen Ehren organisierten Symposium einen Vortrag zu halten. Ich erhielt den Preis 2004. Die Preisverleihung fand an der Oregon State University in Corvallis in Oregon statt, wo mein Neffe Andy Karplus zum Lehrkörper gehört. Nach dem Abendessen las er einen Teil eines Briefes vor, den er im Pauling-Archiv gefunden hatte. Ich hatte ihn an Pauling geschrieben, der mich zu einer Feier anlässlich seines 85. Geburtstages eingeladen hatte. Zufällig hat Pauling am 28. Februar Geburtstag, dem gleichen Tag wie mein Sohn Mischa; deshalb entschuldigte ich mich in dem Brief, dass ich nicht an seiner Geburtstagsparty teilnehmen konnte, und schrieb den Satz: „Dass ich bei Ihrer Feier nicht anwesend bin, wird niemandem auffallen, aber Mischa wäre sehr unglücklich, wenn ich nicht bei ihm wäre." Als ich den Ordner meiner Korrespondenz mit Pauling durchsah, stieß ich auf mehrere Empfehlungsschreiben, die er für mich verfasst hatte. In einem an Professor Mayer an der University of California in San Diego schrieb er: „Zu meiner Freude erfahre ich ... dass Sie Martin Karplus zu überzeugen versuchen, eine Stelle an der UCSD anzunehmen ... Ich halte ihn für den begabtesten theoretischen Studenten, der jemals bei mir gearbeitet hat."*

heute, da selbst die Logarithmentafeln den Dinosauriern ins Vergessen gefolgt sind, kaum vorstellen kann), mussten wir ein System finden, das so einfach war, dass man es mit der Theorie der Quantenmechanik studieren konnte. Ich entschied mich für das Bifluoridion (FHF^-), weil es die stärkste bekannte Wasserstoffbrückenbindung enthält, weil das System symmetrisch ist und weil zwei schwere Atome beteiligt sind. (Solche „starken" Wasserstoffbrücken wurden später als mögliche Erklärung für enzymatische Katalyse in Betracht gezogen, für eine derartige Funktion gibt es aber keinen überzeugenden Beleg.)

Wenn ich zu Gesprächen mit Pauling ging, fühlte ich mich manchmal eingeschüchtert, aber es war großartig, mit ihm zu arbeiten und mit seiner intuitiven Herangehensweise an chemische Fragestellungen konfrontiert zu werden (auch wenn ich sie nicht zwangsläufig verstand). Eines Tages fragte ich Pauling nach dem Aufbau eines bestimmten Wasserstoffbrückensystems (das heißt, ob die Wasserstoffbrücken wie in FHF^- symmetrisch seien). Er hielt inne, dachte eine Zeit lang nach (dabei lehnte er sich immer auf seinem Stuhl zurück und blickte zur Decke) und formulierte eine Vorhersage für die Struktur. Als ich ihn fragte, wie er darauf kam, dachte er noch einmal nach und gab eine Erklärung ab. Ich verließ sein Arbeitszimmer, und schon bald wurde mir – unter anderem durch Gespräche in meinem Freundeskreis – klar, dass seine Erklärung keinen Sinn ergab. Also ging ich wieder zu Pauling und fragte ihn, denn ich dachte, er werde nun vielleicht zu einer anderen Schlussfolgerung gelangen. Stattdessen erklärte er, nach seiner Überzeugung sei die vorhergesagte Struktur richtig, und gab nun eine vollkommen andere Erklärung ab. Nachdem ich seine Analyse durchgearbeitet hatte, war ich mit seinen Überlegungen wiederum nicht zufrieden und fing ihn ab, als er gerade sein Büro verließ. Und wieder gab er eine andere Begründung. Diese schien mir sinnvoller zu sein, also nahm ich einige grobe Berechnungen vor, und die deuteten darauf hin, dass Pauling tatsächlich recht hatte. Eines aber verblüffte mich damals und verblüfft mich bis heute: Er gelangte, offensichtlich durch Intuition, zu der richtigen Schlussfolgerung, ohne die Analyse durchgearbeitet zu haben. Er „kannte" die richtige Antwort, auch wenn es mehr Nachdenken erforderte, den Grund herauszufinden.

Unter Paulings Anleitung wissenschaftlich zu arbeiten, war äußerst erfüllend, und das umso mehr wegen der intellektuellen und gesellschaftlichen Atmosphäre am chemischen Institut des Caltech. Die Professoren – nicht nur Pauling, sondern auch Verner Schomaker und Norman Davidson – behandelten Doktoranden und Postdocs als gleichberechtigt. Wir

7.2. Feynman spielt Bongotrommeln

nahmen an vielen gemeinsamen Aktivitäten teil, darunter auch Ausflüge in die Wüste. Außerdem veranstalteten wir in unserem Haus in Altadena häufig Partys, und hin und wieder schaute auch Feynman vorbei und spielte Trommel (Abbildung 7.2).

Bei einer solchen Party war Pauling eine Zeit lang verschwunden. Ich entdeckte ihn draußen im Garten. Er lag auf den Knien und sammelte Schnecken, die unseren Garten heimgesucht hatten, damit seine Frau Ava Helen sie zum Abendessen kochen konnte. (Erst später, in Frankreich, sammelte ich selbst Schnecken und lernte, wie kompliziert ihre Zubereitung ist – die Tiere müssen eine Woche fasten. Im Rückblick bin ich also nicht sicher, was das Ehepaar Pauling tatsächlich mit den Schnecken machte.) Die Paulings hielten oft Hof in ihrem Haus in Altadena. Es gab dort einen Swimmingpool, den man gebaut hatte, damit Pauling sich nach dem Verlust einer Niere körperlich betätigen konnte. Die Besuche waren etwas Besonderes, und das nicht nur wegen der Gelegenheit, in einer solch entspannten Atmosphäre mit Pauling zu sprechen, sondern auch weil er einen Sohn namens Peter und eine reizende Tochter namens Linda hatte, die beide etwa in meinem Alter waren.

Bei den Partys in unserem Haus gab es häufig Wein. Da wir uns guten Wein für viele Gäste nicht leisten konnten, kauften wir meist einen preisgünstigen Wein im Karton und schenkten ihn in „wiederverwendeten" Flaschen von gutem Wein aus. Es war, gelinde gesagt, amüsant, wenn unsere Gäste an diesem Getränk nippten und Kommentare über seine Eigenschaften abgaben. Seit jener Zeit bin ich gegenüber selbst ernannten Weinkennern immer ein wenig misstrauisch. Zu den „experimentellen" chemischen Arbeiten für die Partys gehörte es, aus dem Labor reinen Ethylalkohol zu holen, ihn ausreichend zu verdünnen, Karamellzucker und andere Zutaten zuzusetzen und so „Bourbonwhiskey" herzustellen, der ebenfalls von vielen unserer Gäste sehr geschätzt wurde.

Pauling lockte viele Postdocs ans Caltech. Als Doktorand war ich das „Baby" der Arbeitsgruppe, zu der auch Alex Rich, Jack Dunitz, Massimo Simonetta, Leslie Orgel, Edgar Heilbrunner und Paul Schatz gehörten. Der Umgang mit ihnen war ein großartiger Teil meiner Ausbildung, und viele von ihnen wurden meine Freunde. Insbesondere Massimo Simonetta blieb auch nach seiner Rückkehr nach Italien ein enger Freund und Kollege; ich besuchte ihn regelmäßig in Mailand und auch im winterlichen Skiurlaub in Courmayeur sowie im Sommer in Portofino.

Meine Eltern hatten mir zum Examen ihr altes Auto geschenkt, und während meiner Zeit am Caltech fuhr ich mehrere Male für einen Teil des

Sommers quer durchs Land zu meinem Elternhaus in Newton in Massachusetts. Dabei wählte ich jedes Mal eine andere Route: Einmal fuhr ich durch Kanada, wobei ich die Nationalparks Banff und Jasper besuchte, ein anderes Mal durch den tiefen Süden. Auf einer solchen Reise – wir fuhren gerade an einem sehr heißen Sommertag durch Texas – entschlossen sich meine Freunde und ich, eine Badepause einzulegen und uns abzukühlen. Wir kamen an einem eingezäunten Schwimmbereich vorbei, der voller Menschen war. Da wir von der langen Fahrt unrasiert und schmutzig waren, suchten wir entlang des Flusses nach einer ruhigeren Badestelle. Ungefähr eine Meile stromabwärts stießen wir auf einen weiteren Badestrand, bei dem zerbrochene Stufen zum Wasser hinunterführten. Er war menschenleer, und so kamen wir zu dem Schluss, das sei für uns die ideale Stelle. Nachdem wir ungefähr zehn Minuten im Wasser waren, fuhren mehrere Pickups vor, und Männer mit schussbereiten Gewehren stiegen aus. Wie sich herausstellte, handelte es sich um Beamte der örtlichen Polizei; sie befahlen uns, aus dem Wasser zu kommen, und fragten, ob wir wüssten, was wir da täten – „Weiße, die in einem Bereich baden, der für N… reserviert ist". Sie hatten an unserem Auto das Nummernschild aus Massachusetts bemerkt und waren der Ansicht, wir seien „Störenfriede" aus dem Norden. Mit einiger Mühe konnten wir ihnen erklären, dass wir angesichts unseres ungepflegten Zustandes einfach die anderen (weißen) Menschen nicht belästigen wollten. Die Beamten ließen uns gehen und ermahnten uns, wir sollten besser geradewegs durch Texas fahren, ohne anzuhalten – was wir auch taten.

Chemiedoktoranden mussten im Rahmen ihrer Vorbereitung auf die Forschungstätigkeit eine mündliche Prüfung ablegen. Mit meinen Antworten auf die Fragen der Prüfungskommission hatte ich zunächst kaum Schwierigkeiten, aber dann forderte Pauling mich auf, die Theorie der Metalle zu beschreiben. Ich hatte mich mit dem Thema beschäftigt und begann selbstbewusst: „Betrachten wir einmal das Kupfer." „Welche Ordnungszahl hat Kupfer?", fuhr Pauling dazwischen. „Nun, beginnen Sie beim Wasserstoff und gehen Sie das Periodensystem durch, und wenn Sie zum Kupfer kommen, kennen Sie seine Ordnungszahl." Mir war sofort klar, dass ich dazu nicht in der Lage sein würde, aber Norman Davidson, ein anderes Ausschussmitglied, hatte Mitleid mit mir und sagte mir die Ordnungszahl. Einige weitere Fragen konnte ich gut beantworten, aber ich war immer noch ein wenig durcheinander. Schließlich stand Pauling auf, gratulierte mir zur bestandenen Prüfung und sagte, ich solle in sein Büro kommen. Dort ermahnte er mich freundlich: Jeder Chemiker solle das Periodensystem kennen, und ich solle mich darauf einstellen, es in Zukunft herunterbeten zu müssen. Also merkte ich es mir und konnte es jahrelang aufsagen, aber ich wurde nie wieder danach gefragt.

Mein anfänglicher Versuch, das Bifluoridion mit einem Ab-initio-Ansatz zu untersuchen, scheiterte. Schon bald wurde mir klar, dass ich experimentelle Befunde über die Atomzustände brauchte, um eine sinnvolle Schätzung der relativen Beiträge der kovalenten Bindungen und Ionenstrukturen anstellen zu können. Dazu entwickelte ich eine Methode und schloss meine Arbeiten ab, aber dann erfuhr ich, dass William Moffitt kurz zuvor einen ähnlichen Ansatz unter der Überschrift „Methoden der Atome in Molekülen“ veröffentlicht hatte.[3] Er hatte die Methode allgemeiner und eleganter formuliert [Moffitt, 1954], während meine Ausführungen speziell auf das Bifluoridion abzielten. In den methodischen Einzelheiten bestanden zwar beträchtliche Unterschiede, aber ich war durch die Übereinstimmungen so entmutigt, dass ich „meine großartige Idee“, wie Verner Schomaker, ein Mitglied meiner Promotionskommission, sie nannte, nie veröffentlichte. Wie nicht anders zu erwarten, fiel es mir auch schwer, mit dem Schreiben meiner Doktorarbeit zu beginnen. Dennoch blieb mein Interesse an solchen Ansätzen bestehen, und einige Jahre später, als Gabriel Balint-Kurti als Doktorand in meine Arbeitsgruppe kam, formulierten wir eine verbesserte Version der Theorie. Wir nannten sie „orthogonalisierte Moffitt-Methode“ und wandten sie auf die Potentialhyperflächen für einfache Reaktionen an [Balint-Kurti und Karplus, 1969]. Solche Berechnungen sind heute, wo man allgemein schnelle Computer und Ab-initio-Programme ohne empirische Korrekturen verwendet, vorwiegend von historischem Interesse. Eine wichtige Ausnahme sind große Systeme wie Proteine und Nukleinsäuren, denn hier braucht man, wie wir später noch genauer erfahren werden, nach wie vor empirische Potentialfunktionen, um Berechnungen möglich zu machen.

---

[3] *Moffitt, mein Vorgänger am chemischen Institut der Harvard University, starb 1958 mit 33 Jahren während einer Squash-Partie an einem Herzinfarkt. Danach herrschte in dem Institut für einige Jahre die Ansicht, kein theoretischer Chemiker sei gut genug, um ihn zu ersetzen; deshalb wurden nur Juniorprofessoren (nontenured assistant professors) mit Zeitverträgen eingestellt, die sich um die Lehrverpflichtungen in den einschlägigen Studiengängen kümmern sollten. Erst 1966 wurde ich an seiner Stelle als Professor berufen.*

KAPITEL 8

Postdoc-Zeit in Oxford und Europa

Im Oktober 1953 kam Pauling eines Tages in das Arbeitszimmer, das ich mir mit mehreren Postdocs teilte, und gab bekannt, er werde in drei Wochen zu einer sechsmonatigen Reise aufbrechen. Und es wäre doch „nett", wenn ich vorher meine Doktorarbeit fertigstellen und meine Prüfung ablegen könnte. Das war mehr als vernünftig, denn ich hatte die Berechnungen schon einige Monate zuvor abgeschlossen und ein Postdoc-Stipendium der National Science Foundation (NSF) erhalten, mit dem ich im Herbst nach England gehen sollte. Paulings „Bitte" gab mir nur den notwendigen letzten Schub, auch wenn ich bisher nur die Einleitung zu meiner Doktorarbeit zu Papier gebracht hatte. Da noch so viel zu tun war, schrieb ich praktisch Tag und Nacht, während meine Kollegen am Caltech meine Texte tippten und korrigierten. Auf diese Weise war die Doktorarbeit tatsächlich nach drei Wochen fertig, und ich konnte noch vor Paulings Abreise meine Abschlussprüfung ablegen und die Examensparty feiern. Anschließend fuhr ich wieder nach Newton in Massachusetts, besuchte meine Eltern und begab mich dann nach New York, wo ich an Bord des Schiffes Ile de France ging und nach England fuhr. Dort traf ich kurz vor Weihnachten 1953 ein.

Warum hatte ich mich entschlossen, als Postdoc nach Europa zu gehen? Auch wenn es mir damals nicht so vorkam, habe ich im Rückblick den Eindruck, dass ich den Wunsch hatte, nach Europa, wo ich geboren war, zurückzukehren oder es zumindest zu besuchen. Angesichts meiner traumatischen Abreise aus Österreich 1938 und des dort immer noch herrschenden Antisemitismus sah ich mich in anderen Ländern nach einer wissenschaftlichen Arbeitsgruppe um, die im Einklang mit meinen Interessen stand.

Zwei der besten Zentren für theoretische Chemie in Europa waren Oxford und Cambridge in England. In dem Antrag für mein NSF-Stipendium hatte ich vorgeschlagen, bei John Lennard-Jones im englischen Cambridge zu arbeiten. Er hatte die Universität aber verlassen und 1953 die Leitung der Keele University übernommen; also musste ich meine Pläne ändern. Ich

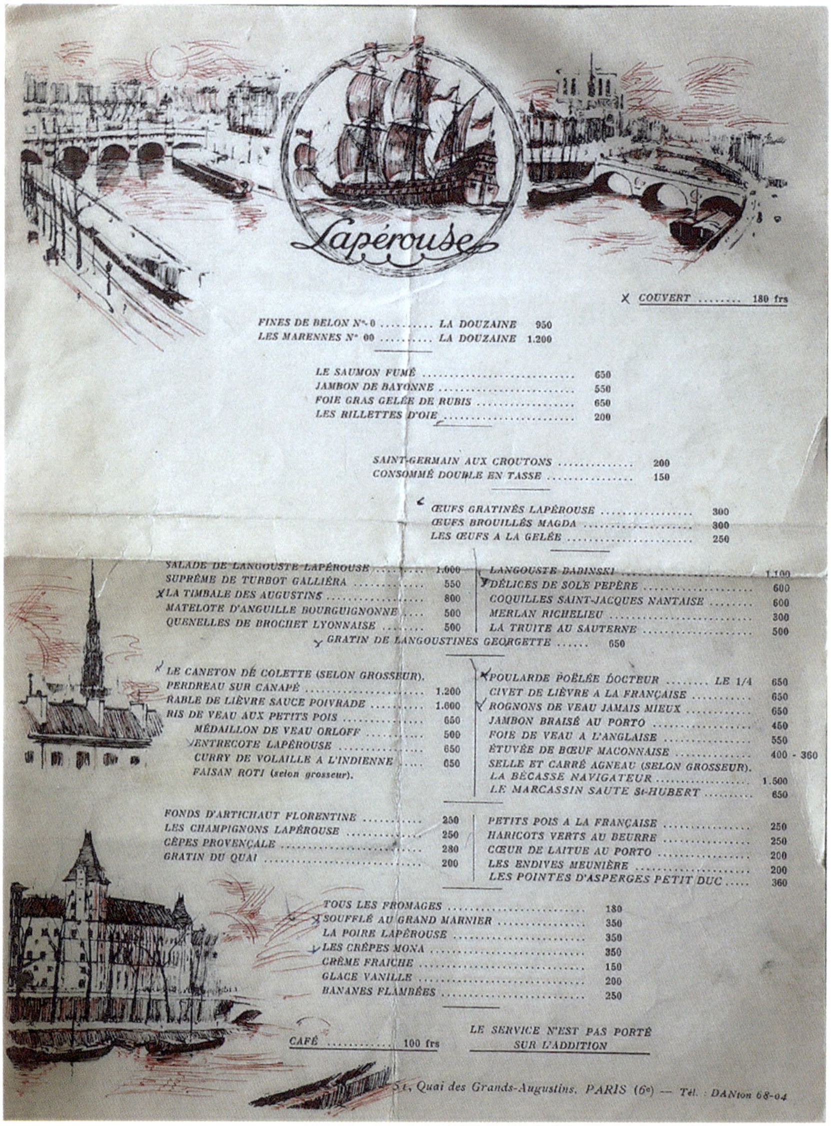

Lapérouse

COUVERT .... 180 frs

FINES DE BELON N°. 0 .... LA DOUZAINE 950
LES MARENNES N° 00 .... LA DOUZAINE 1.200

LE SAUMON FUMÉ 650
JAMBON DE BAYONNE 550
FOIE GRAS GELÉE DE RUBIS 650
LES RILLETTES D'OIE 200

SAINT-GERMAIN AUX CROUTONS 200
CONSOMMÉ DOUBLE EN TASSE 150

ŒUFS GRATINÉS LAPÉROUSE 300
ŒUFS BROUILLÉS MAGDA 300
LES ŒUFS A LA GELÉE 250

SALADE DE LANGOUSTE LAPÉROUSE 1.000
SUPRÊME DE TURBOT GALLIÉRA 550
LA TIMBALE DES AUGUSTINS 800
MATELOTE D'ANGUILLE BOURGUIGNONNE 500
QUENELLES DE BROCHET LYONNAISE 500
LANGOUSTE BABINSKI 1.100
DÉLICES DE SOLE PEPÈRE 600
COQUILLES SAINT-JACQUES NANTAISE 600
MERLAN RICHELIEU 300
LA TRUITE AU SAUTERNE 500
GRATIN DE LANGOUSTINES GEORGETTE 650

LE CANETON DE COLETTE (SELON GROSSEUR).
PERDREAU SUR CANAPÉ 1.200
RABLE DE LIÈVRE SAUCE POIVRADE 1.000
RIS DE VEAU AUX PETITS POIS 650
MÉDAILLON DE VEAU ORLOFF 500
ENTRECOTE LAPÉROUSE 650
CURRY DE VOLAILLE A L'INDIENNE 650
FAISAN ROTI (selon grosseur).
POULARDE POÊLÉE DOCTEUR .... LE 1/4 650
CIVET DE LIÈVRE A LA FRANÇAISE 650
ROGNONS DE VEAU JAMAIS MIEUX 650
JAMBON BRAISÉ AU PORTO 450
FOIE DE VEAU A L'ANGLAISE 550
ÉTUVÉE DE BŒUF MACONNAISE .... 400 - 360
SELLE ET CARRÉ AGNEAU (SELON GROSSEUR).
LA BÉCASSE NAVIGATEUR 1.500
LE MARCASSIN SAUTE St-HUBERT 650

FONDS D'ARTICHAUT FLORENTINE 250
LES CHAMPIGNONS LAPÉROUSE 250
CÈPES PROVENÇALE 280
GRATIN DU QUAI 200
PETITS POIS A LA FRANÇAISE 250
HARICOTS VERTS AU BEURRE 250
CŒUR DE LAITUE AU PORTO 200
LES ENDIVES MEUNIÈRE 200
LES POINTES D'ASPERGES PETIT DUC 360

TOUS LES FROMAGES 180
SOUFFLÉ AU GRAND MARNIER 350
LA POIRE LAPÉROUSE 350
LES CRÊPES MONA 350
CRÈME FRAICHE 150
GLACE VANILLE 200
BANANES FLAMBÉES 250

CAFÉ .... 100 frs
LE SERVICE N'EST PAS PORTÉ SUR L'ADDITION

51, Quai des Grands-Augustins, PARIS (6e) — Tél. : DANton 68-04

8.1. Speisekarte des Lapérouse, in der die Gerichte markiert sind, die wir dort gegessen haben

entschloss mich, an die Universität Oxford zu Charles Coulson zu gehen, der am dortigen Mathematischen Institut eine aktive Arbeitsgruppe für theoretische Chemie leitete. Dort fanden regelmäßig Seminare mit lebhaften Fragestunden statt, durch die ich meine Kenntnisse in Quantenchemie vertiefen konnte. Am Caltech hatte es so etwas viel weniger gegeben, und auch wenn ich in Pasadena viele Freunde hatte, war ich mit den Forschungsarbeiten für meine Doktorarbeit im Wesentlichen auf mich selbst gestellt gewesen. Zu Coulsons Arbeitsgruppe gehörte auch Simon Altmann, der meine begrenzten Kenntnisse über Gruppentheorie stark erweiterte und mich zusammen mit seiner Frau Bochia gewissermaßen adoptierte, während ich in Oxford war. Daneben gab es Gastwissenschaftler wie Don Hornig und Bill Lipscomb, die dort ihre Freisemester verbrachten.

Als ich nach England kam, war ich 23 Jahre alt. Nachdem ich bis zur Promotion ununterbrochen gearbeitet hatte, war ich nun erpicht darauf, während meines Europaaufenthalts auch Erfahrungen zu sammeln, die über die Wissenschaft hinausgingen. Das Postdoc-Stipendium der NSF beinhaltete ein für damalige Verhältnisse großzügiges Gehalt von 3000 Dollar im Jahr; das reichte für eine ganze Reihe von Reisen. Ich nahm die NSF-Richtlinie, wonach man die Gebräuche der Institution befolgen solle, wörtlich, und das vielleicht mehr, als es beabsichtigt war: Außerhalb der drei achtwöchigen Arbeitsphasen, in denen ich in Oxford ansässig war, reiste ich quer durch Europa. Für viele Studierende vor dem ersten akademischen Abschluss waren die achtwöchigen Vorlesungsphasen in Oxford eine Zeit der ständigen Partys, und das eigentliche Studium fand dazwischen statt.

Die Universität Oxford war (und ist bis heute) eine Dachorganisation, die eine Reihe von Colleges umfasst. Diese spielen eine entscheidende Rolle für den Lehrkörper, der aus College Fellows besteht, und für die *undergraduates*, die in den Colleges wohnen und in wöchentlichen Gesprächen mit den Fellows über ihre Fortschritte berichten. Etwas weniger streng als in den Geisteswissenschaften wird dies in den Naturwissenschaften gehandhabt, weil hier mehr Arbeit im Labor erforderlich ist. Ich war mir dieses Aspekts eines Oxford-Aufenthaltes bewusst und hatte mich als Gastmitglied am Balliol College beworben, einem der intellektuell anspruchsvollsten Colleges. Auf meine Bewerbung (zu der auch ein Empfehlungsschreiben von Pauling und Coulson gehörte) erhielt ich vom Vorsteher eine Antwort, die nur aus einem Satz bestand: „Unsere Ausländerquote für dieses Jahr ist bereits erschöpft." Als ich Coulson davon berichtete, machte er mich zu einem Mitglied seiner eigenen Institution, des Wadhouse College. Die Re-

Cuisine et Vins de France

evue de la Gastronomie Française et des Arts de la Table

LET-AOUT 1949
NNEE. — Nos 7 et 8

Principaux articles

La bonne chère en Alsace,
par CURNONSKY

La cuisine dans le Monde,
par Hervé de PESLOUAN

Les légumes
par le Docteur Edouard de POMIANE

Le diner Lapérouse,
par Paule BILLON

Le mois gastronomique,
par G. DUMONT-LESPINE

L'art de la table,
par Mme Léon DAUDET

L'itinéraire périgourdin,
par Simon ARBELLOT

Fêtes du vin à Saint-Emilion,
par P. E. CADILHAC

De la dégustation,
par le professeur J. R. ROGER

Le dépôt des vins en bouteilles,
par Raymond BRUNET

Le salon des vins à la Foire de Paris.

LE CHOIX

Dans les caves du restaurant Lapérouse, M. Topolinski et son chef sommelier, M. René Pierron, choisissent parmi les précieux flacons couverts d'une glorieuse poussière, ceux qui figureront au diner de « Cuisine et Vins de France ».

mensuelle : ce numéro 60 fr.

N • RÉDACTI… …MINISTRATION • 17, BOULEVARD MALESHERBES

8.2. Monsieur Topolinski und der maître d'hôtel im Weinkeller

aktion des Balliol[1] hatte mich so abgestoßen, dass ich nie die Vorteile der Mitgliedschaft in Anspruch nahm, und nie an irgendwelchen Aktivitäten des College teilnahm.

Ich traf in Oxford kurz vor Weihnachten ein und ging sofort zu Coulson, um ihn zu begrüßen und – wichtiger – ihn mein NSF-Formular unterschreiben zu lassen, damit mein Stipendium beginnen konnte. Anschließend begab ich mich sehr schnell auf die erste von vielen Reisen nach Paris, wo ich mich mit Sidney Bernhard traf, einem Freund aus Caltech-Zeiten. Er war zwei Jahre zuvor ins englische Cambridge gekommen und machte mich mit Paris bekannt, mit Kunst, Architektur und Kultur, vor allem aber mit den vielen hervorragenden und relativ preiswerten Restaurants. Damals gab es selbst in den bescheidensten Restaurants gute, wenn auch manchmal einfache, klassische französische Küche. Leider ist es heute nicht mehr so. Ein solcher Ort war das Restaurant des Beaux Arts gegenüber der École des Beaux Arts; es existiert noch heute, ist mittlerweile aber eine „Touristenfalle".

Ein teures Restaurant, das wir ebenfalls besuchen konnten, war Lapérouse, eines der besten Restaurants in Paris, das zu jener Zeit drei Michelin-Sterne hatte (siehe Kapitel 19). Mir kam die Idee, dort als Reporter hinzugehen (ich hatte eine Karte vom *Harvard Crimson*) und herauszufinden, was ein Ausländer, der nur wenig Französisch konnte, in einem solchen Restaurant erleben würde. Monsieur Topolinski, der Inhaber, begrüßte Sidney und mich persönlich, führte uns herum und lud uns in einem der Privatzimmer zu einem großartigen Abendessen ein (Abbildung 8.1).

Bevor wir uns zum Essen niederließen, führte er uns zusammen mit dem *maître d'hôtel* in den Keller, wo mehrere tausend Flaschen lagerten, darunter einige, die sehr alt und teuer waren. In einem besonderen Regal lagen Flaschen, deren Etiketten sich während eines Seine-Hochwassers gelöst hatten. Monsieur Topolinski und der *maître d'hôtel* öffneten eine Flasche und diskutierten dann über den Jahrgang – manche Weine waren nach ihren Erkenntnissen über 50 Jahre alt –, über das Château, von dem der Tropfen stammte, und über seine besonderen Eigenschaften (Abbildung 8.2).

Sydney und ich beteiligten uns an der Verkostung, konnten aber zu der Diskussion natürlich nichts beitragen. Selbst heute, wo ich viel mehr über Wein weiß, könnte ich es nicht so machen wie sie. Zwar schrieb ich nie etwas für den *Crimson*, das ganze Erlebnis schien mir aber etwas so Besonde-

[1] *Für das akademische Jahr 1999/2000 wurde ich zum Eastman Visiting Professor ernannt. Diese prestigeträchtige Stelle war von George Eastman eingerichtet worden, dem Chef von Eastman Kodak. Unter anderem ist man als Eastman Professor automatisch auch Fellow des Balliol College. Ich muss gestehen, dass ich mir das Vergnügen machte bei dem Empfang, der bei meiner Ankunft zu meinen Ehren in dem College gegeben wurde, an diese Erfahrungen zu erinnern.*

res zu sein, dass ich einen Artikel für den *New Yorker* verfasste. Ich schickte ihn an A. J. Libling, dessen Artikel über Essen und Frankreich ich schon seit langem schätzte. Er bedankte sich in einem Brief für die Geschichte, aber letztlich wurde sie nicht zur Veröffentlichung angenommen.

In den zwei Jahren, in denen ich als Postdoc in Oxford war, wendete ich für das Nachdenken über chemische Probleme mehr Zeit auf als für ihre Lösung. Es ging mir um die Frage, in welchen Bereichen der Chemie die Theorie einen Beitrag von allgemeiner Nützlichkeit leisten konnte. Ich wollte keine Forschungsarbeiten leisten, deren Ergebnisse nur für theoretische Chemiker von Interesse gewesen wären. Durch Literaturstudium, Vorlesungen und Gespräche mit Wissenschaftlern wie Don Hornig und dem Oxforder Physiker H. M. C. Pryce wurde mir klar, dass die Magnetresonanz ein lebendiges neues Gebiet war, dessen Anwendung in der Chemie noch ganz am Anfang stand. Insbesondere die Kernspinresonanz (*nuclear magnetic resonance*, NMR) schien mir ein Gebiet zu sein, auf dem die Theorie wichtige Beiträge leisten könnte. Anhand chemischer Verschiebungen könnte man beispielsweise theoretische Berechnungen überprüfen, aber was noch wichtiger war: Die Theorie der Quantenmechanik könnte helfen, die vorhandenen experimentellen Befunde zu interpretieren und neue Anwendungsmöglichkeiten vorzuschlagen.

Ein Beispiel war mein erster chemischer Fachartikel über das Quadrupolmoment des Wasserstoffmoleküls, abgeleitet aus verschiedenen Näherungen für Wellenfunktionen [Karplus, 1956]. Es war zwar nur ein kurzer Aufsatz, aber ich verwendete ungeheuer viel Zeit darauf, ihn immer wieder umzuschreiben und daran zu feilen, bevor ich ihn schließlich einreichte. Wenn Studierende heute mit der Fertigstellung ihrer ersten Veröffentlichung vor ähnlichen Problemen stehen, erzähle ich ihnen oft, was ich durchgemacht habe, und ich versichere ihnen, dass die Veröffentlichung der eigenen Arbeiten (oder die Bereitschaft dazu) mit jedem Artikel einfacher wird.

KAPITEL 9

University of Illinois: NMR und Kopplungskonstanten

Als sich meine Postdoc-Zeit in Oxford (1953–1955) dem Ende zuneigte, entschloss ich mich, in die Vereinigten Staaten zurückzukehren und dort eine Hochschullaufbahn in Angriff zu nehmen. Ich interessierte mich zunehmend für Magnetresonanz und suchte nun nach einer Einrichtung, an der in dem Bereich experimentelle Forschungsprogramme liefen. Eine der besten Hochschulen war aus dieser Sicht die University of Illinois in Urbana-Champaign, wo Charles Slichter in der Physik und Herbert Gutowsky in der Chemie Pionierarbeit leisteten, um die Kernspinresonanz (auch kernmagnetische Resonanz, *nuclear magnetic resonance* oder kurz NMR genannt) auf chemische Fragestellungen anzuwenden. An der chemischen Fakultät der University of Illinois, die zu jener Zeit einen grundlegenden Umbau durchmachte, waren einige Stellen ausgeschrieben. Mehrere Professoren, unter ihnen Roger Adams, der die Fakultät seit dreißig Jahren geleitet hatte, waren in den Ruhestand gegangen. Pauling empfahl mich bei der Hochschule, und der neue Leiter Herbert Carter bot mir eine Stelle an, ohne ein Einstellungsgespräch zu führen und ohne auf eine Empfehlung von Coulson zu warten, die vermutlich verspätet eintraf, weil sie per Post aus Übersee kam. Letzteres war ein glücklicher Umstand, denn Coulson hatte geschrieben, er habe zwar keine Zweifel an meinen intellektuellen Fähigkeiten, ich hätte aber kaum an den von ihm vorgeschlagenen Fragestellungen gearbeitet. Das stimmte, denn sie schienen mir nur von begrenztem Interesse zu sein. Ich nahm das Angebot aus Illinois an, ohne das Institut zuvor zu besuchen – was heute angesichts der ausgedehnten Werbungsrituale, die zu einem unverzichtbaren Teil des akademischen Einstellungsprozesses geworden sind, unvorstellbar wäre. Die University of Illinois bot mir eine Dozentenstelle mit einem Jahresgehalt von 5000 Dollar an. Im Gegensatz zu heutigen Stellenangeboten war darin nicht von Startfinanzierung die Rede, und ich dachte auch nicht daran, nach Forschungsmitteln zu fragen. In meinem Fall hätten sie als teuersten Gegenstand einen Tischrechner umfasst.

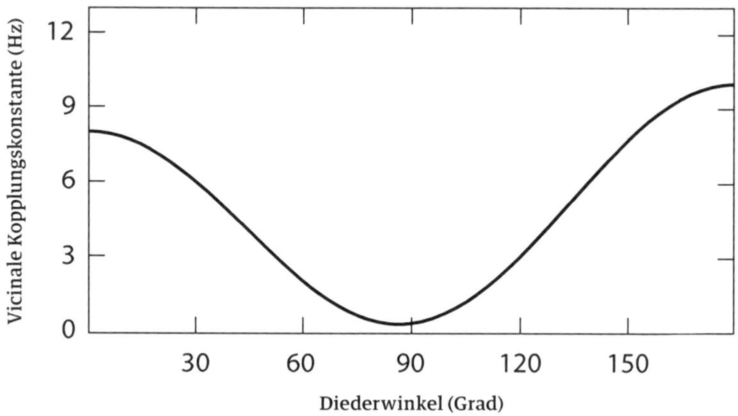

9.1. Die Abhängigkeit der vicinalen Kopplungskonstante vom Diederwinkel

Die University of Illinois war zwar eine sehr gute Hochschule mit hervorragenden Instituten für Chemie und Physik, aber sie lag in einer kleinen Ortschaft auf dem platten Land im mittleren Westen, und ich konnte mir nicht vorstellen, dort länger als fünf Jahre zu wohnen. Nachdem ich in Europa mit meinen Reisen als Postdoc eine hervorragende Zeit durchlebt hatte, war ich bereit, an die Arbeit zu gehen, und Urbana-Champaign war für mich der richtige Ort, um mich mit wenig Ablenkungen auf die Wissenschaft konzentrieren zu können. Vier neue Dozenten[1] – Rolf Herber, Aron Kuppermann, Robert Ruben und ich – und weitere junge Wissenschaftler an dem Institut, wie Doug Applequist, Lynn Belford und E. J. Corey, schufen eine von Sympathie und gegenseitiger Beeinflussung geprägte Atmosphäre.

Ich konzentrierte mich mit meinen Forschungsarbeiten vor allem auf theoretische Methoden, um Parameter der Kern- und Elektronenspinresonanz mit der Elektronenstruktur von Molekülen in Verbindung zu bringen. Die erste Fragestellung, mit der ich mich auseinandersetzte, betraf die Kopplungskonstante zwischen Protonen, von der bekannt war, dass sie von der Fermi-Kontaktwechselwirkung dominiert wird. Kopplungskonstanten waren für mich von besonderem Interesse, weil für Protonen, d.h. Wasserstoffkerne, die nicht aneinander gebunden sind, das Auftreten von nichtverschwindenden Werten darauf hindeutet, dass es Wechselwirkungen gibt, gibt, die weitreichiger wirken, als man von lokalisierten Bindungen

[1] Wir alle vier – Herber, Kuppermann, Ruben und ich – waren Juden. Das bedeutete eine krasse Abkehr von der Einstellungspraxis unter Leitung von Roger Adams, der bekanntermaßen Antisemit war. Während seiner Amtszeit hatte der Lehrkörper in Chemie keine jüdischen Mitglieder.

erwarten würde. Im Rahmen der Valenzbindungstheorie, deren ich mich unter anderem wegen meiner Ausbildung bei Pauling bediente, bilden Kopplungskonstanten, die nicht null sind, ein unmittelbares Maß für die Abweichung von der Näherung der perfekten Paarung. Um diese qualitative Idee in ein quantitatives Modell zu übersetzen, entschloss ich mich, die vicinale Kopplungskonstante in einem Molekül wie Ethylalkohol zu betrachten, dessen NMR-Spektrum als eines der ersten experimentell analysiert wurde. Insbesondere studierte ich die Proton-(H)-Proton-(H')-Kopplung im Fragment HCC'H' als Funktion des HCC'H'-Diederwinkels (Abbildung 9.1). Es war ein relativ einfaches System aus sechs Elektronen, das die inneren Schalen außer Acht ließ. Ich glaubte, man könne es im Rahmen der Fragestellung mit ausreichender Genauigkeit beschreiben, wenn man nur fünf kovalente Valenzbindungsstrukturen einbezog. Um die Beiträge der verschiedenen Strukturen zu berechnen, führte ich für die erforderlichen molekularen Integrale halbempirische Werte ein. Die Berechnungen der vicinalen Kopplungkonstanten für eine Reihe von Diederwinkeln war zeitaufwendig, und es erschien vielversprechend, dafür ein Computerprogramm zu entwickeln. Das war 1958 nicht so naheliegend wie heute. Glücklicherweise hatte man an der University of Illinois kurz zuvor den ILLIAC gebaut, einen „großen" Digitalcomputer. Wenn ich mich richtig erinnere, hatte er einen Speicher von 1000 Wörtern, was für mein Programm ausreichte. Das eigentliche Programm schrieb man, indem man Löcher in ein Papierband stanzte. Machte man einen Fehler, wurden die falschen Löcher mit Nagellack verschlossen. Ein Programm für eine so einfache Berechnung, die man auch mit einem Tischrechner hätte ausführen können, war vor allem aus einem Grund wertvoll: Wenn man erst einmal wusste, dass das Programm korrekt arbeitet, konnte man eine große Anzahl von Berechnungen ausführen, ohne Angst wegen etwaiger Rechenfehler zu haben.

Kurz nachdem ich die Analyse der vicinalen Kopplungskonstanten abgeschlossen hatte [Karplus, 1959a], hörte ich einen Vortrag von R. U. Lemieux über die Konformationen acetylierter Zucker. Warum ich zu dem Vortrag ging, weiß ich nicht mehr. Er gehörte in die organische Chemie, und die chemische Fakultät war in Illinois streng in Fachgebiete getrennt (Organische Chemie, Physikalische Chemie und so weiter), die einen halbautonomen Status hatten. Lemieux berichtete über die Messung der vicinalen Kopplungskonstante und merkte an, es gebe offensichtlich eine Abhängigkeit vom Diederwinkel, die Einzelheiten seien aber nicht geklärt. Für mich waren das spannende Befunde, denn die Experimente bestätigten zumindest qualitativ meine Theorie, noch bevor sie veröffentlicht war.

Einer von denen, mit denen ich mehr oder weniger regelmäßig zum Abendessen in den Tea Garden ging, ein annehmbares chinesisches Restaurant in Urbana-Champaign, war E. J. Corey, damals *assistant professor* (Juniorprofessor) in Illinois und später mein Kollege an der Harvard University. In der Regel unterhielten wir uns über neuere Arbeiten von gegenseitigem Interesse, und ich schilderte meine Untersuchungen an den vicinalen Kopplungskonstanten. Corey erkannte sofort, dass es möglich sein müsste, die Befunde für Strukturanalysen zu verwenden, und veröffentlichte die vermutlich erste Anwendung meiner Ergebnisse in der organischen Chemie [Bradshaw et al., 1959].

Wenig später wurde die Theorie in einem Übersichtsartikel über die Anwendung der NMR bei der Strukturermittlung organischer Moleküle beschrieben [Conroy, 1960], und irgendjemand führte für die von mir entwickelte Beziehung den Namen „Karplus-Gleichung" ein. Das erwies sich als zweischneidiges Schwert. Nun wurde vielfach versucht, die Gleichung zur Ermittlung der Diederwinkel in organischen Verbindungen anzuwenden. Die Autoren fanden für bekannte Strukturen einige Abweichungen der gemessenen Kopplungskonstanten von den vorhergesagten Werten, veröffentlichten ihre Befunde und gaben Kommentare über die Ungenauigkeit der Theorie ab. Wie es nur allzu häufig geschieht, wenn theoretische Befunde in der Chemie praktisch angewandt werden, hatten die meisten Autoren, die sich der sogenannten „Karplus-Gleichung" bedienten, den ursprünglichen Artikel [Karplus, 1959a] nicht gelesen und kannten deshalb die Grenzen der Theorie nicht. Da die Gleichung dazu gedient hatte, vicinale Diederwinkel abzuschätzen, nahmen sie an, die Kopplungskonstante hänge ausschließlich vom Diederwinkel ab. Nachdem ich erkannt hatte, dass organische Chemiker vor allem Leserbriefe im *Journal of the American Chemical Society* schrieben und lasen, verfasste ich 1963 einen solchen Brief [Karplus, 1963]. Darin nannte ich mehrere weitere Faktoren, die neben dem Diederwinkel voraussichtlich den Wert der vicinalen Kopplungskonstante beeinflussen: unter anderem die Elektronegativität der Substituenten, die Valenzwinkel der Protonen (HCC′ und CC′H′) und die Bindungslänge. In dem Artikel ging es mir nicht in erster Linie darum, eine genauere Gleichung zur Verfügung zu stellen, sondern ich wollte deutlich machen, dass man Vorsicht walten lassen muss, wenn man die Gleichung auf Strukturfragen anwendet. Mein abschließender Satz, der später häufig zitiert wurde, lautete: „Angesichts unserer derzeitigen Kenntnisse handelt jeder, der die Diederwinkel mit einer Genauigkeit von einem oder zwei Grad abschätzen will, auf eigene Gefahr."

Trotz meiner Bedenken wegen der Grenzen des Modells wurde die Gleichung auch weiterhin genutzt, und der ursprüngliche Artikel [Karplus, 1959a] ist laut Current Contents einer der „am häufigsten zitierten Artikel in der Chemie". Entsprechend wurde auch die Mitteilung von 1963 als einer der am häufigsten zitierten Artikel des *Journal of the American Chemical Society* genannt [Dalton, 2003]. Zusätzlich gab es viele empirische „Erweiterungen" der Gleichung; die vielleicht komplizierteste veröffentlichte Version [Imai und Osawa, 1989] bedient sich eines Ausdrucks von zwölf Termen. Man entwickelte Gleichungen für die vicinalen Kopplungskonstanten in Verbindung mit unterschiedlichen Atomkernen [Karplus und Karplus, 1972] (zum Beispiel ^{13}C-CC'-H, ^{15}N-CC'-H) und wandte sie auf den verschiedensten Gebieten von der anorganischen und organischen Chemie bis zur Biochemie an. Ein wichtiger neuerer Anwendungsbereich ist die Nutzung dieser Beziehungen im Rahmen der Daten, die zur Strukturermittlung von Proteinen mit NMR verwendet werden [Kline, Braun und Wüthrich, 1988; Mierke, Huber und Kessler, 1994]. Das Modell der vicinalen Kopplungskonstante, das vorwiegend entwickelt wurde, damit man Abweichungen von der perfekten Paarung besser versteht, erwies sich als nützlicher, als ich es jemals vermutet hätte. In der *Encyclopedia of Magnetic Resonance* [Karplus, 1996] schrieb ich: „Mein Gefühl im Zusammenhang mit der Nutzung und den Verfeinerungen der ‚Karplus-Gleichung' ist in vielerlei Hinsicht das eines stolzen Vaters. Ich freue mich sehr, wenn ich sehe, welche schönen Dinge die Gleichung leisten kann, aber mir ist klar, dass sie erwachsen geworden ist und jetzt ihr eigenes Leben führt." Ich arbeitete weiterhin an Fragestellungen der NMR und Elektronenspinresonanz (ESR), weil diese spektroskopischen Methoden in neuen Teilbereichen der Chemie eingesetzt wurden und es mir lohnend erschien, in solchen Anwendungsbereichen Erkenntnisse aus theoretischen Analysen bereitzustellen. Beispiele sind die Erforschung der Hyperfeinwechselwirkungen im ESR-Spektrum des Methylradikals [Karplus, 1959b] und die Beiträge der Delokalisierung von π-Elektronen zu den NMR-Kopplungskonstanten in konjugierten Molekülen [Karplus, 1960a]. Meine allgemeine Herangehensweise an die magnetischen Eigenschaften von Molekülen wurde zusammenfassend in einem Artikel mit dem Titel „Weak Interactions in Molecular Quantum Mechanics" („Schwache Wechselwirkungen in der molekularen Quantenmechanik") dargestellt [Karplus, 1960b]. Die Überschrift war treffend gewählt, denn die an Kopplungskonstanten und Hyperfeinwechselwirkungen beteiligten Energien sind tatsächlich relativ schwach im Vergleich zu den Elektronenvolt der Bindungsenergien, der Anregungsenergien und der Ionisierungspotentiale, die den Alltag der Quantenchemie darstellen. Der Titel hatte aber auch einen scherzhaften Aspekt, denn mein Bruder hatte an den „schwachen Wechselwirkungen" gearbeitet, wie Physiker sie nennen [Karplus und Kroll, 1950].

In Illinois teilte ich mir das Arbeitszimmer mit Aron Kuppermann. Die Stelle an der Universität war für uns beide die erste akademische Position, und wir diskutierten stundenlang nicht nur über Wissenschaft, sondern auch über Politik und Kultur. Dabei wurden wir enge, lebenslange Freunde. Er wohnte mit seiner Frau Roza in einer Wohnung ganz in meiner Nähe und lud mich oft zum Abendessen ein. Unsere Freundschaft setzte sich über mehr als fünfzig Jahre fort, auch nachdem ich von Illinois an die Columbia University und Aron ans Caltech gegangen war. Aron und Roza zu Freunden zu haben, erwies sich in meinem Leben als besonderer Faktor der Kontinuität. Jedes Mal, wenn wir uns trafen, begannen unsere Gespräche, als hätten wir uns erst tags zuvor gesehen.

An der University of Illinois gehörten Aron und ich zwar zum Lehrkörper, aber wir waren übereinstimmend der Ansicht, dass wir weiterlernen und uns gegenseitig unterrichten wollten. Ich brachte Aron etwas über molekulare Elektronen-Strukturtheorie bei, und gemeinsam veröffentlichten wir zwei Artikel über molekulare Integrale [Karplus, Kuppermann und Isaacson, 1958; Kuppermann, Karplus und Isaacson, 1959]. Umgekehrt erweiterte Aron meine Kenntnisse über chemische Kinetik, das Hauptthema seiner Forschungsarbeiten. Aron war offiziell experimentell arbeitender Wissenschaftler, aber er war auch ein ausgezeichneter Theoretiker; ein Beleg dafür war seine bahnbrechende quantenmechanische Studie über die $H + H_2$ Austauschreaktion, die er mit George Schatz veröffentlichte. Die Arbeit lag damals noch einige Jahre in der Zukunft [Schatz und Kuppermann, 1977], aber Ende der 1950er Jahre einte uns das gleiche Gefühl: Es war an der Zeit, über die Beschreibung von Reaktionen mittels der Arrhenius-Gleichung hinauszugehen, die sich auf die Aktivierungsenergie und den präexponentiellen Faktor stützt. Meine Forschungsarbeiten auf diesem Gebiet mussten warten, bis ich an die Columbia University gewechselt hatte; erst dort hatte ich Zugang zu den notwendigen Computereinrichtungen.

KAPITEL 10

Wechsel an die Columbia University

Forschungsschwerpunkt Reaktionskinetik

Im Sommer 1960 wirkte ich an der Tufts University an einem Programm der NSF mit, dessen Ziel es war, Highschool-Lehrern und College-Dozenten, die Naturwissenschaften unterrichteten, zu zeigen, wie aktiv in der Forschung tätige Wissenschaftler arbeiten. Wir hatten die Aufgabe, moderne Konzepte der Chemie so darzustellen, dass sie für die Lehrer im Unterricht nützlich waren. Einer der Organisatoren des Programms war Ben Dailey, ein Professor der Columbia University; eines Tages, als wir nebeneinander auf der Toilette standen, fragte er mich, ob ich mir vorstellen könne, in die chemische Fakultät an der Columbia University einzutreten. Ich hatte geplant, fünf Jahre in Illinois zu bleiben, und vier davon waren bereits um – also bejahte ich. Wenig später erhielt ich eine Nachricht von der Columbia University, und man bot mir eine Stelle am IBM Watson Scientific Laboratory sowie eine *adjunct associate professorship* (beigeordnete Professur) an der Columbia University an.

Das Watson Scientific Laboratory war eine ungewöhnliche Institution: Es wurde vom Unternehmen IBM finanziert und wirkte zwar an der Entwicklung der IBM-Computer mit, viele Mitarbeitende betrieben aber auch wissenschaftliche Grundlagenforschung. Das Labor wurde 1945 kurz vor Ende des Zweiten Weltkriegs gegründet und sollte die von den Alliierten benötigte Rechenleistung zur Verfügung stellen. Sein Direktor Wallace Eckart wurde vielleicht am bekanntesten durch seine sehr genaue störungstheoretische Berechnung des Dreikörperproblems, das durch die Bewegung der Erde um die Sonne in Gegenwart des Mondes aufgeworfen wird; die Reaktion H + H_2, die ich in meiner Zeit an dem Labor untersuchte, ist in der Born-Oppenheimer-Näherung ebenfalls ein Dreikörperproblem. Als Eckart mir die Stellung am Watson Lab erläuterte, machte er deutlich, dass die Mitarbeitenden von ihren Kollegen nach ihren Leistungen in der Forschung beurteilt wurden und nicht nach ihren Beiträgen für IBM. Für seine Beschreibung sprach, dass dem Personal herausragende Wissenschaftler angehörten, darunter Erwin Hahn, Seymour Koenig, Alfred Redfield und L. H. Thomas (der durch das Thomas-Fermi-Modell berühmt wurde). Die Einrichtung war also höchst attraktiv. Außerdem hatte das Watson Lab für mich einen weiteren Vorteil: Es besaß mit dem IBM-650-Großrechner einen der ersten Digitalcomputer, und der war mit seiner höheren Rechengeschwindigkeit, dem größeren Speicher und dem einfacheren Input (mit Lochkarten) weitaus nützlicher als der ILLIAC – Nagellack wurde nicht mehr gebraucht! Mir würde am IBM 650 eine beträchtliche Menge Rechenzeit zur Verfügung stehen, und ich würde sowohl finanzielle Unterstützung für Postdocs erhalten als auch weitere Vorteile gegenüber einer normalen Anstellung im Lehrkörper der Columbia University genießen. Es war ein verführerisches Angebot, aber ich zögerte, eine Stellung anzunehmen, die in irgendeiner Form von einem Unternehmen abhing, selbst wenn es so groß und stabil war wie IBM. Teilweise lag das an meinen politischen Einstellungen, noch mehr aber daran, dass das wichtigste Ziel der Industrie darin besteht, Profit zu erzielen – alles andere ist zweitrangig. Für mich lag dagegen das Schwergewicht auf Forschung und Lehre, und das sind wesentliche Aspekte einer Hochschule, aber nicht der Industrie. Entsprechend antwortete ich der Columbia University und dem Watson Lab, das Angebot sei sehr reizvoll, aber ich würde es nur dann in Betracht ziehen, wenn dazu auch eine unbefristete Stelle am chemischen Institut gehörte. Die Columbia University ging auf meine Forderung ein, und nach einigen weiteren Verhandlungen trat ich die Stelle im Herbst 1960 an.

Das Watson Lab war tatsächlich ein höchst fruchtbares Umfeld; das lag sowohl an den Gesprächen mit anderen Mitarbeitenden als auch an der Computerausstattung. Hier konnte ich einige Forschungsarbeiten in Angriff nehmen, die an der Columbia University fast undurchführbar gewesen wären. Aber wie nicht anders zu erwarten, wandelte sich die Atmosphäre im Laufe der Jahre. Richard Garwin, ein hervorragender Physiker, der zusammen mit Edward Teller die Konstruktion der ersten Wasserstoffbombe vorangetrieben hatte, nahm in dem Labor eine immer wichtigere Rolle ein und gab den Druck von IBM weiter, etwas Nützliches (das heißt Gewinnbringendes) für das Unternehmen zu leisten und zu diesem Zweck beispielsweise Tagungen mit dem Personal des viel größeren, stärker anwendungsorientierten IBM-Labors in Yorktown Heights zu organisieren. Das war gleichbedeutend mit firmeninterner Beratung. Im Jahr 1963 wurde mir klar, dass die Zeit gekommen war, das Watson Lab zu verlassen, und ich wechselte auf die Vollzeit-Professorenstelle für Chemie an der Columbia University. (Das Watson Lab wurde von IBM 1970 geschlossen.) Angesichts dieser Erfahrung warne ich meine Studierenden und Postdocs immer davor, Stellen in der Industrie anzunehmen. Es ist vielleicht ein spannendes Umfeld, wenn man in das Unternehmen eintritt, man bekommt ein beträchtlich höheres Gehalt als an einer Universität, und man muss sich auch keine Sorgen um Anträge zur Beschaffung von Forschungsmitteln machen. Dennoch, so sage ich, muss man immer daran denken, dass jederzeit ein neues Management die Firmenleitung übernehmen kann und dann vielleicht den Forschungsetat kürzt, weil Forschung auf kurze Sicht nur Geld kostet. Diese Einstellung hat sowohl zur Entlassung einzelner Wissenschaftler als auch zur Schließung großartig ausgestatteter Forschungslabors geführt, die erst wenige Jahre zuvor gebaut worden waren. Am wichtigsten ist immer, dass man selbst die gleichen Zielsetzungen (in meinem Fall Lehre und Forschung) verfolgt wie die Institution, in der man arbeitet. Diese Voraussetzung ist an einer guten Universität in idealer Weise gegeben, in der Industrie gibt es dafür keine Gewähr.

Nachdem ich nach New York umgezogen war, setzte ich meine Forschungsarbeiten auf dem Gebiet der Magnetresonanz fort. Als etwas Besonderes erlebte ich an der Columbia University die Anregung durch den Umgang mit neuen Kollegen wie George Fraenkel, Ben Dailey, Rich Berson und Ros Breslow.[1] Die vielen Gespräche mit ihnen trugen dazu bei, meinen Horizont in der Chemie zu erweitern. Insbesondere wurde mein Interesse an der ESR durch George Fraenkel neu belebt, und wir veröffentlichten gemeinsam mehrere Fachartikel [Karplus und Fraenkel, 1961; Karplus, Lawler und Fraenkel, 1965; Lawler et al., 1967], darunter eine bahnbrechende Berechnung der Hyperfeinaufspaltung von ^{13}C [Karplus and Fraenkel, 1961].

Wir verwendeten zwar ziemlich grobe Methoden, die Ergebnisse lieferten aber Erkenntnisse über die Elektronenstruktur von Molekülen und trugen zum Verständnis der Messungen bei. Die Abschätzung vieler schwacher Wechselwirkungen war Mitte der 1960er Jahre eine echte Herausforderung. Heute kann man sie berechnen, indem man in Programmen wie dem viel verwendeten Gaussian-Paket einfach einen Knopf drückt. Die heute gebräuchlichen, hochkarätigen Ab-initio-Berechnungen haben allerdings einen Nachteil: Die Ergebnisse sind zwar häufig zutreffend, aber die

[1] *Eines Tages bat mich Ben Dailey, einen Vortrag bei einem Symposium über Magnetresonanz zu halten, das er im Rahmen einer bevorstehenden landesweiten Tagung der American Chemical Society (ACS) organisierte. Als er die Liste der eingeladenen Vortragenden einreichte, setzte man ihn in Kenntnis, dass nur Mitglieder der Fachgesellschaft sprechen dürften, auch wenn sie eingeladen wurden. Damit war ich ausgeschlossen, denn ich gehörte der Gesellschaft nicht an. Die ACS wurde zu jener Zeit im Wesentlichen mit der chemischen Industrie gleichgesetzt, und angesichts meiner Einstellung gegenüber Tätigkeiten in der Privatwirtschaft hatte ich mich entschlossen, ihr nicht beizutreten. Dailey hielt es für wichtig, dass ich an der Tagung teilnahm, und so überredete er die ACS, die Regeln zu ändern und auch einem Nichtmitglied eine Einladung zu ermöglichen. Die ACS hat sich seit jener Zeit beträchtlich weiterentwickelt und orientiert sich heute stärker an Hochschulen als an der Industrie.*

Erkenntnisse, die man mit den früheren, vereinfachten Ansätzen gewinnen konnte, gehen durch die Komplexität der Berechnungen oftmals verloren. Ein eindringliches Beispiel liefern die Studien, mit der ich die vicinalen Kopplungskonstanten analysierte. Das von mir verwendete, einfache Modell der Valenzbindungen zeigte, wie die Näherung der perfekten Paarung zusammenbricht. Diese Information geht in den heute benutzten Berechnungsmethoden mit ihren vielen Konfigurationen verloren. Außerdem interessieren sich die Wissenschaftler der neuen Generation, die mit solchen Berechnungen groß geworden sind, oft nicht im Geringsten für etwas anderes als die Ermittlung der richtigen Zahl, die in vielen Fällen bereits aus Experimenten bekannt ist.

Mein Interesse an der Dynamik chemischer Reaktionen hatte sich bereits in Illinois verstärkt, dank vieler Diskussionen mit Aron Kuppermann, aber mit eigenen Forschungsarbeiten auf dem Gebiet begann ich erst an der Columbia University. Das hatte mehrere Gründe. Eine Fragestellung in Angriff zu nehmen, wenn die Methoden und Mittel zu ihrer Lösung nicht zur Verfügung stehen, ist witzlos. Es ist wichtig zu spüren, dass ein Problem reif für eine Lösung ist. (Das war für einen großen Teil meiner Forschungsarbeit eine Leitlinie – es gibt viele spannende, wichtige Fragestellungen, aber nur wenn man das Gefühl hat, dass sie für eine Lösung bereit sind, sollte man die Zeit investieren und daran arbeiten. Als noch wichtiger erwies sich diese Regel, wie wir später erfahren werden, für die Anwendungen der Theorie in der Biologie.) Am Watson Lab, wo der IBM 650 zur Verfügung stand, konnte man die sehr einfache Reaktion $H + H_2 \rightarrow H_2 + H$, bei der ein Wasserstoffatom gegen ein anderes ausgetauscht wird, theoretisch auf einer relativ grundlegenden Ebene studieren. Außerdem hatten Farkas und Farkas [1935] bereits frühzeitig die Reaktionsgeschwindigkeit in einem breiten Temperaturbereich ermittelt, und ihre Messungen lieferten Daten für den Vergleich mit den Berechnungen.

Dass ich mich auf die chemische Kinetik konzentrierte, hatte noch einen zweiten Grund: Nach und nach lieferten Studien mit der Molekularstrahl-Methode neue Informationen über solche Reaktionen, die viel detaillierter waren als Messungen in der Gasphase oder der Lösung. Eröffnet wurde das neue Fachgebiet 1955 durch die Pionierarbeiten von Taylor und Datz [Taylor und Datz, 1955], aber erst im Jahr 2000 erhielt Datz zur Anerkennung seiner Arbeiten den angesehenen Enrico-Fermi-Preis. Viele Arbeitsgruppen erweiterten die ursprünglichen Molekularstrahl-Experimente und konnten zeigen, dass es möglich ist, einzelne Kollisionen zu untersuchen und festzustellen, ob sie zu Reaktionen führen oder nicht. Das bedeutet, dass man nicht nur die Gesamt-Geschwindigkeitskonstanten, sondern die berechneten Reaktionsquerschnitte unmittelbar mit den experimentellen Daten vergleichen kann.

Weiter angeregt wurde mein Interesse an der Reaktionskinetik durch die Molekularstrahl-Untersuchungen von Dudley Herschbach, die er meist mit seinem Kollegen Yuan Lee durchführte. Seit den Anfängen im Jahr 1961 – im „Alkalizeitalter", wie sie es nannten – bis zur erweiterten Anwendung auf ein breites Spektrum verschiedener Systeme und Eigenschaften [Herschbach, 2000] stärkten ihre Arbeiten mein Interesse an der Untersuchung chemischer Reaktionen durch Trajektorienberechnungen.

Um diese oder jede andere Reaktion (darunter auch die Proteinfaltung) theoretisch analysieren zu können, braucht man Kenntnisse über die potentielle Energie des Systems als Funktion der Atomkoordinaten, das heißt, man muss die Oberfläche der potentiellen Energie kennen, oder die Energielandschaft, wie sie heute oft genannt wird. Isaiah Shavitt hatte als Postdoc mit mir am Watson Lab an quantenmechanischen Berechnungen gearbeitet, neue Methoden zur Bewertung von Mehrzentren-Zweielektronenintegralen entwickelt [Shavitt und Karplus, 1962] und die H + H_2-Potentialoberfläche als erste Anwendung genutzt [Shavitt et al., 1968]. Obwohl an dieser Reaktion nur drei Elektronen und drei Atomkerne beteiligt sind, gingen wir davon aus, dass die theoretische Oberfläche nur zur Ermittlung der allgemeinen Eigenschaften der Reaktion von Nutzen sein würde, während die Berechnung der Reaktionseigenschaften zum Vergleich mit den Experimenten eine präzisere Oberfläche erforderte. (Fünf Jahre später berechnete Liu [1973] eine genaue Oberfläche für die H + H_2-Austauschreaktion.) Wir mussten also auf ein halbempirisches Modell zurückgreifen, dessen Form durch eine quantitative Beschreibung mit experimentell ermittelten Parametern vorgegeben war. Schon 1936 hatten J. Hirschfelder und B. Topley, zwei Studenten von H. Eyring, eine Trajektorienberechnung der H + H_2-Reaktion versucht, wobei die Bewegung der drei Atome der Einfachheit halber auf eine einzige Linie beschränkt wurde [Hirschfelder, Eyring und Topley, 1936].

Bei einer Trajektorienberechnung ermittelt man die auf die Atome – hier drei Wasserstoffatome – wirkenden Kräfte (F) aus den Ableitungen der potentiellen Energie nach den Atompositionen, und dann erhält man durch Integration der Newton-Gleichung $F = ma$ die Positionen der Atome als Funktion der Zeit. Hirschfelder und Topley benutzten ein Dreikörperpotential auf der Grundlage der Heitler-London-Methode. Sie berechneten einige Schritte entlang der Trajektorie, konnten die Berechnung aber nicht abschließen; deshalb wissen wir nicht (und werden es auch nie wissen, da wir die Anfangsgeschwindigkeiten nicht kennen), ob die Trajektorie zu einer Reaktion führte. Das Potential hatte einen Topf in der Region, in der alle drei Atome nahe beieinanderlagen (den „Eyring-See“, wie er genannt wurde), der erwartungsgemäß unter den für die Reaktion geltenden Bedingungen zu einem Dreikörperkomplex führen sollte. Quantenmechanische Ab-initio-Berechnungen wie die von Shavitt deuteten darauf hin, dass dies nicht stimmte, das heißt, es gab eine einfache Aktivierungsbarriere. Um zu einer sinnvollen Beschreibung für die Reaktion $H + H_2$ zu gelangen, musste man also eine realistischere Potentialfunktion finden. Außerdem musste die Potentialoberfläche auch im dreidimensionalen Raum anwendbar sein, damit es nicht erforderlich war, die Bewegung der Wasserstoffatome auf eine Bewegung entlang einer Linie zu beschränken.

Richard Porter, ein Doktorand von F. T. Wall, hatte eine Oberfläche ohne „Eyring-See“ genutzt, um die kollinearen Kollisionsberechnungen zu verbessern [Wall und Porter, 1963; Truhlar und Wyatt, 1976]. Ich war von Porter beeindruckt und lud ihn ein, sich als Postdoc meiner Arbeitsgruppe an der Columbia University anzuschließen. Dort entwickelten wir sehr schnell eine halbempirische Erweiterung der ursprünglichen Heitler-London-Oberfläche für die $H + H_2$-Reaktion auf der Grundlage der *diatomics in molecules* (Zwei-Atom-Gruppen in Molekülen)-Methode und kalibrierten die Oberfläche mit quantentheoretischen Ab-initio-Berechnungen und experimentellen Daten für die Reaktion [Porter und Karplus, 1964]. Diese Oberfläche, die unter dem Namen Karplus-Porter-Fläche (KP) bekannt ist, ist so präzise und einfach, dass sie in vielen Berechnungen der Reaktionsgeschwindigkeit, die mit verschiedenen Methoden durchgeführt wurden, immer wieder Anwendung fand. Sie ist wieder einmal ein Beispiel für die Nützlichkeit eines einfachen Modells, das in Ab-initio-Berechnungen höherer Ordnung nur allzu leicht verloren geht.

Nachdem die Oberfläche entwickelt war, machten wir uns an die erste vollständig dreidimensionale Trajektorienberechnung für die $H + H_2$-Austauschreaktion. Die wichtigsten Beiträge zu den Forschungsarbeiten leistete Dick Porter, beteiligt war aber auch R. D. Sharma, ein weiterer Postdoc. Nachdem uns (nach den Maßstäben jener Zeit) große Mengen an Rechenzeit auf dem IBM 650 des Watson Lab zur Verfügung standen, konnten wir eine ausreichende Zahl von Trajektorien berechnen und zu statistisch sinnvollen Ergebnissen gelangen [Karplus, Porter und Sharma, 1965]. Um den Reaktionsquerschnitt zu ermitteln, muss man eine Reihe von Trajektorien mit einem geeignet gewählten Spektrum von Anfangsbedingungen berechnen, wie zum Beispiel unterschiedlichen Startgeschwindigkeiten und Stoßparametern. Die Trajektorien beginnen mit weit voneinander entfernten Reaktionsteilnehmern (die Entfernung ist so groß, dass man die Wechselwirkungen zwischen dem Wasserstoffatom und dem Wasserstoffmolekül vernachlässigen kann), die man in Gegenwart des Interaktionspotentials kollidieren lässt, und dann verfolgt man die Atome, bis die Produkte wiederum weit voneinander entfernt sind. Wenn man sich ansieht, welche Atome eng benachbart sind, kann man feststellen, ob eine Reaktion stattgefunden hat. Wie man in Abbildung 10.1 erkennt, dauert die Reaktion (das heißt die Zeit, in der die drei Atome interagieren) nur wenige Femtosekunden. Hier wird eine grundlegende Aussage deutlich: Viele einfache Reaktionen haben eine kleine Geschwindigkeitskonstante, aber nicht wegen der Elementarreaktion, die schnell abläuft, sondern wegen der hohen Aktivierungsenergie, deretwegen die meisten thermischen Kollisionen nicht zu Reaktionen führen. Geht man näherungsweise davon aus, dass die an der $H + H_2$-Reaktion beteiligten Atombewegungen mit klassischer Mechanik korrekt beschrieben werden und dass die halbempirische KP-Fläche gültig ist, ermöglicht es eine Reihe von Trajektorien, sämtliche Reaktionsattribute zu ermitteln, zum Beispiel den Reaktionsquerschnitt als Funktion der Kollisionsenergie. Das extreme Detailniveau, das sich erreichen lässt, ist ein inhärentes Merkmal dieses Ansatzes, den ich fünfzehn Jahre später auch für Studien zur Dynamik von Makromolekülen nutzen sollte. Die Ergebnisse für den Reaktionsquerschnitt als Funktion der inneren Energie und die Geschwindigkeit als Funktion der Temperatur lieferten Erkenntnisse über die grundlegende Natur chemischer Reaktionen, und diese Erkenntnisse sind heute noch ebenso gültig wie vor fünfzig Jahren, als die Berechnungen vorgenommen wurden.

Wie in vielen meiner Artikel, in denen eine neue Methode entwickelt wurde [Karplus, Porter und Sharma, 1965], so bemühte ich mich auch hier, die notwendigen Details darzustellen, damit der Leser die Überlegungen nachvollziehen und nutzen konnte. (Wir mussten schließlich alles durcharbeiten, warum sollten wir also anderen die Mühe nicht ersparen?) Die Anforderung, dass Arbeiten reproduzierbar sein müssen, wird oft als Maßstab für die Veröffentlichung von Fachartikeln angeführt, aber in der Praxis sind nur wenige Artikel so geschrieben. Zu meiner Freude erfuhr ich, dass unser Artikel von George Schatz [Schatz, 2000] im Jahr 2000 als einer der wichtigsten Aufsätze der theoretischen Chemie im 20. Jahrhundert angeführt wurde. Schatz wies darauf hin, dass die Methode der quasiklassischen Trajektorien, wie wir sie genannt hatten, immer noch weithin in Gebrauch

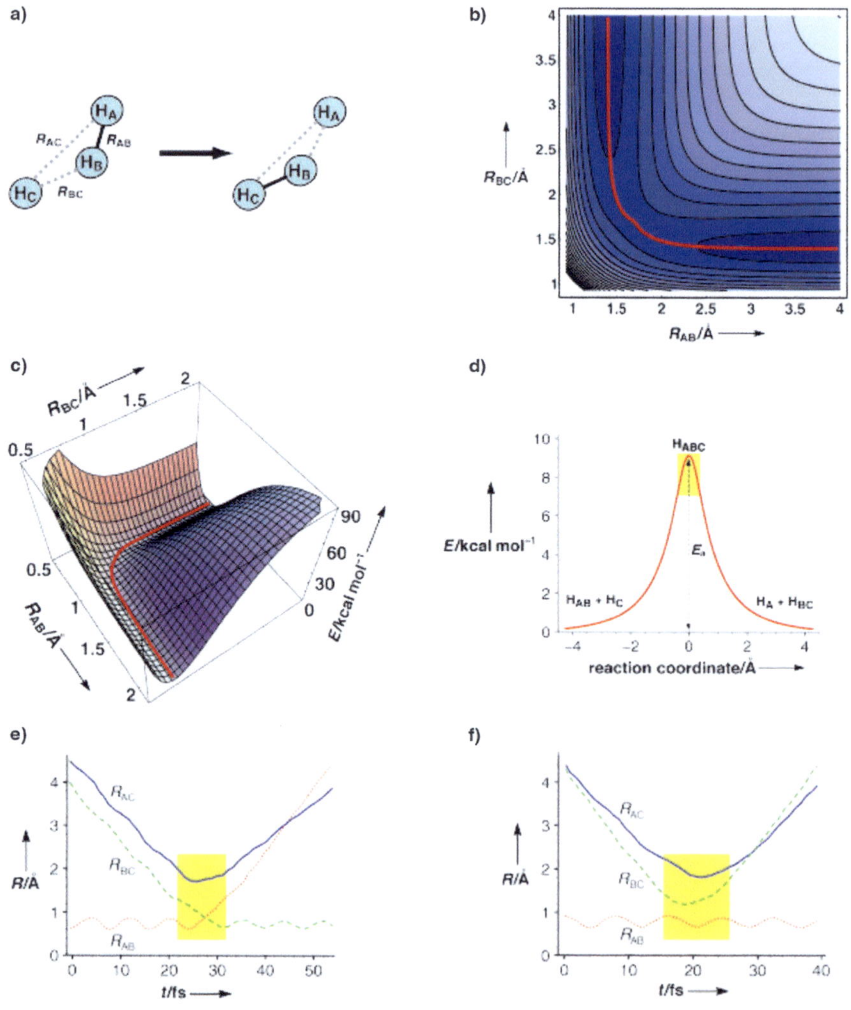

10.1. Die Austauschreaktion zwischen einem Wasserstoffatom und einem Wasserstoffmolekül. (a) Schematische Darstellung der Reaktion mit den Definitionen der Abstände RAB, RAC und RBC. (b) Konturdiagramm der potentiellen Energie für eine lineare Kollision als Funktion der Abstände RAB und RBC bei RAC = RAB + RBC. Der Weg der geringsten Energie ist rot dargestellt. (c) Dreidimensionale Darstellung der Energiefunktion aus Teilabbildung (b). (d) Energie entlang der Reaktionskoordinate, die dem Weg der geringsten Energie in den Teilabbildungen (b) und (c) entspricht; der Übergangszustand ist gelb hervorgehoben. (e) Eine typische Trajektorie für die dreidimensionale Kollision, die zur Reaktion führt; die Abstände RAB, RAC und RBC sind als Funktion der Zeit dargestellt. (f) Eine typische Trajektorie für eine Kollision, die nicht wie in Teilabbildung (e) zur Reaktion führt. In den Teilabbildungen (e) und (f) sind die Interaktionen zwischen den drei Atomen auf einen sehr kurzen Zeitraum beschränkt (gelb unterlegt); dies spiegelt die schmale Energiebarriere aus Teilabbildung (d) wider (aus: Dobson, Sali und Karplus, 1998; Abdruck mit freundlicher Genehmigung).

war. Darin werden die klassischen Trajektorien mit quantentheoretischen Anfangsbedingungen berechnet. Für das H_2-Molekül ist dies sehr wichtig, denn es hat eine große Nullpunktsvibrationsenergie, von der ein Teil im Übergangszustand für die Überwindung der Aktivierungsbarriere zur Verfügung steht. Mir erschien es immer passend, dass Aron Kuppermann mit seinem Studenten George Schatz quantenmechanische Methoden zur Beschreibung von Streuereignissen entwickelte, sodass die beiden 1976, mehr oder weniger zehn Jahre nach den Berechnungen der klassischen Trajektorien, eine präzise quantenmechanische Berechnung anstellen konnten; eine entsprechende Berechnung führten mit einem etwas anderen Ansatz auch Robert Wyatt und Alan Elkowitz an der University of Texas in Austin durch [Wyatt und Elkowitz, 1975]. Wie Kuppermann und Schatz in ihrem 1976 erschienenen Aufsatz betonen, stimmen die quasiklassischen Trajektorienberechnungen von Karplus, Porter und Scharma (KPS) [Karplus, Porter und Scharma, 1965] mit den quantenmechanischen Berechnungen im Rahmen der statistischen Unsicherheit überein. In einem gewissen Sinn hatten wir dabei Glück, denn die $H + H_2$-Reaktion ist eigentlich adiabatisch, sodass der richtige Anteil der großen H_2-Nullpunktsenergie für die Überwindung der Barriere im Übergangszustand zur Verfügung steht. Außerdem stellt Schatz fest [Schatz 2000]: „Der KPS-Artikel gab die Anregung für Forschungsarbeiten in mehrere neue Richtungen und ließ letztlich neue Teilgebiete entstehen." Ein sehr netter Kommentar, immerhin 35 Jahre nachdem die Arbeiten geleistet wurden.[2]

Nach den Berechnungen zur $H + H_2$-Reaktion arbeiteten Dick Porter und ich auch zusammen an dem Lehrbuch *Atoms and Molecules* [Karplus und Porter, 1970], in dem wir die Quantenchemie als Einführung für Studierende der physikalischen Chemie darlegten. Es basierte auf einer Vorlesungsreihe, die ich mehrere Male an der Columbia University und dann später, nachdem ich die Hochschule verlassen hatte, auch an der Harvard University gehalten hatte. Die Vorlesungen waren eine sehr gute Vorbereitung für das Verfassen des Buches, denn so war ich gezwungen, eingehend über das Thema nachzudenken, um es mit ausreichender Klarheit darlegen

[2] *Als ich dem Lehrkörper der Columbia University angehörte, erhielt ich eine etwas überraschende Anfrage von einem Anwalt, der für Linus Pauling arbeitete. Pauling hatte die New York Daily News wegen übler Nachrede verklagt, weil das Blatt ihn als Kommunisten bezeichnet hatte. Der Anwalt bat mich, als Leumundszeuge aufzutreten. Natürlich erklärte ich mich dazu bereit. Vor Gericht war ich nervös, aber es gelang mir, meine nachdrückliche Unterstützung für Pauling zum Ausdruck zu bringen und deutlich zu machen, dass er sich zwar gegen den Test von Atombomben in der Atmosphäre ausgesprochen hatte, aber kein Kommunist war. Auch mehrere bekannte Wissenschaftler sagten zugunsten von Pauling aus. Dennoch verlor er den Prozess: Wenn solche Personen zu seinen Gunsten aussagten, so die Entscheidung des Richters, bedeutete das, dass er durch den Artikel der Daily News keinen Schaden erlitten hatte.*

zu können, damit die Studierenden es verstanden. Mit der Arbeit an dem Buch begannen Dick und ich erst, nachdem ich nach Harvard gegangen war. Dort schloss er sich mir für ein Semester an, um den Kurs in Physikalischer Chemie zu halten, sodass ich ein wenig mehr Zeit hatte, die ich dem Schreiben widmen konnte. Anfangs dachten wir, das Verfassen eines Buches auf der Grundlage von Vorlesungsnotizen müsse einfach sein, in Wirklichkeit war es aber eine ungeheure Aufgabe. Fertiggestellt wurde das Buch nur deshalb, weil Dick und ich zusammen über den Sommer auf Martha's Vineyard an einem „Schreibcamp" für Wissenschaftler teilnahmen, das von Bill Benjamin finanziert wurde, einem ideenreichen jungen Verleger. Wir waren in einem großen Landhaus an der Küste untergebracht, arbeiteten vormittags gemeinsam und hatten den Nachmittag zur freien Verfügung, um zu schwimmen, zu segeln oder spazieren zu gehen. In diesem Sommer wurde der Text des Buches mehr oder weniger fertig. Anschließend, als ich ein Semester am Weizmann Institute im israelischen Rehovot verbrachte, verwendete ich einen Teil der Zeit auf die Fahnenkorrektur. Bei mir führte dies zwangsläufig dazu, dass ich beträchtliche Teile umschrieb. *Atoms and Molecules* wurde unter anderem deshalb ein großer Erfolg, weil darin nie die Formulierung „It can be shown" („Man kann zeigen") vorkam (Abbildung 10.2).

Das Buch ist noch heute in Gebrauch und dient insbesondere Lehrern, die physikalische Chemie unterrichten, als Quelle für Material.[3]

Im Gegensatz zu quantendynamischen Berechnungen ließ sich die Methode der quasiklassischen Trajektorien leicht auf komplexere Systeme übertragen. Eine Studie, die ich als besonders interessant in Erinnerung habe, stammte von Martin Godfrey. Sie behandelte die Reaktion $K + CH_3I \rightarrow KI + CH3$ und Kollisionen, an denen ein orientiertes CH_3I-Molekül beteiligt war. Angeregt wurden wir zu dieser Berechnung durch ein scharfsinniges Experiment von Richard Bernstein, der zum Fachgebiet der Molekularstrahlchemie wichtige Beiträge geleistet hatte. Er konnte den Reaktionsteil-

[3] *Es gehört zu den großen Enttäuschungen meines Lebens, dass ich zwei andere Bücher anfing, viel Zeit darauf verwendete und im Gegensatz zu Atoms and Molecules keines davon fertigstellte. Das eine nahm ich zu Beginn meiner Laufbahn in Angriff; es war die Neufassung der Introduction to Quantum Mechanics von Pauling und Wilson. Kurz nachdem ich meine Promotion abgeschlossen hatte, lud Pauling mich ein, sein klassisches, ursprünglich 1935 erschienenes Lehrbuch zu aktualisieren. Nach meiner Überzeugung wollte er mir damit helfen, bekannter zu werden, und er ging davon aus, dass ich nur eine sanfte „Neubearbeitung" vornehmen würde, die in kurzer Zeit zu realisieren war. Aber wie bei vielen meiner Veröffentlichungen wollte ich das Bestmögliche daraus machen und begann mit einer umfangreichen Umarbeitung. Bis 1974 hatte ich ungefähr die Hälfte des Buches überarbeitet, aber dann wurde mir klar, dass ich es wahrscheinlich nicht vollenden würde. Nach meinem Eindruck hatte Pauling das Gefühl, dass ich in einem gewissen Sinn seinen Lehrbuchklassiker zerstören würde, auch wenn er ein wenig veraltet war. Im April 1974 schrieb mir Pauling, wenn wir weitermachen würden, solle die „Neufassung" als neues Buch erscheinen, und das Original solle weiterhin lieferbar bleiben.*

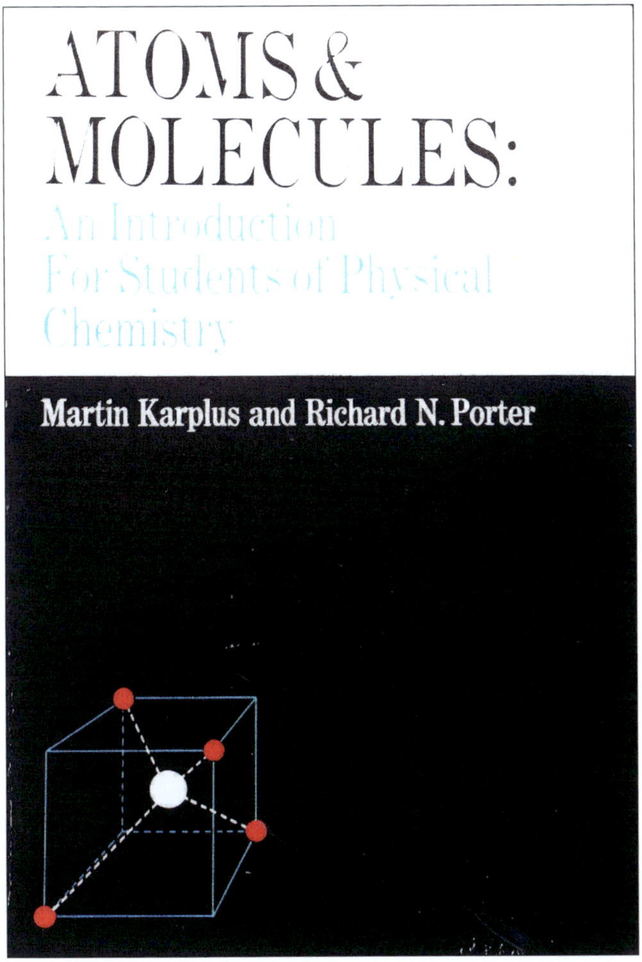

10.2. Der Umschlag von *Atoms and Molecules*

nehmer CH_3I in Bezug auf das hinzukommende K^+-Ion so ausrichten, dass man die Auswirkungen der Orientierung auf die Reaktion studieren und weitere Informationen für Vergleichszwecke gewinnen konnte. Die beiden Artikel, in denen die Arbeiten beschrieben wurden, erschienen gemeinsam im *Journal of the American Chemical Society* [Beuhler, Bernstein und Kramer, 1966; Karplus und Godfrey, 1966].

KAPITEL 11

Das FBI und ich

Meine Beziehungen zum FBI begannen offenbar während meiner Doktorandenzeit am Caltech. Ich hatte 1952 an einem Treffen teilgenommen, das sich mit der Organisation einer Protestbewegung gegen die Todesurteile für Julius und Ethel Rosenberg beschäftigte.[1] Am Eingang zum Versammlungssaal stand ein Tisch, an dem wir gebeten wurden, unsere Kontaktinformationen zu hinterlassen und etwas zu spenden. Offensichtlich war dort auch ein FBI-Agent, um eine Liste der Teilnehmer anzufertigen. Das bemerkte ich, als mein Bruder Bob Mitte der 1970er Jahre bei einer Sicherheitsüberprüfung nicht die Unbedenklichkeitsbescheinigung erhielt, die er für Forschungsarbeiten am Livermore Laboratory brauchte. Da man seine Mitarbeit in dem Labor für wichtig hielt, legten die Laborleiter Widerspruch ein und erfuhren den Grund für die Ablehnung: meine dokumentierte Teilnahme an der Rosenberg-Protestversammlung, die zwanzig Jahre zuvor in der First Unitarian Church in Los Angeles unter Leitung des liberalen Geistlichen Stephen Fritchman stattgefunden hatte. Nachdem man diesen unwichtigen Eintrag in seiner FBI-Akte gefunden hatte, bekam Bob sehr schnell die notwendige Bescheinigung.

Ich selbst brauchte ein einziges Mal eine solche Unbedenklichkeitsbescheinigung, und im Gegensatz zu den Erfahrungen meines Bruders wurde sie mir nicht erteilt. Anfang der 1970er Jahre wurde ich eingeladen, an einer Abrüstungsstudie teilzunehmen, die in Woods Hole von der National Academy of Sciences veranstaltet wurde. Jeder Teilnehmer musste die Sicherheitsüberprüfung durchlaufen, damit niemand nach Erscheinen des Tagungsberichts behaupten konnte, die Teilnehmer hätten keinen Zugang

[1] *Ethel und Julius Rosenberg – beide waren amerikanische Staatsbürger – wurden am 5. April 1951 zum Tode verurteilt, weil sie angeblich Geheimnisse über die Atombombe an Russland verraten hatten. Viele Amerikaner waren überzeugt, dass die Todesstrafe zumindest zum Teil der hysterischen Angst vor dem Kommunismus zu verdanken war, die der Senator Joseph McCarthy geschürt hatte. In den zwei Jahren zwischen dem Prozess und der Hinrichtung am 19. Juli 1953 – die Rosenbergs waren die ersten US-Bürger, die in Friedenszeiten wegen Spionage verurteilt und hingerichtet wurden – gab es weltweite Bemühungen um eine Milderung der Strafe.*

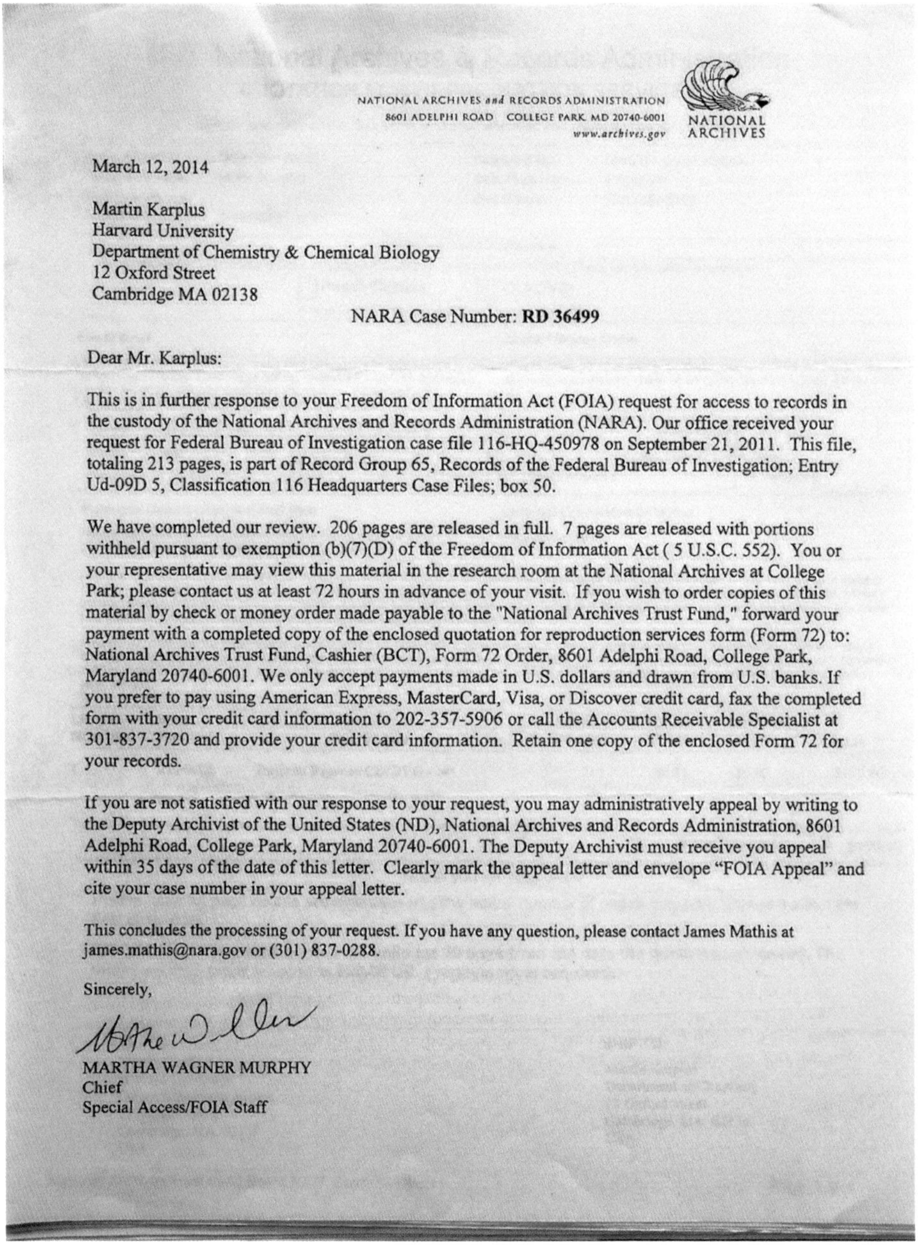

NATIONAL ARCHIVES *and* RECORDS ADMINISTRATION
8601 ADELPHI ROAD COLLEGE PARK MD 20740-6001
www.archives.gov

NATIONAL ARCHIVES

March 12, 2014

Martin Karplus
Harvard University
Department of Chemistry & Chemical Biology
12 Oxford Street
Cambridge MA 02138

NARA Case Number: **RD 36499**

Dear Mr. Karplus:

This is in further response to your Freedom of Information Act (FOIA) request for access to records in the custody of the National Archives and Records Administration (NARA). Our office received your request for Federal Bureau of Investigation case file 116-HQ-450978 on September 21, 2011. This file, totaling 213 pages, is part of Record Group 65, Records of the Federal Bureau of Investigation; Entry Ud-09D 5, Classification 116 Headquarters Case Files; box 50.

We have completed our review. 206 pages are released in full. 7 pages are released with portions withheld pursuant to exemption (b)(7)(D) of the Freedom of Information Act (5 U.S.C. 552). You or your representative may view this material in the research room at the National Archives at College Park; please contact us at least 72 hours in advance of your visit. If you wish to order copies of this material by check or money order made payable to the "National Archives Trust Fund," forward your payment with a completed copy of the enclosed quotation for reproduction services form (Form 72) to: National Archives Trust Fund, Cashier (BCT), Form 72 Order, 8601 Adelphi Road, College Park, Maryland 20740-6001. We only accept payments made in U.S. dollars and drawn from U.S. banks. If you prefer to pay using American Express, MasterCard, Visa, or Discover credit card, fax the completed form with your credit card information to 202-357-5906 or call the Accounts Receivable Specialist at 301-837-3720 and provide your credit card information. Retain one copy of the enclosed Form 72 for your records.

If you are not satisfied with our response to your request, you may administratively appeal by writing to the Deputy Archivist of the United States (ND), National Archives and Records Administration, 8601 Adelphi Road, College Park, Maryland 20740-6001. The Deputy Archivist must receive you appeal within 35 days of the date of this letter. Clearly mark the appeal letter and envelope "FOIA Appeal" and cite your case number in your appeal letter.

This concludes the processing of your request. If you have any question, please contact James Mathis at james.mathis@nara.gov or (301) 837-0288.

Sincerely,

MARTHA WAGNER MURPHY
Chief
Special Access/FOIA Staff

11.1. Der Brief, in dem bestätigt wird, dass ich meine FBI-Akte erhalten würde

zu Informationen gehabt, die sich mit geheimen Regierungsverhandlungen befassten. Ich traf in Erwartung der Unbedenklichkeitsbescheinigung in Woods Hole ein und nahm an der Eröffnungsveranstaltung teil, die öffentlich abgehalten wurde. Danach wurde ich zu den Sitzungen nicht zugelassen, während ich auf die Bescheinigung wartete, aber diese kam nie. Während der Tagung, die einen Monat dauerte, erholte ich mich auf Kosten der Sponsoren mit meiner Familie in einem angenehmen Hotel mit Swimmingpool in der Nähe und arbeitete an meiner eigenen Forschung. Gleichzeitig hatte ich so die Gelegenheit, meine Verbindungen zum Marine Biology Laboratory zu erneuern.[2]

Weitere Erfahrungen mit dem FBI machte ich in den Jahren 1955 und 1956, als ich zum Lehrkörper der University of Illinois gehörte. Kurz nachdem ich nach Urbana gezogen war, erhielt ich Besuche von FBI-Agenten. Es waren immer zwei: der eine von der lokalen Dienststelle in Chicago, der zweite jedes Mal eine andere Person. Sie befragten mich nach meinen politischen Ansichten und konzentrierten sich dabei mehrmals auf einen Jugoslawienaufenthalt (siehe Kapitel 17) während meiner Postdoc-Zeit in Oxford. Bei einem solchen Besuch sprach der „zweite“ Agent plötzlich in einer Sprache, die ich nicht verstand. Wie sich herausstellte, war es Serbisch, und offenbar wollte er mich hereinlegen. Wonach das FBI im Einzelnen suchte, erfuhr ich nie. Ungefähr nach einem halben Jahr hörten die Besuche auf.

Seit Anfang 2011 beantragte ich beim FBI mehrmals Einblick in meine Akte nach dem Informationsfreiheitsgesetz (*Freedom of Information Act*, FOIA), das Präsident Johnson 1966 unterzeichnet hatte. Ich erhielt aber nur Antworten, die eindeutig darauf abzielten, mich von weiteren Nachfragen abzuhalten. Man teilte mir mit, es gebe eine Akte über mich, aber wiederholte Forderungen, mir die Akte zur Verfügung zu stellen, blieben ohne Antwort. Kurz nach Bekanntgabe des Nobelpreises im Oktober 2013 (siehe Kapitel 21) war ich im Weißen Haus und erwähnte gegenüber John Holdren, dem Wissenschaftsberater von Präsident Obama, dass ich auf meine FOIA-Anfragen keine Antwort erhalten hatte. Nachdem Holdren und seine Behörde sich für mich eingesetzt hatten, erhielt ich im März 2014 die 213 Seiten lange Akte (Abbildung 11.1).

---

[2] Das störende Element in meiner FBI-Akte war das gleiche, das auch meinem Bruder Probleme bereitet hatte: Ich hatte an der Rosenberg-Protestversammlung teilgenommen. Ich finde es erstaunlich, dass die US-Regierung so viel Zeit und Geld dafür verschwendet, die Teilnehmer von solchen Veranstaltungen zu dokumentieren, obwohl doch jeder das Recht haben sollte, daran teilzunehmen, ohne künftig Belästigungen oder Diskriminierung befürchten zu müssen. Was die Tagung in Woods Hole anging, wurde der Bericht darüber wenig später freigegeben und veröffentlicht.

Bis ich die FBI-Akte erhielt, war mir nicht klar, dass ich der Fall Nummer E1031981 mit der Einstufung „subversiv“ war und dass die Akte detailliert die verschiedenen Befragungen an der University of Illinois bis zurück zum Juli 1956 enthielt, als der Bericht angelegt worden war. Man hatte mich bei mehreren Gesprächen in Illinois gebeten, das Formular DD398 auszufüllen, das eine Erklärung über die persönliche Vergangenheit enthält, aber ich hatte es dem Bericht zufolge verweigert. Angeblich hatte ich gesagt, dies sei nicht relevant, und eine Aufzählung/Auflistung von Leumundszeugen würde diesen Menschen nur unnötige Unannehmlichkeiten bereiten. Außerdem hatte ich angeblich gesagt, ich sei gegen den Kommunismus, wie er in Russland praktiziert werde, ich sei aber auch nicht mit der Tätigkeit von Senator McCarthy und dem Ausschuss für unamerikanische Umtriebe in den Vereinigten Staaten einverstanden. Als ich den Bericht der verschiedenen Agenten, die mich in Urbana aufgesucht hatten, noch einmal las, taten sie mir leid. Es ist klar, dass sie nur ihre Aufträge erfüllen wollten, während ich ihnen zu verstehen gab, wie lästig sie mir waren.

Die Akte enthält vor allem die Befragung vieler Personen, die mich kannten und von denen ich einige vergessen hatte; außerdem Informationen über Organisationen, mit denen ich zu tun gehabt hatte. So behauptet die Akte zum Beispiel, „eine besondere Aufklärungsmethode“ habe ergeben, dass ich Mitte der 1950er Jahre in Newton Post vom Central Committee for Conscientous Objectors erhalten hatte, einer Organisation für Kriegsdienstverweigerer, die nach Aussagen des FBI „unwissentlich zuließ, dass sie von Kommunisten benutzt wurde“. Berichtet wird auch über die FBI-Ermittlungen im Zusammenhang mit der bereits erwähnten Anschuldigung, mein Vater habe Sympathien für die Nazis gehabt (siehe Kapitel 4). Die Akte war mir in mehrfacher Hinsicht als Teil meiner Autobiografie nützlich, denn sie enthielt positive Aussagen von Freunden, Kollegen, Mentoren und sogar Vermieterinnen über mich.

Mehr als hundert Personen hatten insgesamt Kontakt mit mehr als zwanzig verschiedenen Agenten. Die Akte bezeichnet jede befragte Person als „Quelle“. Typisch sind einige Sätze aus der Befragung von Verner Schomaker, der während meiner Doktorandenzeit Professor am Caltech war (siehe Kapitel 7). „Seit 1952 traf die Quelle durchschnittlich einmal im Monat bei Tanzveranstaltungen und Partys, die von ihm und seinen Mitbewohnern organisiert wurden, mit der ZIELPERSON [Großschreibung im Original] zusammen.“ „Quelle fügte hinzu, Karplus sei auf dem Gebiet der physikalischen Chemie einer der besten Studenten, die in den letzten zehn Jahren am Caltech promoviert haben.“ „Er fügte hinzu, Karplus sei vollkommen ehrlich, zuverlässig, von großer Integrität, und er habe keinen Grund, an der Loyalität der ZIELPERSON gegenüber den Vereinigten Staaten zu zweifeln." Der FBI-Bericht schließt mit einer Liste von Personen, welche die ZIELPERSON kannten und nacheinander befragt wurden. Ebenso gab es eine „NACHBARSCHAFTS-ÜBERPRÜFUNG" bei Personen, die in der Nähe meines Elternhauses 259 Otis Street in Newton, Massachusetts wohnten. Ihre Kommentare standen im Allgemeinem im Gegensatz zu denen meiner Wissenschaftlerkollegen. „Die Eltern der ZIELPERSON haben sich nie an nachbarschaftlichen gesellschaftlichen Aktivitäten beteiligt, möglicherweise weil sie jüdischer Herkunft sind." „Ein Gerücht über die Familie, das möglicherweise Auswirkungen auf die Schwierigkeiten des Vaters der ZIELPERSON mit den Einwanderungsbehörden hatte, lautete, er sei angeblich ein Flüchtling aus Österreich, sei aber mit 9000 Dollar ins Land gekommen und nahezu unmittelbar in der Lage gewesen, ein hübsches Haus in einem teuren Stadtviertel zu kaufen."

Von besonderem Interesse für meine Ermittler war die Tatsache, dass ich meinen Doktor bei Linus Pauling gemacht hatte. Ihm waren zwölf Seiten meiner FBI-Akte gewidmet. Die Akte enthielt eine Liste von rund zweihundert Organisationen, bei denen die Mitgliedschaft nach einer Anordnung des Generalstaatsanwalts (*Executive Order 10450*, Dezember 1950) ein Verdachtsmoment war. Beispiele, die Pauling betrafen, waren seine Mitgliedschaft im „Emergency Committee of Atomic Scientists" und der Vorsitz beim „West Committee to Welcome the (Red) Dean of Canterbury". Auch meine Mitgliedschaft in der Amerikanischen Bürgerrechtsunion (*American Civil Liberties Union*, ACLU) galt als bedenklich und wurde auf drei Seiten beschrieben. In der Akte heißt es: „Die ACLU stand der Regierung der Sowjetunion von ihrer Gründung 1920 bis 1940 wohlwollend gegenüber und war offensichtlich blind für die Ziele der KP in den Vereinigten Staaten." An der ACLU wurde vor allem kritisiert, dass sie ihre Mittel zum größten Teil für die Verteidigung von Kommunisten und linksgerichteten Anliegen verwendete. Sie war aber nicht in der zuvor erwähnten Liste subversiver Organisationen aufgeführt.

Die Ermittlungen endeten 1962, ohne dass die Akte irgendeine Schlussfolgerung über mich aufgeführt hätte. Die einzige Aussage lautete: „Die Akte ist so lang, dass nur drei Kopien angefertigt werden." Auf der ersten Seite der Akte steht in Großbuchstaben: „NICHT ZERSTÖREN HISTORISCHER WERT NATIONALARCHIV." Das veranlasst mich zu der Frage, ob sich irgendwann einmal irgendein anderer dafür interessieren wird.

KAPITEL 12

Rückkehr nach Harvard und zur Biologie

Im Jahr 1965 war es wieder einmal Zeit für einen Ortswechsel. Die Columbia University und New York waren reizvolle Orte zum Leben und Arbeiten, aber nach meinem Eindruck würden sich neue Kollegen in einem anderen Umfeld förderlich auf die Produktivität meiner Forschung auswirken. Diese Idee hatte ich in einen „Plan“ eingebaut: Ich wollte alle fünf Jahre die Hochschule und damit auch mein Hauptforschungsgebiet wechseln. Für mich war es spannender, an etwas Neuem zu arbeiten und dabei viel zu lernen. Wenn ich diesen Plan verfolgte, würde ich geistig jung bleiben und auf neue Ideen kommen, und das nicht zuletzt deshalb, weil ich nicht durch Kenntnis der gesamten Fachliteratur des Gebietes vorbelastet war. Und da ich mich im Allgemeinen zu Forschungsarbeiten auf Gebieten entschloss, auf denen meine neuen Kolleginnen und Kollegen experimentell arbeiteten, war der Wechsel des Fachgebietes meist auch für die Institution ein Gewinn.

Als es sich herumsprach, dass ich daran dachte, die Columbia University zu verlassen, erhielt ich von zahlreichen Hochschulen Angebote. Ich hatte die Qual der Wahl. Schließlich engte ich meine Entscheidung auf die University of California in Berkeley oder Harvard ein, und dann entschloss ich mich, beide Einrichtungen während meines Sabbatjahres 1965/66 jeweils für ein Semester zu besuchen. Bevor ich abreiste, sorgte ich dafür, dass die Columbia University mich nach dem Sabbatjahr nicht länger als für ein Jahr festhalten konnte; ein Jahr war oft die Bedingung, damit das Sabbatjahr genehmigt wurde. Der Aufenthalt an beiden Hochschulen machte mir großen Spaß; die Gespräche mit den Kollegen waren anregend, und mich zwischen beiden zu entscheiden, fiel mir sehr schwer. An der University of California in Berkeley gefiel mir vor allem der Austausch mit Bob Harris, einem begabten Theoretiker, der zehn Jahre zuvor noch als *undergraduate* an der University of Illinois mein erster Forschungsstudent gewesen war. Wir unterhielten uns viele Stunden über Wissenschaft und Politik. Es war die Zeit der Protestbewegung gegen den Vietnamkrieg, und ich machte bei

12.1. Demonstration gegen den Vietnamkrieg

den Demonstrationen in Berkeley, einem Zentrum der Bewegung, mehrmals Bekanntschaft mit Polizeigewalt, insbesondere aber im benachbarten Oakland, wo es im Gegensatz zu Berkeley starke Unterstützung für den Vietnamkrieg gab.[1]

Dass ich mich letztlich für Harvard entschied, lag an verschiedenen – bewussten und unbewussten – Faktoren. Beeinflusst wurde ich dadurch, dass ich als Studienanfänger an der Universität so gute Erfahrungen gemacht hatte. Ironischerweise schienen mir in Berkeley das Umfeld und das Wetter einfach zu schön und die Ablenkungen von der Arbeit zu groß, was man auch an den Aktivitäten mancher Chemiedozenten damals dort ablesen konnte. Ein Mitglied des Lehrkörpers verbrachte offensichtlich mehr Zeit auf seiner Ranch als bei der Forschung.

Ich trat dem Lehrkörper der Harvard University 1966 als Professor bei, und 1979 erhielt ich den Titel „Theodore William Richards Professor". Solche Posten bedeuteten damals in Harvard zwar sehr wenig, außer dass die Mittel für das eigene Gehalt aus einem besonderen Etat stammten, dennoch freute ich mich sehr darüber, dass mir gerade dieser Titel verliehen wurde. Erstens war sein vorheriger Inhaber E. Bright Wilson gewesen, der nicht

[1] *Eine Demonstration, an der ich teilnahm, führte durch Oakland. Ich fotografierte, wie die Polizei demonstrierende Studierende mit Gummiknüppeln schlug. Da ich eine Methode benutzte, die in Kapitel 17 genauer beschrieben wird, merkten die Polizisten nicht, dass ich sie fotografierte, und ließen mich in Ruhe. Die Bilder schickte ich an die Oakland Tribune, aber sie wurden nicht veröffentlicht. Leider hatte ich keine Kopien angefertigt, einige Dias von den Demonstrierenden besitze ich aber noch (Abbildung 12.1).*

nur wegen seiner wissenschaftlichen Leistungen höchstes Ansehen genoss, sondern auch wegen seines menschlichen Umganges mit den Studierenden und insbesondere wegen seiner hohen Maßstäbe an die intellektuelle Aufrichtigkeit. Und zweitens war dieser Lehrstuhl in der Chemie der einzige, der nach einem Wissenschaftler und nicht nach dem Stifter der Mittel benannt worden war.[2]

Während meiner Zeit an der University of Illinois hatte sich die Gelegenheit ergeben, als Juniorprofessor an die Harvard-Universität zu gehen, aber ich entschied mich vor allem deshalb für Columbia, weil ich den Eindruck hatte, dass die Frage, ob man mich auf eine unbefristete Stelle befördern würde, für mich eine zu große Belastung darstellte. Damals erhielten viele Juniormitglieder des Lehrkörpers keine festen Stellen, oder sie verstanden den „Wink mit dem Zaunpfahl“ und gingen, bevor eine Entscheidung über eine unbefristete Stelle getroffen war. Auch mein Bruder Bob war von 1950 bis 1954 als *assistant professor* (entspricht etwa dem Juniorprofessor, A. d. Ü.) am physikalischen Institut in Harvard gewesen und dann als *associate professor* (bedeutet eine – in der Regel unbefristete – Anstellung als Professor, danach ist noch eine volle Professur möglich, A. d. Ü.) mit fester Stelle an die University of California in Berkeley gegangen. Dass man keine unbefristeten Stellen vergab, wurde damit begründet, dass die Fakultät stets die Besten des Fachgebietes finden wollte, und dafür spielte die Tatsache, dass man bereits in Harvard arbeitete, nur eine geringe Rolle. Ein wichtiges Kriterium für die Beförderung auf eine feste Stelle war, dass man einen Artikel veröffentlicht hatte, der voraussichtlich mindestens während der nächsten zehn Jahre von Bedeutung sein würde. Dieses Kriterium erfüllten sowohl meine Arbeiten zur NMR, die zur „Karplus-Gleichung“ geführt hatten, als auch die Berechnungen der quasiklassischen Trajektorien in der $H + H_2$-Reaktion. Vermutlich spielten sie auch eine Rolle, als ich 1965 schließlich wieder als Professor an die Harvard-Universität berufen wurde.

An der Harvard-Universität setzte ich Forschungsarbeiten in einigen Gebieten fort, die ich bereits in Illinois und an der Columbia University entwickelt hatte, so die Untersuchung der Hyperfeinaufspaltung in der ESR [Purins und Karplus, 1969] und die Anwendung der Berechnung quasiklassischer Trajektorien bei der Untersuchung von Reaktionen [Godfrey und Karplus, 1968]. Ausgehend von Trajektorienrechnungen machten Keiji

---

[2] *T. W. Richards war der erste amerikanische Wissenschaftler gewesen, der einen Nobelpreis in Chemie erhalten hatte. Er wurde 1914 für die präzise Messung der Atomgewichte zahlreicher Elemente ausgezeichnet. Der T. W. Richards-Lehrstuhl wurde 1925 von Thomas Lamont gestiftet, der damit den Freund seines Bruders ehren wollte. Damit verbunden war eine Summe von 100.000 Dollar. Heute erfordert die Stiftung eines Lehrstuhls mindestens 5 Millionen Dollar [W. Bentinck-Smith und E. Stouffer, 1991].*

Morokuma, B. C. Eu und ich uns an eine Untersuchung der Beziehung zwischen Reaktionsquerschnitten und der Theorie der Übergangszustände, um dieses in der Chemie häufig verwendete Modell zu überprüfen [Morokuma, Eu und Karplus, 1969; Morokuma und Karplus, 1971]. Darüber hinaus interessierte ich mich für die Anwendung der Vielteilchentheorie auf die Elektronenstruktur von Atomen und Molekülen [Caves und Karplus, 1969; Freeman und Karplus, 1976] als Erweiterung der in der Physik entwickelten Methoden, unter anderem weil ich besser verstehen wollte, was zu dieser Entwicklung beigetragen hatte. Wenn ich eine neue Idee oder Methode kennenlerne, ist es nach meiner Überzeugung sehr hilfreich, sie auf eine bestimmte Fragestellung anzuwenden, selbst wenn meine Ergebnisse in dieser Hinsicht nicht besonders bedeutsam sind.

In Harvard wurde mir eines schon nach kurzer Zeit klar: Wenn ich irgendwann einmal mein langjähriges Interesse an Biologie weiterverfolgen wollte, musste ich den Bruch mit meinem bisher erfolgreichen und sehr umtriebigen Forschungsprogramm in der theoretischen Chemie vollziehen. Außerdem verstand ich nach meinem eigenen Eindruck mittlerweile etwas von Magnetresonanz und grundlegenden chemischen Reaktionen, und so fand ich es nicht mehr spannend, möglicherweise in diesen Bereichen noch Neues zu lernen. Die ersten qualitativen Erkenntnisse zu neuen Fragestellungen, die man mit relativ einfachen Ansätzen gewinnen kann, sind oft die lohnendsten. Damit soll nicht gesagt werden, dass das Gebiet der chemischen Reaktionen in der Gasphase nicht weiterhin florierte. Es ist bis heute am Leben, und man klärt immer feinere Details der reaktiven Kollisionen auf. So machte es mir beispielsweise große Freude, 1982 am Fritz-Haber-Institut in Berlin an einer Tagung über die Dynamik von Elementarreaktionen teilzunehmen. Mein Vortrag beschäftigte sich allerdings mit der Dynamik von Proteinen [Karplus, 1982]. Bei der Tagung wurde mir aber auch klar, dass andere Personen mit ganz anderem Fachwissen als meinem mehr zu der hochentwickelten Methodik, die in diesen Bereichen mittlerweile erforderlich war, beitragen konnten.

Im Jahr 1969 entschloss ich mich zu einem sechsmonatigen Auslandsaufenthalt und wählte dafür das Weizmann Institute, unter anderem weil es eine hervorragende Bibliothek besaß. Außerdem kannte ich die Arbeiten von Shneior Lifson über Polymertheorie und seinen Ruf als aufgeschlossener Wissenschaftler und hervorragender Geschichtenerzähler. Also schrieb ich an Lifson und erkundigte mich, ob ich für ein Semester kommen könne; daraufhin lud er mich ein, mich seiner Arbeitsgruppe anzuschließen. Das Sabbatsemester verschaffte mir nicht nur die Möglichkeit, die Korrekturfahnen für *Atoms and Molecules* (siehe Kapitel 10) durchzusehen, ich fand auch die Zeit, mich in eine Reihe von Fachgebieten einzulesen und einzudenken, auf denen ich, so meine Hoffnung, konstruktive Forschung leisten konnte, indem ich meine Kenntnisse in theoretischer Chemie auf die Biologie anwandte. Bei diesen Sondierungen waren die Gespräche mit Lifson und vielen Gastwissenschaftlern in seiner Gruppe sehr hilfreich.

Ein entscheidendes Element für die Auswahl meiner ersten biologischen Fragestellung ergab sich allerdings zufällig: die Veröffentlichung von *Structural Chemistry and Molecular Biology,* eine Artikelsammlung in einem Buch, das Linus Pauling zu seinem 65. Geburtstag gewidmet war. Mein Beitrag bestand in einem Aufsatz mit dem Titel „Structural Implications of Reaction Kinetics" („Auswirkungen der Reaktionskinetik auf die Struktur"), in dem ich einen Überblick über die Arbeiten gab, die ich bereits im Zusammenhang mit Paulings Ansicht, eine Kenntnis der Struktur sei Grundlage für das Verständnis von Reaktionen, geschildert habe [Karplus, 1968]. Ich erwähne das Buch aber nicht wegen meines Aufsatzes, sondern wegen eines Artikels von Ruth Hubbard und George Wald mit dem Titel „Pauling and Carotenoid Stereochemistry" („Pauling und die Stereochemie der Carotinoide"). Darin gaben sie einen Überblick über Paulings Beiträge zum Verständnis der Polyene unter besonderer Berücksichtigung des Sehpigments Retinal. Einen Absatz aus dem Artikel möchte ich hier wiedergeben, denn er beschreibt einen Aspekt von Paulings wissenschaftlichem Ansatz, der mich stark beeinflusste:

> *Es gehört zu den bewundernswerten Seiten von Linus Paulings Gedanken, dass er sie fast immer bis auf die Ebene der Zahlen weiterverfolgt. Deshalb besteht in der Regel kein Zweifel daran, was er im Einzelnen meint. Manchmal sind seine ursprünglichen Gedanken nur vorläufiger Natur, weil die Daten noch nicht hinreichend sind, und dann erfordern sie später eine gewisse Ausarbeitung oder Revision. Aber häufig ist er es, der die erste Formulierung verfeinert.*

Mir wurde durch den Artikel über das Retinal klar, dass die Theorie der Elektronenabsorption im Retinal und die mit der Anregung verbundenen geometrischen Veränderungen, die für das Sehen eine entscheidende Rolle spielen, seit meinen Gesprächen mit Hubbard und Wald während meiner ersten Studienjahre nicht nennenswert vorangekommen war. Unter anderem aus meiner Zeit mit Coulson (bei dem ich in Oxford wirklich allerhand gelernt hatte!) war mir klar, dass sich Polyene wie das Retinal ideal für Un-

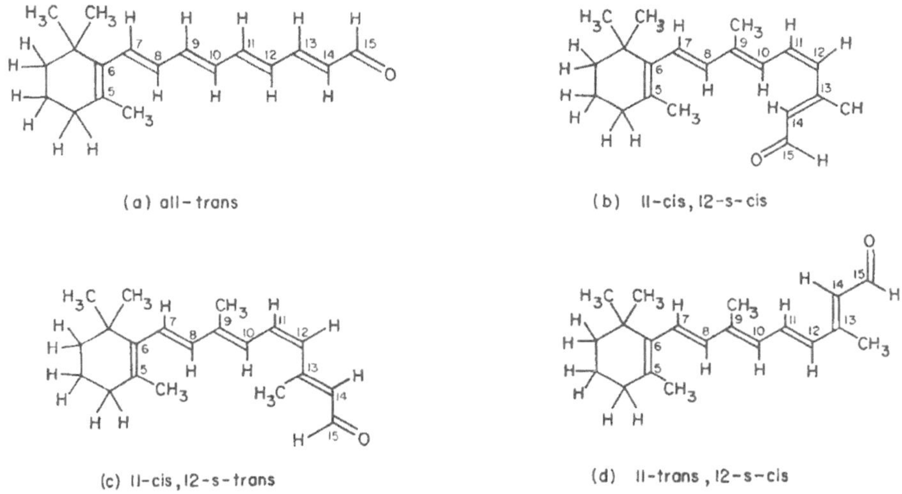

12.2. Die verschiedenen Formen des Retinals, die in die Berechnungen einbezogen wurden

tersuchungen mit den verfügbaren semi-empirischen Methoden eigneten. Wenn man überhaupt ein biologisch interessantes Molekül, in dem Quanteneffekte wichtig sind, zu jener Zeit angemessen studieren konnte, war es das Retinal. Zu jener Zeit kam Barry Honig in meine Arbeitsgruppe, der seinen Doktor in theoretischer Chemie bei Joshua Jortner gemacht hatte. Man wusste, dass das 11-cis-Retinal – das Chromophor, welches das Lichtquant aufnimmt – nicht eben ist. Es ist an der C_{12}-C_{13}-Einfachbindung geknickt, und man nahm an, dass dies für die Photoisomerisierungsreaktion (die Doppelbindung zwischen C_{11} und C_{12} geht von der cis- in die trans-Konfiguration über) das Sehsignal entstehen lässt. Die dreidimensionale Struktur des Retinals war aber nicht aufgeklärt, und insbesondere wusste man nicht, ob der Knick zu einer 12-s-cis- oder zu einer 12-s-trans-Konfiguration führt (Abbildung 12.2).

Barry Honig führte seine Berechnungen mit einem Hückel Ein-Elektronen-Hamiltonoperator für das π-Elektronensystem und einer paarweise nichtbindenden Energiefunktion für das σ-gebundene Molekülgerüst durch [Honig und Karplus, 1971]. Die Theorie sagte voraus, dass es sich um eine 12-s-cis-Struktur handelte. Vielleicht noch wichtiger als das theoretische Ergebnis selbst ist aber, dass ein Teil des Systems (nämlich das σ-gebundene Molekülgerüst) in diesem Artikel zum ersten Mal mit einem klassisch-mechanischen Modell und die π-Elektronen, an denen die Interaktion mit dem Licht stattfindet, quantenmechanisch behandelt wurden, wenn auch mit einem stark vereinfachten Modell. Diese Form der Behandlung war für das Nobelkomitee der Grund, mir, zusammen mit Michael Levitt und Arieh Warshel, 2013 den Nobelpreis zu verleihen; in der Begründung für den Preis heißt es: „für die Entwicklung von mehrskaligen Modellen für komplexe chemische Systeme".

Honig und ich waren überzeugt, dass sich unsere Erkenntnisse über die Struktur des 11-cis-Retinals und ihre Folgerungen für die Anregung beim Sehvorgang für eine Veröffentlichung in *Nature* eigneten. Wir reichten den Artikel ein; er wurde ausgezeichnet begutachtet und dennoch abgelehnt. In dem Ablehnungsbrief hieß es, da unsere Befunde nicht durch experimentelle Belege gestützt würden, lasse sich nicht verifizieren, dass die Schlussfolgerungen richtig seien. Das war meine erste Erfahrung mit *Nature* und mit den Schwierigkeiten, theoretische Befunde im Zusammenhang mit biologischen Fragestellungen zu veröffentlichen, insbesondere in „hochkarätigen" Fachzeitschriften wie *Nature* und *Cell*. Wenn die Theorie mit den Experimenten übereinstimmt, ist sie nicht sonderlich interessant, weil man das Ergebnis bereits kennt. Macht man aber eine Voraussage, ist sie nur schwer zu veröffentlichen, weil sie auch falsch sein könnte. Zusammengefasst werden verschiedene Aspekte dieser Veröffentlichungsproblematik in einem Aufsatz, den ich zusammen mit Richard Lavery im *Israel Journal of Chemistry* anlässlich der Verleihung des Nobelpreises von 2013 publiziert habe [Karplus und Lavery, 2014].[3] In meiner Verärgerung über die Ablehnung rief ich John Maddox an, den Chefredakteur von *Nature*, und erklärte ihm die Situation. Offensichtlich hatte ich Erfolg, denn nun wurde der Artikel angenommen. Später wurde unsere Vorhersage durch eine Kristallstrukturanalyse bestätigt [Gilardi et al., 1971]. In einem Übersichtsartikel über Untersuchungen der Sehpigmente [Honig, Warshel und Karplus, 1975] schrieb ich: „Theoretische Chemiker gebrauchen das Wort ‚Vorhersage' oft in einem sehr lockeren Sinn und meinen damit jede Berechnung, die mit einem Experiment übereinstimmt, selbst wenn letzteres früher angestellt wurde als die Berechnung."

Die Untersuchungen am Retinal führten dazu, dass Studien zu den Eigenschaften des Retinals und anderer Polyene in meiner Arbeitsgruppe weiter vorangetrieben wurden. Zusätzlich gefördert wurden sie durch

[3] *Zumindest bei einer der am höchsten angesehenen Fachzeitschriften, nämlich Cell, hatte ich Glück: Die Redakteurin Emilie Marcus wollte einen von mir eingereichten Artikel veröffentlichen. Anfangs konnte sie sich nicht vorstellen, dass Cell einen theoretischen Aufsatz drucken würde, denn bis dahin hatte man ausschließlich Berichte über Experimente publiziert. Schließlich kam sie auf die Idee, eine neue Rubrik namens „Theory" einzuführen und ihn dort abzudrucken [Gao, Yang und Karplus, 2004]. Heute ist die Theorierubrik ständiger Bestandteil der Zeitschrift, und dort erscheinen regelmäßig Artikel.*

Bryan Kohler und Bryan Sykes, zwei Juniorprofessoren, die eine Stelle am chemischen Institut erhalten hatten, und deren experimentelle Arbeiten eine Herausforderung für die Theorie darstellten. Sie gehörten zu einer Gruppe junger Mitglieder des Lehrkörpers, die auch William Reinhardt und Roy Gordon umfasste, außerdem Bill Miller, einen Junior Fellow, sie alle machten die Atmosphäre am Institut zu jener Zeit besonders anregend. Unsere Arbeitszimmer lagen an einem schmalen Korridor im Erdgeschoss des Converse Laboratory, wobei mein Arbeitszimmer sich am einen Ende und das von Roy Gordon am anderen befand. Meine täglichen Wege auf diesem Korridor verschafften mir viele Gelegenheiten für wissenschaftliche Diskussionen. Ein Gemeinschaftsprojekt mit Sykes führte zu einem der ersten Fälle, in denen die Konformationen eines Biomoleküls (in diesem Fall des Retinals) mit Hilfe der vicinalen Spin-Spin-Kopplungskonstanten und des Kern-Overhauser-Effekts in der NMR aufgeklärt wurde [Honig et al., 1971]. In wesentlich höher entwickelter Form ist das Verfahren die Grundlage dafür, wie heute NMR zur Aufklärung von Proteinstrukturen verwendet wird, eine Methode, für die Wagner und Wüthrich Pionierarbeit leisteten. Kohler und sein Student Bruce Hudson beschäftigten sich mit hochauflösenden Spektraluntersuchungen an Polyenen wie dem Hexatrien. Sie hatten eine sehr schwache Absorption beobachtet, deren Energie geringer war als der stark absorbierende Übergangszustand, der die Entsprechung zu dem Zustand bei der Isomerisierung von Retinal darstellt. Man vermutete, es könne einen „verbotenen" Übergang geben, der durch die einfachen (auf einzelner Anregung beruhenden) Modelle der Polyenspektren, wie Honig sie in unseren Untersuchungen am Retinal verwendet hatte, nicht vorhergesagt werde. Der damalige Doktorand Klaus Schulten, der bei Roy Gordon und mir arbeitete, führte in die Parisar-Parr-Pople(PPP)-Näherung für π-Elektronensysteme eine doppelte Anregung ein und fand bei Hexatrien und Octatetraen den niedrig liegenden (verbotenen) Zustand [Schulten und Karplus, 1972]. Es folgte eine ganze Reihe ähnlicher Studien. Arieh Warshel hatte sich meiner Arbeitsgruppe in Harvard angeschlossen, nachdem wir uns am Weizmann Institute, wo er Doktorand bei Lifson gewesen war, kennengelernt hatten. Er erweiterte das Modell für die Polyene durch Einführung eines quantenmechanischen Hamiltonoperators, der die PPP-Methode für die π-Elektronen verfeinerte, und das σ-gebundene Gerüst behandelte er mit einem verfeinerten molekularmechanischen Ansatz, der mit einem großen Satz experimenteller Daten parametrisiert worden war [Warshel und Karplus, 1974]. Die Methode war wie das einfachere, von Honig verwendete Modell eine frühe Form des quantenmechanisch/molekularmechani-

12.3. Das Prince House

schen (QM/MM) Ansatzes, der später häufig für das Studium enzymatischer Reaktionen verwendet wurde [Field, Bash und Karplus, 1990]. Damals berechneten wir mit der Methode die Schwingungsspektren des Retinals und ähnlicher Moleküle [Warshel und Karplus, 1974]. Später begannen wir ein gemeinsames Projekt mit Veronica Vaida, einem Mitglied des Kollegiums, und ihrem Doktoranden Russ Hemley. Er erweiterte die von uns entwickelte Methode auf angeregte Zustände von Molekülen wie das Styrol [Hemley et al., 1985], das Vaida und ihre Studierenden experimentell untersuchten.

In den 1970er Jahren verlegte ich mein Büro und die Räumlichkeiten meiner Arbeitsgruppe vom Converse ins Mallinckrodt Laboratory. Dort hatte man den großen Hörsaal so umgebaut, dass ein dreistöckiges Gebäude entstanden war, in dem nun das Institut für Physikalische Chemie und die theoretischen Fachgebiete untergebracht werden konnten. Der renovierte Bereich war unter dem Namen „New Prince House" bekannt; das Prince House war ein altes Haus in Cambridge in der Nähe des Chemischen Instituts, und dort hatten die theoretischen Chemiker einige Jahre lang ihre Büros gehabt (Abbildung 12.3).

Das neue Gebäude förderte den Kontakt zwischen allen, die dort arbeiteten: den leitenden und jüngeren Angehörigen des Lehrkörpers, deren Büros in der oberen und mittleren Ebene lagen, und den Postdocs und

Doktoranden der theoretischen Fachgebiete, deren Arbeitszimmer sich in den unteren Gefilden des dreistöckigen Komplexes befanden. Der mit einer Espressomaschine ausgestattete Aufenthaltsbereich erwies sich als ideales Umfeld für anregende Diskussionen. Von den vielen Gesprächen, die ich in den zwanzig Jahren der Existenz dieses Gebäudekomplexes führte, erwiesen sich keine anderen als so fruchtbar wie die Unterhaltungen mit Chris Dobson, der von 1978 bis 1980 Juniormitglied des Lehrkörpers des Instituts war, bevor er nach Oxford zurückkehrte. Unsere Zusammenarbeit setzte sich auch fort, nachdem er nach Oxford gegangen und später nach Cambridge umgezogen war.

Eine biologische Fragestellung, die sich für eine grundsätzlichere Untersuchung anzubieten schien, war die Kooperativität des Hämoglobins, das Modellsystem für allosterische Steuerung in der Biologie. Das phänomenologische Modell von Monod, Wyman und Changeux [Monod, Wyman und Changeux, 1965] hatte bereits viele Erkenntnisse geliefert, es unternahm aber nicht den Versuch, Aussagen über die detaillierte Struktur des Moleküls zu machen. Ich hatte mich bereits zusammen mit Robert Shulman, der damals an den Bell Laboratories arbeitete, mit Hämoglobin beschäftigt: Er hatte die paramagnetischen NMR-Verschiebungen der Protonen im Häm gemessen, und wir hatten auf der Grundlage der Elektronenstruktur des Häms eine Interpretation entwickelt [Shulman, Glarum und Karplus, 1971]. Im Jahr 1971 hatte Max Perutz gerade die Röntgenstrukturanalyse des Desoxyhämoglobins abgeschlossen und damit seine früheren Befunde zum Oxyhämoglobin (eigentlich Methämoglobin) ergänzt [Perutz, 1971]. Durch Vergleich der beiden Strukturen konnte er einen qualitativen molekularen Mechanismus für den kooperativen Effekt formulieren. Alex Rich, der damals Professor am Massachusetts Institute of Technology war, lud Perutz zu zwei Vorlesungen über die Ergebnisse der Röntgenstrukturanalysen und seinen Hämoglobinmechanismus ein. Nach dem zweiten Vortrag schlug Alex vor, ich solle in sein Büro kommen und Perutz kennenlernen. Er saß in Alex' Arbeitszimmer auf der Couch und aß, wie es seine Gewohnheit war, eine Banane. (Er hatte Magenprobleme, die für seine Ernährung eine erhebliche Einschränkung bedeuteten). Ich fragte Perutz, ob er versucht habe, auf der Grundlage seiner Strukturanalysen einen quantitativen thermodynamischen Mechanismus zu formulieren. Er verneinte und schien von der Vorstellung höchst angetan zu sein, allerdings war ich nicht ganz sicher, ob er verstanden hatte, was ich meinte. Bei Pauling hatte ich gelernt, dass man eigene Befunde nicht überprüfen kann, solange man eine Idee nicht in quantitativen Begriffen ausgedrückt hat, und so fragte ich mich nach dem

Gespräch, wie ich am besten weiter vorgehen sollte. Kurz zuvor war Attila Szabo als Doktorand in meine Arbeitsgruppe gekommen, und die Untersuchung des Hämoglobinmechanismus schien mir eine ideale Fragestellung für seine theoretischen Fähigkeiten zu sein. Grundsätzlich hatte Perutz – in Übereinstimmung mit den Ideen von Monod, Wyman und Changeux – den Gedanken geäußert, dass das Hämoglobinmolekül zwei Quartärstrukturen namens R und T besitzt, dass es in jeder Untereinheit zwei Tertiärstrukturen mit gebundenem oder nicht gebundenem Liganden gibt, und dass die Kopplung zwischen beiden über bestimmte Salzbrücken erfolgt, deren Existenz sowohl von der Tertiär- als auch von der Quartärstruktur des Moleküls abhängt. Außerdem sind manche Salzbrücken auch vom pH abhängig, und das lässt den Bohr-Effekt auf die Sauerstoffaffinität der Untereinheiten entstehen. Alle diese Ideen flossen in das von Szabo und mir entwickelte statistisch-mechanische Modell ein [Szabo und Karplus, 1972]. Es ergab sich unmittelbar aus der Formulierung, dass der Kooperativitätsparameter n (d. h., der Hill-Koeffizient) mit dem pH schwankt. Das widersprach den damaligen Lehrmeinungen über das Hämoglobin und führte dazu, dass einige experimentell arbeitende Wissenschaftler unser Modell anfangs nicht zur Kenntnis nahmen; später wurden unsere Schlussfolgerungen aber durch sorgfältige Messungen der pH-Abhängigkeit bestätigt.

Als wir mit der Arbeit an unserem Modell begannen, erörterte ich unsere Vorgehensweise mit John Edsall und Guido Guidotti, zwei Biologieprofessoren der Harvard University. Edsall war bekannt für sein umfassendes Wissen über die Thermodynamik von Proteinen, und Guidotti war ein Experte für Hämoglobin. Es gab in dem Modell eine ganze Reihe von Parametern, und deren Werte hatten wir auf der Grundlage physikalischer Argumente gewählt. Da es sich bei den Werten der Parameter um Schätzungen handelte, standen die Ergebnisse des Modells nur in ungefährer Übereinstimmung mit den Experimenten. Guidotti warnte mich: Solche Befunde würden in der Gemeinde der Hämoglobinforscher im Besonderen und unter Biologen im Allgemeinen keine Anerkennung finden. Also kehrten wir die Beschreibung unseres Modells um. Wir legten die Parameter aufgrund experimenteller Daten fest, sodass sich eine hervorragende Übereinstimmung mit den Experimenten ergab, und dann rechtfertigten wir die Werte der Parameter mit den von uns entwickelten physikalischen Argumenten. Während wir unsere Ideen formulierten, erkundigten wir uns häufig bei Guidotti, welchen Experimenten man trauen könne, denn die beinahe unermessliche Fachliteratur über Hämoglobin enthielt Datenbestände, die einander widersprachen.

KAPITEL 13

Umzug nach Paris

Der Aufsatz über die Untersuchungen am Hämoglobin wurde in Paris geschrieben, und zwar zu großen Teilen im Café Les Deux Magots am linken Seineufer, einem berühmten Treffpunkt für Schriftsteller und Philosophen wie Jean-Paul Sartre. Ich genoss 1972/73 ein Freisemester und arbeitete offiziell an der Université de Paris XI in Orsay, einer Vorstadt von Paris. Dort war ich der Arbeitsgruppe von Jeannine Yon-Khan zugeordnet, die mit ihren experimentellen Untersuchungen zur Dynamik von Proteinen Pionierarbeit geleistet hatte. Ich wohnte aber (zu jener Zeit mit meiner Frau Susan und unseren beiden Töchtern Reba und Tammy) im 5. Arrondissement mitten in Paris. Da die Fahrt nach Orsay mit der Regionalbahnlinie Réseau Express Regional (RER) ungefähr 45 Minuten dauerte, hielt ich mich während eines großen Teils meiner Zeit am Institut de Biologie Physico-Chimique in der Rue Paul et Marie Curie im 5. Arrondissement auf. Nachdem ich festgestellt hatte, was für ein großartiger Wohnort Paris für Freisemester war, zog ich die Möglichkeit in Betracht, auf Dauer dorthin zu ziehen. Ich war die üblichen fünf Jahre in Harvard gewesen, und die Idee, nach Europa zurückzukehren und dort zu leben, war reizvoll. Angesichts der Erinnerungen an meine Flucht aus Österreich und die nazistisch angehauchten Parteien, die dort immer noch großes Gewicht hatten, verspürte ich keine Neigung, in das Land meiner Geburt zurückzukehren.[1] Frankreich bot viele attraktive Facetten des Lebens und der Kultur Europas, und ich war überzeugt, dass ich anspruchsvolle Forschung in der theoretischen Chemie und ihren biologischen Anwendungen in Europa ebenso gut betreiben konnte wie in Harvard. Nach den Studentenunruhen von 1968 hatte man die riesige Université de Paris mit ihren über 300.000 Studierenden in ein Dutzend Campusse aufgeteilt. Mit echt französischer Sorgfalt hatte man sie als Paris I, Paris II und

[1] *Der deutsche Bundeskanzler Willy Brandt bat in den 1970er Jahren um Verzeihung für die Gräueltaten der Nazis, aber erst Anfang der 1990er Jahre erkannte auch die österreichische Regierung offiziell an, dass sie kein Opfer der Deutschen war, und übernahm Verantwortung für die Taten der Nazis.*

so weiter bezeichnet, heute tragen sie allerdings zusätzlich zu den Zahlen auch eigene Namen.

Orsay (Paris XI), wo ich mein Sabbatsemester verbrachte, war einer der drei naturwissenschaftlichen Campusse und mit Sicherheit der beste. Wenn ich allerdings nach Frankreich ziehen würde, wollte ich in Paris selbst wohnen. Deshalb konzentrierte ich mich auf die beiden anderen naturwissenschaftlichen Universitäten (Paris VI und Paris VII), die miteinander verbunden waren und im 5. Arrondissement auf dem Jussieu-Campus lagen, einem hässlichen modernen Gebäudekomplex. Ein rettendes Element war allerdings ihre zentrale Lage in einer Gegend, in der sich vor dem Zweiten Weltkrieg die Halles aux Vins befunden hatten. Diese waren 1944 durch Bomben teilweise zerstört worden. Die benachbarten Straßen waren aber immer noch mit guten, preisgünstigen Restaurants gesäumt, die aus der Zeit davor stammten und jetzt mit der Kundschaft aus Lehrenden und Studierenden gute Geschäfte machten.

In den Gesprächen mit meinen europäischen Kollegen, die mich zum Umzug nach Frankreich ermutigt hatten, zeigte sich allerdings ein schwerwiegendes Hindernis. Ich hatte in Harvard als Professor eine Stelle auf Lebenszeit, und wie nicht besonders betont zu werden braucht, wollte ich nur dann umziehen, wenn man mir auch in Paris eine unbefristete Position anbot. Französische Universitätsprofessoren sind aber Beamte, und Beamter kann man nur als französischer Staatsbürger werden. Zu jener Zeit gab es keine Möglichkeit, die französische Staatsbürgerschaft zu erwerben, ohne damit die amerikanische zu verlieren. (Heute ist es möglich, und unser Sohn Mischa besitzt die doppelte Staatsbürgerschaft.) Wer aber in Frankreich politischen Einfluss hat, kann einiges erreichen. Jacques-Emile DuBois, ein Chemieprofessor an der Universität Paris VII, hatte Beziehungen zum französischen Verteidigungsministerium und erklärte, er wolle versuchen, „die Situation zu arrangieren“. Was er damit meinte, wusste ich nicht genau, aber ich hoffte, das Problem würde sich lösen lassen. Vor diesem Hintergrund ließ ich mich in Harvard beurlauben.

Mit der ausschließlich mündlichen Zusage für eine unbefristete Stelle nahm ich den größten Teil meiner Arbeitsgruppe, darunter David Case, Bruce Gelin und Iwao Ohmine und andere, im Herbst 1974 aus Harvard mit. An der Universität Paris VII erwarteten uns leere Laborräume. Wir erhielten Finanzmittel von der Universität, kauften die erforderlichen Büromöbel und Computereinrichtungen und machten uns an die Arbeit. Vereinfacht wurde der Übergang durch Marci Hazard, die sich der Gruppe im Mai als Sekretärin angeschlossen hatte. (Sieben Jahre später heirateten wir.) Sie löste viele logistische Probleme (zum Beispiel, wo wir kaufen konnten, was wir brauchten) und spielte für den Zusammenhalt der Gruppe eine Schlüsselrolle.

Im weiteren Verlauf des Jahres berichtete DuBois über den Fortschritt seiner Bemühungen, mir eine reguläre Stellung zu verschaffen. Zunächst wurde ich zum *Professeur Associé* ernannt, einer einjährigen Beschäftigung, die auch Nichtfranzosen offensteht. Im Januar 1975 wurde schließlich im offiziellen Amtsblatt der Regierung ein Dekret veröffentlicht (ganz ähnlich wie in den Vereinigten Staaten läuft auch in Frankreich ein großer Teil der Regierungsarbeit über Dekrete des Präsidenten, die nicht die Zustimmung der Nationalversammlung erfordern), mit dem Universitätsprofessoren von der Voraussetzung der Staatsbürgerschaft befreit wurden. Damit wurde es möglich, mich als Professor auf einer unbefristeten Stelle einzustellen. Erst im April erhielt ich die offizielle Bestätigung für meinen Status an der Universität. Aber auch damit waren nicht alle Schwierigkeiten beseitigt, und der komplizierte Umgang mit den französischen Behörden in dieser und anderen Angelegenheiten führte dazu, dass ich meinen Traum aufgab und mit meiner Arbeitsgruppe am Ende des Sabbatjahres nach Harvard zurückkehrte.[2]

Die Sommerferien verbrachte ich zu jener Zeit mit meiner Familie am Fuß der französischen Alpen oberhalb von Annecy mit seinem atemberaubenden See. Die Region hatte ich zum ersten Mal Anfang der 1950er Jahre auf meinen Reisen als Postdoc kennengelernt. Meine Kollegen in Harvard betrachteten solche Zeiten der Abwesenheit von Cambridge als unpassend. Ich hatte aber festgestellt, dass mir die Entfernung eine Möglichkeit zum Nachdenken gab, ohne dass ich vom Druck der Alltagstätigkeiten abgelenkt wurde. Bergwanderungen bildeten den Hintergrund zum Lesen und Denken, und damit spielten sie eine unverzichtbare Rolle, wenn ich neue Forschungsgebiete entwickeln wollte.

An der Harvard University erhalten Mitglieder des Lehrkörpers jedes Jahr neun Monatsgehälter für ihre Lehrtätigkeit, und für die restlichen drei Monate dürfen sie sich selbst aus ihren Forschungsmitteln ein „Sommergehalt“ zahlen. Ich finde dieses System ärgerlich und auch heuchlerisch, denn in Wirklichkeit besteht unsere Lehrtätigkeit zu einem großen Teil darin, Doktoranden oder Postdocs anzuleiten. Vor diesem Hintergrund fragte ich den für mich zuständigen Programmdirektor der National Science Foun-

[2] *Das Dekret blieb aber in Kraft, und später erhielt ich mehrere Dankesbriefe von nichtfranzösischen Wissenschaftlern, die über viele Jahre jeweils für ein Jahr zum Professeur Associé ernannt worden waren und nun plötzlich eine unbefristete Stelle erhielten. Einer der Ersten, die nach eigenen Angaben von „meinem“ Dekret profitierten, war Jean-Pierre Hanson, der in Luxemburg geboren war.*

13.1b. Der Blick vom Chalet

13.1c. Unser Chalet in Sommer

13.1d. Das Chalet im Winter

13.2a. Der „alte Bauer“
mit Mischa 1984

13.2b. Bei der Heuernte
in Chalmont 1988

13.1a. Marci, Mischa und ich auf der Terrasse des Chalets in Chalmont 1983

dation (NSF), ob der Sommeraufenthalt in der Haute Savoie nach den Bedingungen meiner Forschungsstipendien gestattet sei. Er gelangte zu dem Schluss, dies sei angesichts der großen Bedeutung für meine Forschungsarbeit ein angemessenes, wenn auch ein wenig ungewöhnliches Sommerprogramm.

Im Jahr 1974 kaufte ich ein Grundstück mit einem großartigen Blick auf die umgebende Berglandschaft. Es lag in Chalmont, einem kleinen Weiler im Manigod-Tal oberhalb des Lac d'Annecy. Dort wurde ein Chalet gebaut, das uns für mehr als dreißig Jahre als Sommerquartier diente (Abbildungen 13.1 a-d).

Wenn wir im Flugzeug saßen, hatte ich jedes Mal das Gefühl, viele liebgewordene Dinge zurückgelassen zu haben. Die ländliche Umgebung, die nachmittäglichen Unterhaltungen mit einem unserer Nachbarn, den wir den „alten Bauern" nannten (Abbildung 13.2 a), die Heuernte, die noch von Hand erfolgte (Abbildung 13.2 b) und andere lokale Ereignisse, das Baden im Lac d'Annecy im nahegelegenen Talloires (Abbildungen 13.3 a und b) und auch die Wanderungen (Abbildung 13.4) hatten uns allen unglaublich gut getan.

13.3a. Talloires 1984

13.3b. Der Strand von Talloires 1984

13.4. Beim Wandern mit Reba und Tammy 2016

KAPITEL 14

Proteinfaltung, Hämoglobin und das CHARMM-Programm

Cyrus Levinthal hatte einen Grundsatz formuliert, der als „Levinthal-Paradox“ bekanntwurde: Den nativen Zustand einer Polypeptidkette durch eine Zufallssuche in deren astronomisch großem Konfigurationsraum zu finden, würde mehr Zeit in Anspruch nehmen, als seit der Entstehung der Erde vergangen ist; in Wirklichkeit falten sich Proteine aber im Experiment in Zeiträumen von Mikrosekunden bis zu Sekunden oder Minuten. Im Jahr 1969, während ich in der Gruppe von Lifson arbeitete, kam Chris Anfinsen zu Besuch nach Rehovot; durch ihn wurde mir bewusst, dass der Mechanismus der Proteinfaltung ein schwieriges Problem darstellte. Die von ihm geschilderten Experimente hatten zu der Erkenntnis geführt, dass viele Proteine sich in Lösung auch unabhängig von Ribosomen und anderen Teilen des zellulären Umfeldes neu falten können [Anfinsen, 1973].[1] Am meisten beeindruckte mich ein Film, in dem Anfinsen die Faltung eines Proteins zeigte, und zwar mit „zuckenden Helices, die sich bilden und auflösen und zu stabilen Unterstrukturen zusammenfinden“. Es war ein Zeichentrickfilm, aber er führte dazu, dass ich Chris nach dem gleichen Muster wie zuvor Perutz im Zusammenhang mit dem Hämoglobin eine Frage stellte: Hatte er schon einmal daran gedacht, die Gedanken aus dem Film in ein quantitatives Modell zu überführen? Darauf erwiderte Anfinsen, er wisse nicht genau, wie man das mache, aber für mich legte es eine Herangehensweise an den Mechanismus der Proteinfaltung nahe, zumindest wenn es sich um helikale Proteine wie das Myoglobin handelte.

Als David Weaver im Rahmen eines Sabbatjahres von der Tufts University zu meiner Arbeitsgruppe in Harvard kam, entwickelten wir das Diffusions-Kollisions-Modell der Proteinfaltung, wie es heute genannt wird

[1] *Heute weiß man natürlich, dass sich manche Proteine, beispielsweise der supramolekulare Komplex GroEL, nach komplizierteren Mechanismen falten und dafür Chaperonproteine brauchen. Zur Aufklärung des Mechanismus der „Molekülmaschine“ GroEL trugen wir mit Molekulardynamiksimulationen bei [Ma et al., 2000; van der Vaart, Ma und Karplus, 2004].*

[Karplus und Weaver, 1976; Karplus und Weaver, 1994]. Dabei handelt es sich zwar um eine vereinfachte, grobe Beschreibung des Faltungsprozesses, es zeigte aber, wie sich das Problem der Suche nach dem nativen Zustand mit einer Strategie des „Teilens und Herrschens" lösen lässt. Das Diffusions-Kollisions-Modell lieferte nicht nur das Konzept einer Antwort auf das Levinthal-Paradox, sondern es schuf auch die Möglichkeit, den Zeitbedarf der Faltung abzuschätzen, was mit schematischen Beschreibungen der Proteinfaltungsmechanismen nicht möglich war. Das Modell war seiner Zeit voraus, denn Daten, mit denen man es hätte überprüfen können, standen nicht zur Verfügung. Erst zehn Jahre später wurde in experimentellen Untersuchungen nachgewiesen, dass das Diffusions-Kollisions-Modell tatsächlich die Faltungsmechanismen vieler helikaler [Islam, Karplus und Weaver, 2002] und einiger anderer [Islam, Karplus und Weaver, 2004] Proteine beschreibt.

Während meines Aufenthalts in Lifsons Arbeitsgruppe lernte ich auch ihre Arbeiten zur Entwicklung empirischer Potentialfunktionen zur Energieberechnung kennen. Dahinter stand die neuartige Idee, funktionale Formen (zur Beschreibung der potentiellen Energie, A. d. Ü.) zu benutzen, die nicht nur der Berechnung von Schwingungsfrequenzen dienten, wie die Entwicklung der potentiellen Energie um eine bekannte oder angenommene Minimalenergiestruktur, sondern auch um diese Struktur bestimmen zu können. Das von Lifson und Kollegen eingeführte „konsistente Kraftfeld" (*consistent force field*, CFF) enthielt nicht-bindende Beiträge zu den Wechselwirkungen, sodass man die Minimalenergiestruktur finden kann, nachdem die Energieparameter richtig kalibriert wurden [Lifson und Warshel, 1969]. Die Möglichkeit, solche Energiefunktionen bei größeren Systemen anzuwenden, schien mir von großer Bedeutung zu sein, wenn wir Proteine und andere biologische Makromoleküle besser verstehen wollten. Ich fing aber nicht sofort an, daran zu arbeiten.

Nachdem Attila Szabo sein statistisch-mechanisches Modell für die Kooperativität des Hämoglobins fertiggestellt hatte, wurde mir klar, dass seine Arbeiten eine Reihe von Fragen aufwarfen, die man nur durch die Berechnung der Energie des Hämoglobins als Funktion der Positionen seiner einzelnen Atome bearbeiten konnte. Zu jener Zeit kannte ich aber keine Methode für solche Berechnungen. Bruce Gelin hatte 1967 als Doktorand in meiner Arbeitsgruppe mit theoretischen Forschungsarbeiten begonnen. Zu Beginn hatte er die Anwendung der Random-Phase-Approximation auf Systeme mit zwei Elektronen wie das Heliumatom untersucht. Es war die Zeit des Vietnamkrieges, und nach zwei Jahren in Harvard wurde Gelin zum Wehrdienst eingezogen. Er wurde der Militärpolizei in einem Labor zugeteilt, das sich mit der Anwendung von Drogen befasste, darunter auch Lysergsäurediethylamid (LSD). Paradoxerweise weckte diese Arbeit sein Interesse an Biologie, und nachdem er zurückgekehrt war, um sein Examen abzuschließen, wollte er sein Forschungsgebiet ändern und sich auf eine Fragestellung mit biologischem Bezug konzentrieren.

Jetzt war die Zeit reif für die Entwicklung eines Programms, welches es ermöglichte, ausgehend von einer bestimmten Aminosäuresequenz (zum Beispiel der α-Kette des Hämoglobins) und einem Satz Koordinaten (zum Beispiel der Kristallstruktur von Desoxyhämoglobin), die Energie des Systems und deren Ableitungen (d. h., die Kräfte, A. d. Ü.) als Funktion der Atompositionen zu berechnen. Dies konnte man nutzen, um die Struktur zu stören (zum Beispiel durch Bindung von Sauerstoff an die Häm-Gruppe) und dann durch Minimieren der Energie eine neue Struktur zu finden. Dieses Programm zu entwickeln, erwies sich als große Aufgabe, aber Gelin verfügte über die dafür erforderlichen Fähigkeiten [Gelin, 1976].

Das von Gelin entwickelte Programm war zwar in der Benutzung nicht einfach, es wurde aber auf verschiedene Fragestellungen angewandt, so auch in Gelins bahnbrechender Studie über die Orientierung aromatischer Ringe im Rinderpankreas-Trypsininhibitor (BPTI) [Gelin und Karplus, 1975] und natürlich auf sein Hauptprojekt, das Hämoglobin. Dahinter stand der Gedanke, die Wirkung der Ligandenbindung auf die Häm-Gruppe als Störung zu behandeln (Verformung des Häm) und durch Energieminimierung zu ermitteln, wie das Protein auf die Störung reagiert. Da Rechenzeit im Rechenzentrum der Harvard University zu teuer war, diente uns damals ein IBM-7090-Großrechner an der Columbia University als Arbeitspferd; die Computerfachleute der Columbia University verschafften mir nach wie vor den Zugang, obwohl ich nach Harvard umgezogen war. Da ähnliche Berechnungen noch nie zuvor durchgeführt worden waren, bedurfte es eines beträchtlichen Mutes, es mit den verfügbaren Computern zu versuchen, nicht zuletzt weil Gelins Doktortitel davon abhing.

Aber Gelins Bemühungen waren von Erfolg gekrönt. Durch seine Arbeiten eröffnete sich für die theoretischen Ansätze zur Aufklärung der Struktur und Funktion von Proteinen eine neue Dimension. Er konnte nachweisen, wie sich die (durch die Sauerstoffbindung ausgelöste) Verformung des Häms auf die Schnittstelle zwischen den Untereinheiten des Hämoglobins überträgt. Da damit auf der Ebene der Atome nachgewiesen war, wie die Kommunikation zwischen den Untereinheiten abläuft, war durch die Analyse ein entscheidendes Element des Kooperationsmechanismus aufgeklärt

[Gelin und Karplus, 1977]. In einer anderen frühen Anwendung des Programms simulierte Dave Case den Austritt des Liganden nach seiner Photodissoziation aus dem Myoglobin [Case und Karplus, 1979]; es folgten die Arbeiten von Ron Elber [Elber und Karplus, 1990], aus denen die Methoden des *locally enhanced sampling* (LES) und der *multiple copy simultaneous search* (MCSS) hervorgingen. Das zweite Verfahren wurde wenige Jahre später von Andrew Miranker als fragmentbasierter Ansatz zum Medikamentendesign entwickelt [Miranker und Karplus, 1991].

Bei der Entwicklung des Programms, das wir heute als pre-CHARMM bezeichnen, wäre Gelin vor einer fast unüberwindlichen Schwierigkeit gestanden, hätten nicht schon andere zuvor Energieberechnungen von Proteinen angestellt. Zur Entwicklung der empirisch ermittelten Potentiale trugen viele Personen bei, die wichtigsten Beiträge für unsere Gruppe stammten aber von Lifsons Gruppe am Weizmann Institute und von Scheragas Team an der Cornell University [Scheraga, 1968]. Als Warshel an die Harvard University gekommen war, hatte er das *Consistent Force Field* (CFF)-Programm mitgebracht. Seine Kenntnisse und das ihm zur Verfügung stehende CFF-Programm waren wichtige Ressourcen für Gelin, der auch die Pionierarbeiten von Michael Levitt zu Rechnungen an Proteinen kannte [Levitt und Lifson, 1969].

In den seither verstrichenen Jahren wurde das Programm beträchtlich umstrukturiert und ständig weiterentwickelt. Als wir Anfang der 1980er Jahre die Veröffentlichung eines Artikels über das Programm vorbereiteten [Brooks et al., 1983], mit dem wir vor allem das Verdienst der wichtigsten Beteiligten würdigen wollten, war uns klar, dass wir einen Namen brauchten. Bob Bruccoleri schlug HARMM (*HARvard Macromolecular Mechanics*) vor, aber das schien nicht die beste Wahl zu sein. (Das englische Wort „*harm*" bedeutet „Schaden" oder „Leid", A. d. Ü.) Bobs Vorschlag brachte uns aber auf die Idee, noch ein C für „Chemistry" hinzuzufügen, und so entstand der Name CHARMM. Ich frage mich manchmal, ob Bruccoleris ursprünglicher Vorschlag eine nützliche Warnung für unerfahrene Wissenschaftler gewesen wäre, die mit dem Programm arbeiten wollten. Wenn man die Limitationen des Programms und insbesondere der zu jener Zeit verwendeten näherungsweisen Energiefunktionen nicht verstand, würden Versuche, es zu nutzen, wahrscheinlich nicht zu sinnvollen Ergebnissen führen.

Das heutige CHARMM-Programm stellt gegenüber der ursprünglichen Version einen großen Fortschritt dar. Es wird in einem 2009 erschienenen Artikel beschrieben [Brooks et al., 2009], und dort sind auch viele Betei-

14.1. Tagung der CHARMM-Entwickler an der Harvard University 2017
(Foto: Wonmuk Hwang)

ligte aus der Gruppe der CHARMM-Entwickler aufgeführt, wie sie heute genannt werden. Viele von ihnen waren als Studierende oder Postdocs in meiner Arbeitsgruppe gewesen.[2] Das CHARMM-Programm wird heute weltweit sowohl in akademischen als auch in kommerziellen Einrichtungen genutzt.

[2] *Jedes Jahr findet eine dreitägige Tagung statt, auf der die Entwickler darüber berichten, was sie in den vergangenen zwölf Monaten erreicht haben (Abbildung 14.1). Die Tagung wurde ursprünglich immer an der Harvard University abgehalten, heute findet sie aber an verschiedenen Orten in den Vereinigten Staaten und Europa statt, wobei in der Regel einer der Entwickler aus dem „harten Kern" den Gastgeber spielt. Derzeit nehmen fast 40 Entwickler und Entwicklerinnen daran teil. Ein wesentlicher Bestandteil der Tagung ist ein großes Abendessen in einem sorgfältig ausgewählten Restaurant.*

KAPITEL 15

Die erste Simulation der Dynamik eines Biomoleküls

Nachdem wir mit pre-CHARMM berechnen konnten, welche Kräfte auf die Atome eines Proteins einwirken, bestand der nächste Schritt darin, diese Kräfte in die Newton-Gleichung einzusetzen und die Dynamik zu berechnen. Diese grundlegenden Arbeiten begannen Mitte der 1970er Jahre, als Andy McCammon sich meiner Arbeitsgruppe anschloss. Ermutigt wurden wir in unseren Anstrengungen, weil es für einfachere Systeme bereits Methoden zur Simulation der Moleküldynamik gab. Bei der Erforschung der Moleküldynamik waren zwei Wege verfolgt worden, die in den Untersuchungen an Biomolekülen zusammentrafen. Der eine besteht in Trajektorienberechnungen für einfache chemische Reaktionen. Dabei hatten meine eigenen Forschungsarbeiten an der H + H_2-Reaktion [Karplus, Porter und Sharma, 1965] als Vorbereitung für das N-Teilchen-Problem gedient, das sich mit Biomolekülen stellt. Der andere Zweig der Molekulardynamik beschäftigt sich nicht mit chemischen, sondern mit physikalischen Eigenschaften und nicht mit den Einzelheiten der Trajektorien weniger Teilchen, sondern mit der Thermodynamik und den dynamischen Eigenschaften einer großen Teilchenzahl. Die Grundgedanken reichen zurück bis zu van der Waals und Boltzmann, die moderne Ära begann aber Ende der 1950er Jahre mit den Untersuchungen von Alder und Wainwright [Alder und Wainwright, 1957] an Flüssigkeiten mit dem Modell harter Kugeln. Einen entscheidenden nächsten Schritt bildete dann der Artikel von Rahman [Rahman, 1964] über die Simulation der Molekulardynamik flüssigen Argons mit einem Potential weicher Kugeln (Lennard-Jones-Potential). Es folgten Simulationen komplexerer Flüssigkeiten; die mittlerweile klassischen Studien an flüssigem Wasser durch Stillinger und Rahman wurden 1974 kurz vor unseren Simulationen der Proteindynamik veröffentlicht [Stillinger und Rahman, 1974].

Solche Arbeiten bereiteten den Boden für die Simulation der Molekulardynamik von Biomolekülen. Ein einzelnes Proteinmolekül besteht selbst dann, wenn es sich um ein kleines Protein handelt, aus 500 oder mehr Atomen und ist damit so groß, dass man durch Simulation des Proteins allein (d. h., ohne umgebendes Lösungsmittel, A. d. Ü.) annähernd seine Gleichgewichtseigenschaften erhalten kann, ähnlich wie in der Molekulardynamik von Flüssigkeiten. Gleichzeitig sind aber auch Details der Atombewegungen – wie bei den Berechnungen der Trajektorien – von beträchtlichem Interesse. Bei solchen Studien ging man von der Grundannahme aus, dass man hinreichend genaue Potentialfunktionen konstruieren kann, sodass man selbst für komplexe Systeme wie Proteine oder Nukleinsäuren sinnvolle Ergebnisse erhält. Außerdem musste man voraussetzen, dass Simulationen in einem erreichbaren Zeitmaßstab (10-100 ps) bei solchen inhomogenen Systemen – verglichen zum homogenen Charakter selbst komplexer Flüssigkeiten wie Wasser – eine nützliche Stichprobe des Phasenraumes in der Nachbarschaft der nativen Struktur liefern könnten. Für beide Annahmen gab es Anfang der 1970er Jahre keine überzeugenden Belege. Als ich mit Chemikerkollegen über meine Pläne sprach, bezeichneten sie solche Berechnungen als sinnlos, denn schon wenige Atome präzise zu behandeln, war schwierig; nach Ansicht der Kollegen aus der Biologie wären solche Berechnungen selbst dann, wenn sie uns gelingen würden, Zeitverschwendung. Für die große Bedeutung der Molekulardynamik-Simulationen in der Biologie sprach dagegen Richard Feynmans weitsichtige Aussage in den allgemein bekannten Lehrbüchern, die auf seinen Physikvorlesungen am Caltech basierten:

> *Gewiß gibt es kein Thema oder Gebiet, auf dem gegenwärtig größere Fortschritte an so vielen Fronten gemacht werden wie in der Biologie, und wenn wir die mächtigste aller Annahmen nennen sollten, welche in einem Versuch, Leben zu verstehen, weiter und weiter führt, so* ***ist es die, daß alle Dinge aus Atomen bestehen*** *[Hervorhebung im Original] und daß* ***alles, was lebende Dinge tun, verstanden werden kann aus dem Zittern und Zappeln der Atome*** *[Hervorhebung M.K.]. [Feynman, Leighton und Sands, 1974, Bd. 1, Kap. 3, S. 9]*

Bei der ursprünglichen, 1977 veröffentlichten Simulation [McCammon, Gelin und Karplus, 1977] ging es um den Rinderpankreas-Trypsininhibitor (BPTI); dieses Protein diente wegen seiner geringen Größe, seiner hohen Stabilität und einer 1975 bereits verfügbaren, genauen Röntgenkristallstruktur [Deisenhofer und Steigemann, 1975] als „Wasserstoffmolekül" der Proteindynamik. BPTI war in großen Mengen zu beschaffen, denn die Substanz wurde auch als Medikament verwendet: Unter dem Freinamen Aprotinin

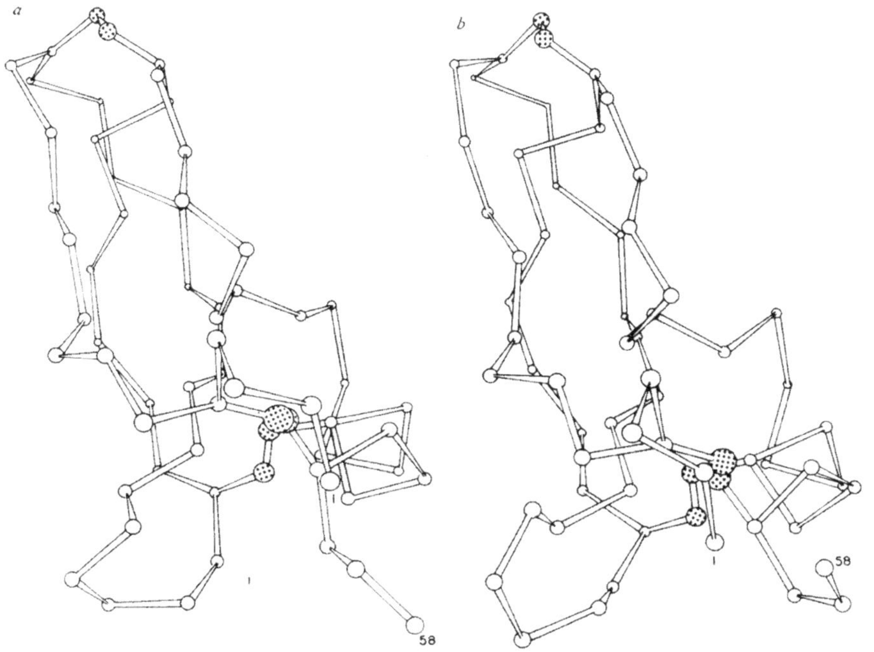

15.1. Zwei Strukturen des Rinderpankreas-Trypsininhibitors (BPTI) zu Beginn und während der Simulation. Die Kohlenstoffatome des Peptidrückgrats sind als offene Kreise dargestellt, Disulfidbrücken existieren zwischen den gepunkteten Atomen. (a) Kristallstruktur (Struktur, von der die Simulation gestartet wurde, A. d. Ü.). (b) Die Struktur nach 3,2 ps der Molekulardynamik-Simulation (aus: McCammon, Gelin und Karplus, 1977; gezeichnet von Bruce Gelin; Abdruck mit freundlicher Genehmigung).

diente sie dazu, bei Operationen die Fibrinolyse zu verlangsamen, die zur Auflösung von Blutgerinnseln führt; die Hemmung des Trypsins hat möglicherweise überhaupt keine biologische Funktion. Hier zeigt sich wieder einmal eine wichtige Erkenntnis: Wenn man beobachtet, dass ein Protein eine bestimmte Wirkung hat (zum Beispiel, dass BPTI an Trypsin bindet), muss dies nichts mit seiner biologischen Funktion zu tun haben.

In den Vereinigten Staaten war es Mitte der 1970er Jahre schwierig, die für solche Simulationen erforderliche Computer-Rechenzeit zu bekommen. Dagegen hatte das vor den Toren von Paris gelegene Centre Européen Calcul Atomique et Moléculaire (CECAM) Zugang zu einem Großrechner, der für wissenschaftliche Forschung genutzt werden konnte. (In den Vereinigten Staaten waren gleichwertige Computer nur bei den Militärbehörden zu finden, und dort standen sie Wissenschaftlern von Universitäten in der Regel nicht zur Verfügung.) Gründungsdirektor und Spiritus rector von CECAM war Carl Moser. Im Jahr 1976 veranstaltete Herman Berendsen einen CECAM-Workshop (der zweimonatige Workshop war eine „Werkstatt", die diesen Namen wirklich verdiente) mit dem Titel „Models for Protein Dynamics". In seiner Ausschreibung für den Workshop hieß es: „Die Simulation von Wasser war ein erstes Forschungsthema. Die Anwendung auf Proteine war für die nächsten fünf oder zehn Jahre nicht absehbar." Damit wollte er sagen, dass Proteinsimulationen nach seiner Ansicht kein Thema des Workshops sein würden. Deshalb war er nach meiner Überzeugung sicher überrascht, dass Andy McCammon während des Workshops die erste Proteinsimulation gelang.

Da uns klar war, dass der Workshop eine großartige Gelegenheit bieten würde, die erforderlichen Berechnungen durchzuführen, gaben sich Andy McCammon und Bruce Gelin an der Harvard University im Vorfeld der Veranstaltung große Mühe, ein Programm für die Molekulardynamik-Simulation des BPTI vorzubereiten und zu testen. Nach unserer Ankunft am CECAM konnte Andy die Simulation auf dem dortigen IBM 137/168, einem „Supercomputer" jener Zeit, laufen lassen. Seine Maximalgeschwindigkeit lag bei einer Million Gleitkommaoperationen (Flops) in der Sekunde.

Die Gespräche während des Workshops waren interessant, weil dadurch viele andere, die später auf dem Gebiet aktiv wurden (darunter Herman Berendsen, Wilfred van Gunsteren, Michael Levitt und Jan Hermans) die Möglichkeit, solche Berechnungen durchzuführen, kennenlernten [Berendsen, 1976].[1]

Obwohl die ursprüngliche Simulation im Vakuum mit einem groben molekularmechanischen Potential durchgeführt wurde und nur 9,2 Picosekunden dauerte (Abbildung 15.1), trugen die Ergebnisse entscheidend dazu bei, die Vorstellung von Proteinen als relativ starren Strukturen zu revidieren (im Jahr 1981 erklärte Sir D. L. Phillips: „Messingmodelle der DNA und verschiedener Proteine beherrschten die Szene und große Teile des Den-

[1] *Die Tagung, die Emanuele Paci 2016 zusammen mit Dominic Tildesley und Benoît Roux zum 40. Jahrestag des CECAM-Workshops über „Models of Protein Dynamics" von 1976 organisierten, veranlasst mich, hier eine Fußnote einzufügen. Grundlage ist meine nicht veröffentlichte Biographie von Carl Moser, die im Rahmen des Workshop-Programms präsentiert wurde. Darin beschreibe ich, wie Carl mit seinen Forschungsarbeiten in der Quantenchemie unzufrieden war und sich entschloss, seine Talente für die Gründung von CECAM und für die dortigen Workshops einzusetzen. Wie er mir erzählte, tat er das, weil er zu dem Schluss gelangt war, dass seine Forschungsarbeiten „nie zu einem Nobelpreis führen würden". Wie dem auch sei, die Simulation wurde auf dem IBM 137/168 mit seiner Spitzengeschwindigkeit von einer Million Flops pro Sekunde ausgeführt. Damit trugen Carl Moser, CECAM und das Rechenzentrum von Orsay entscheidend dazu bei, die erste Molekulardynamik-Simulation eines Proteins möglich zu machen, die eine wesentliche Grundlage für den Chemie-Nobelpreis 2013 war, allerdings nicht in der Nobelpreisbegründung. Über die Jahre wurden immer schnellere Computer gebaut. Mit Vielprozessoren-GPU/CPU-Systemen stehen heute Petaflop- und sogar Exaflop-Computer zur Verfügung.*

kens.“ [Phillips, 1981]). An ihre Stelle trat die Erkenntnis, dass es sich um dynamische Systeme handelt, deren innere Bewegungen für die Funktion wichtig sein können. Natürlich gab es bereits einige experimentelle Befunde, die in die gleiche Richtung deuteten, darunter die Experimente von Linderstrom-Lang und seinen Mitarbeitenden zum Wasserstoffaustausch [Hvidt und Nielsen, 1966; Linderstrom-Lang, 1955]. Heute wissen wir, dass die Röntgenstrukturanalyse eines Proteins etwas über die durchschnittlichen Positionen der Atome aussagt, wobei die Atome aber im Verhältnis zu diesem Durchschnitt flüssigkeitsähnliche Bewegungen von beträchtlicher Amplitude aufweisen. Die Proteindynamik schließt das statische Bild mit ein. Die Durchschnittspositionen sind entscheidend für die Betrachtung vieler Funktionsaspekte von Biomolekülen in der Sprache der Strukturchemie, aber die Erkenntnis, wie wichtig die Schwankungen sind, eröffnete den Weg zu einer weiter entwickelten, genaueren Interpretation von Funktionseigenschaften.

Angesichts der konzeptionellen Veränderungen, die sich aus den ersten Studien ergaben, staunt man darüber, wie viele hochinteressante Dinge man unter solchen Bedingungen – schlechten Potentialen, kleinen Systemen, wenig Rechenzeit – herausfinden konnte. Das ist natürlich einer der großen Vorteile, wenn man die ersten, ein wenig zögerlichen Schritte auf einem neuen Fachgebiet unternimmt, auf dem die Fragen nicht quantitativer, sondern qualitativer Natur sind und jede auch nur grobe Erkenntnis besser ist als nichts.

KAPITEL 16

Erste Anwendungsbereiche für die Molekulardynamik

Molekulardynamik-Simulationen von Proteinen und Nukleinsäuren, aber auch von vielen anderen aus Teilchen zusammengesetzten Systemen (zum Beispiel Flüssigkeiten oder Galaxien) können uns im Prinzip die kleinsten Details von Bewegungsphänomenen verraten. Die wichtigste Einschränkung von Simulationsverfahren liegt darin, dass es sich um Näherungen handelt. Deshalb sind Experimente von entscheidender Bedeutung, um die Simulationsmethoden zu validieren, das heißt, Vergleiche mit experimentellen Daten dienen dazu, die Genauigkeit der berechneten Ergebnisse zu überprüfen, und liefern Kriterien für eine Verbesserung der Methodik. Die statistischen Fehler kann man zwar berechnen [Yang, Bitetti-Putzer und Karplus, 2004], aber eine Abschätzung der systematischen Fehler, die den Simulationen innewohnen, ist nicht möglich; so lassen sich beispielsweise die Fehler, die durch die Nutzung empirisch ermittelter Potentiale eingebracht werden, nur schwer quantitativ erfassen. Deuten Vergleiche mit Experimenten darauf hin, dass die Simulationen sinnvoll sind, schaffen die von ihnen gelieferten detaillierten Ergebnisse häufig die Möglichkeit, einzelne Aspekte der Atombewegungen viel einfacher zu untersuchen als durch Messungen im Labor.

Zwei Jahre nach der Simulation des Rinderpankreas-Trypsininhibitors (BPTI) wurde erkannt [Artymiuk et al., 1979; Frauenfelder, Petsko und Tsernoglou, 1979], dass die mit verfeinerten Röntgenstrukturanalysen ermittelten thermischen B-Faktoren weitere Informationen über die inneren Bewegungen von Proteinen liefern können. Diagramme, in denen eine Abschätzung der mittleren quadratischen Abweichung (der Cα Atompositionen, A.d.Ü.) gegen die Aminosäurensequenz aufgetragen wird, sind (wie sie in dem ursprünglichen BPTI-Artikel [McCammon, Gelin und Karplus, 1977] eingeführt wurden) zu einem üblichen Teil von Aufsätzen über hochauflösende Strukturen geworden, auch wenn der Beitrag von Translation, Rotation und Kristallunordnung zu den B-Faktoren bei ihrer Interpretation nach wie vor Schwierigkeiten bereitet [Kuriyan und Weis, 1991]. In den zehn Jahren nach der ersten Simulation wurde ein breites Spektrum von Phänomenen mit Molekulardynamik-Simulationen von Proteinen und Nukleinsäuren erforscht. Man kann mit Fug und Recht behaupten, dass die Fülle der experimentellen Daten nur darauf wartete, dass Molekulardynamik-Simulationen neues Licht auf sie warfen. Viele dieser ersten Studien stammten von meinen Studierenden an der Harvard University und konzentrierten sich auf die physikalischen Aspekte der inneren Bewegungen sowie auf die Interpretation von Experimenten. Dazu gehörten die Analyse der Fluoreszenzdepolarisation von Tryptophanresten [Ichiye und Karplus, 1983], der Einfluss der Dynamik auf gemessene Parameter der Kernspinresonanz (NMR) [Dobson und Karplus, 1986; Levy, Karplus and Wolynes, 1981; Olejniczak et al., 1984] und der inelastischen Neutronenstreuung [Cusack et al., 1986; Smith et al., 1986] sowie die Auswirkungen von Lösungsmittel und Temperatur auf Struktur und Dynamik von Proteinen [Brünger, Brooks und Karplus, 1985; Frauenfelder et al., 1987; Nadler et al., 1987]. Auch die heute häufig verwendeten Methoden des *Simulated Annealing* (der „simulierten Abkühlung“, der deutsche Begriff wird nur selten verwendet, A. d. Ü.) zur Verfeinerung von Röntgenstrukturanalysen [Brünger und Karplus, 1991; Brünger, Kuriyan und Karplus, 1987] und NMR-Strukturaufklärung [Brünger et al., 1986; Nilsson et al., 1986] hatten ihre Ursprünge in dieser Zeit. Gleichzeitig wurde durch eine Reihe von Anwendungsmöglichkeiten nachgewiesen, wie wichtig innere Bewegungen für die Funktion von Biomolekülen sind, so die Scharnierbewegungen beim Öffnen und Schließen aktiver Zentren [Brooks und Karplus, 1985; Colonna-Cesari et al., 1986], die Flexibilität der tRNA [Harvey et al., 1984], die induzierten Konformationsänderungen bei der Aktivierung von Trypsin [Brünger, Huber und Karplus, 1987], die für Zutritt und Austritt von Liganden in Häm-Proteinen notwendigen Fluktuationen (gemeint sind Bewegungen von Atomen, Gruppen von Atomen oder Teilen des Proteins um eine mittlere Position, A. d. Ü.) [Case und Karplus, 1979; Elber und Karplus, 1990], und auch die Bedeutung der Konfigurationsentropie für die Stabilität von Proteinen und Nukleinsäuren [Brooks und Karplus, 1983; Irikura et al., 1985]. Viele dieser Studien, die zu Beginn der 1980er Jahren durchgeführt wurden, scheinen heute in Vergessenheit geraten zu sein. Jedenfalls werden sie in der aktuellen Literatur nur selten zitiert. Wiederholt man die Studien mit den heute verfügbaren genaueren Potentialfunktionen und den mittlerweile möglichen, viel längeren Simulationszeiten (Nanosekunden anstelle von Picosekunden), liefern sie natürlich bessere Ergebnisse, die allerdings in den meisten Fällen die früheren Befunde bestätigen.

Nachdem man die Bedeutung des Fachgebiets Molekulardynamik-Simulationen erkannt hatte, waren viele Institute bestrebt, einen einschlägigen Experten in ihren Lehrkörper aufzunehmen, und so fiel es meinen Doktoranden und Postdocs relativ leicht, Stellungen an guten Universitäten zu erhalten. Im Laufe der Zeit setzte jedoch ein Sättigungseffekt ein, und nun wurde es schwieriger, eine akademische Position zu erlangen. Gute Publikationen als solche reichten dafür nicht aus, und ich erkannte, wie wichtig ein Artikel in einer Zeitschrift wie *Science* oder *Nature* war. Yaoqi Zhou, einer meiner herausragenden Postdocs, hatte es trotz mehrerer sehr guter Veröffentlichungen schwer, eine Position zu finden. Einer seiner Artikel handelte vom dimeren Hämoglobin einer im Meer lebenden Muschel der Gattung *Scapharca* [Zhou und Karplus, 2003]: Dessen Untereinheiten ähneln in ihrer Struktur stark denen des menschlichen Hämoglobins, sind aber ganz anders angeordnet. Wie sich das Hämoglobintetramer der Menschen mit seiner höheren Kooperativität in der Evolution aus einem dimeren Vorläufer entwickelt hat, ist eine interessante Frage.

Pionierarbeit hatte Yaoqi auch mit einer Studie an einem Drei-Helix-Bündel-Protein geleistet: Er hatte ein Cα-Modell für die Proteinkette und für Paare nichtgebundener Aminosäurereste ein Interaktionspotential mit rechteckigem Potentialtopf entwickelt. Aufgrund dieser Vereinfachungen konnte man zur Untersuchung des Faltungsprozesses einen Algorithmus für diskrete Molekulardynamik verwenden [Zhou und Karplus, 1999]. Dieser ist so schnell, dass man mehrere hundert Faltungswege mit unterschiedlicher Gewichtung nativer und nicht nativer Interaktionen in der Potentialfunktion des Modells berechnen kann. Abbildung 16.1 zeigt einen typischen Weg für ein Modell (a) mit stark begünstigtem nativem Zustand (ähnlich einem „Gō-Modell", einer speziellen Form eines einfachen Wechselwirkungspotentials, welches von Nobuhiro Gō zum Studium der Proteinfaltung entwickelt wurde, A. d. Ü.) und ein Modell (b), in dem nicht native Interaktionen einen bedeutenden Beitrag zum Ablauf der Faltung leisten. Im ersten Modell bilden sich zunächst die Helices, die dann diffundieren, um in den nativ gefalteten Zustand überzugehen (ein Grenzfall des Diffusions-Kollisions-Modells [Islam, Karplus und Weaver, 2002]), im zweiten dagegen kollabiert die Struktur zunächst zu einer relativ ungeordneten Kugelform, und die Helices entstehen zur gleichen Zeit wie die native Tertiärstruktur. Diesen Artikel hielt ich für so interessant, dass ich der Meinung war, er sollte in einer „hochkarätigen" Fachzeitschrift veröffentlicht werden. Ich reichte ihn bei Nature ein, und dort wurde er ohne das Hin und Her der Diskussionen, die der Veröffentlichung des Aufsatzes

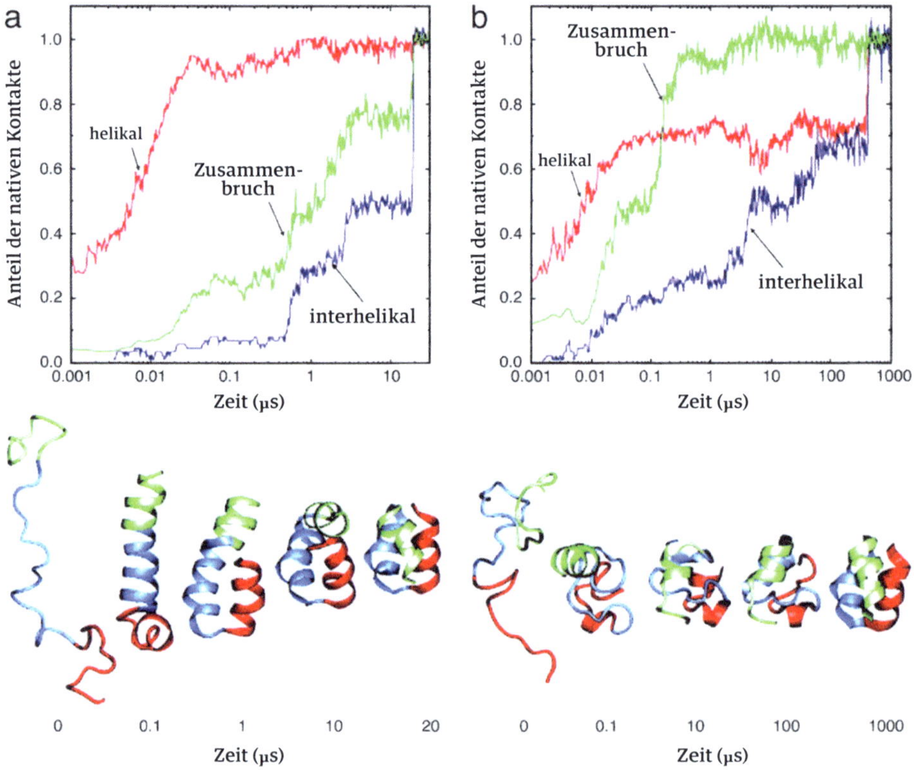

16.1. Simulationen der Faltung eines Proteins mit einem Drei-Helix-Bündel. Oben (a und b): Halblogarithmische Darstellung der Zeitabhängigkeit der Anteile nativer Kontakte in und zwischen den Helices und der inversen Anteile des nativen Volumens (berechnet aus der inversen dritten Potenz des Gyrationsradius) für zwei verschiedene Trajektorien. Unten: Struktur des Proteinmoleküls zu ausgewählten Zeitpunkten (aus: Zhou und Karplus, 1999. © 1999, Nature Publishing Group, Abdruck mit freundlicher Genehmigung).

über das 11-cis-Retinal vorausgegangen waren (siehe Kapitel 12), angenommen [Zhou und Karplus, 1999]. Nachdem der Artikel erschienen war, erhielt Yaoqi mehrere Stellenangebote, und eines davon – es kam von der State University of New York in Buffalo – nahm er schließlich an.

17.1. Eine Navaho-Familie in der Nähe von Window Rock in Arizona

17.2. Blick von Kowloon zum Castle Peak[1]

[1] *Diese Aufnahme entstand 1962. Sie zeigt einen Blick auf Hongkong, das teilweise hinter den chinesischen „Drachenbooten" versteckt ist. Wie man leicht erkennt, war Hongkong damals ein Dorf. Der gleiche Blick wäre heute von Wolkenkratzern beherrscht.*

KAPITEL 17

Meine Karriere als Fotograf

Zu meiner Promotion schenkte meine Familie mir eine Leica IIIC, eine hervorragende Kamera, die mein Onkel Alex aus Wien mit in die Vereinigten Staaten gebracht hatte. Während meiner Reisen als Postdoc in Europa und auch später machte ich viele Fotos, insbesondere solche von Menschen. Dabei bediente ich mich eines Kunstgriffs, den ich selbst entwickelt hatte. Die Leica hatte ein (Hector-)Teleobjektiv mit Reflexsucher, und der versetzte mich in die Lage, mich von dem Gegenstand abzuwenden, den ich fotografierte. Auf diese Weise konnte ich Aufnahmen von Menschenmengen und einzelnen Personen machen, ohne dass sie es bemerkten. Oft erkennt man an den Fotos, dass die Betreffenden nicht wissen, dass ich sie fotografiere, während sie gleichzeitig sehen wollen, was ich aufnehme (Abbildung 17.1).[1]

Während meiner ausgedehnten Reisen durch Europa und Nordamerika fand nur wenig wissenschaftlicher Austausch statt, aber ich lernte viel über die Völker und ihre Kultur, Kunst, Architektur und Küche, alles Dinge, die in meinem Leben bis heute eine wichtige Rolle spielen. Später wurden einige lange Reisen durch wissenschaftliche Tagungen in Südamerika und Asien ermöglicht, zu denen ich eingeladen war und für die die Organisatoren die Reisekosten übernahmen. Eine davon führte mich nach Japan, und von dort machte ich einen Umweg über Hongkong und Kowloon (Abbildung 17.2).

Im Rahmen einer weiteren, von meinem Freund Aron Kuppermann organisierten Reise konnte ich viele Regionen von Brasilien besuchen (Abbildungen 17.3 und 17.4).[2]

---

[1] *Später erfuhr ich, dass sich auch andere Fotografen bei ihren Straßenaufnahmen einer ähnlichen Methode bedienten. Einer von ihnen ist Paul Strand (1890–1976), der mit seinen Schwarzweißfotos berühmt wurde. Als Straßenfotograf trug er einen schweren Mantel, unter dem er seine Kamera verstecken konnte. Ironischerweise zeigt sein bekanntes Foto von 1916 eine Bettlerin mit einem Schild, auf dem „Ich bin blind" steht.*

[2] *Aron sorgte dafür, dass ich eingeladen wurde, eine Übersichtsuntersuchung zur chemischen Forschung in Brasilien zu erstellen. Aus unserer Sicht hatte das Projekt den Zweck, mir Reisen in ganz Brasilien zu ermöglichen und neue Fotos zu meiner Sammlung hinzuzufügen. Ich erstellte aber auch die Untersuchung und reichte einen Bericht bei der Behörde des Präsidenten Kubitschek ein. Als ich den Bericht 1962 abgab, war er bereits nicht mehr Präsident, denn seine Amtszeit war 1961 zu Ende gegangen. Selma Jeronimo, eine brasilianische Freundin meiner Tochter Tammy, fand kürzlich in den Archiven des Präsidialamtes Aufzeichnungen über meinen Bericht, nicht aber den Bericht selbst.*

17.3. Blick auf Rio de Janeiro 1960

17.4. Brasilia 1960

17.5. Spiegelung in der Radkappe eines MG beim Warten auf die Fähre nach Dänemark 1954

In Europa unternahm ich meine Reisen zum größten Teil in einem VW Käfer (Abbildung 17.5). Den Wagen hatte ich zusammen mit Gary Felsenfeld gekauft. Wir hatten uns als junge Studenten an der Harvard University kennengelernt und waren dann beide zur Promotion ans Caltech gegangen. Gary hatte vorwiegend bei Verner Schomaker gearbeitet und seine Promotion ein Jahr später abgeschlossen als ich. Anschließend war er ebenfalls nach Oxford gekommen und hatte bei Coulson gearbeitet. Einige Reisen unternahm ich gemeinsam mit Gary, in anderen Fällen war ich allein. Das Alleinreisen war eigentlich von Vorteil, denn es verschaffte mir die Möglichkeit, manchmal viele Minuten auf den „entscheidenden Augenblick" zu warten, wie Henri-Cartier Bresson es formuliert hatte.

Vor allem während meiner Reisen in den 1950er und 1960er Jahren machte ich mit der Leica IIIC mehrere tausend Kodachrome-Dias. Nachdem Reba und Tammy geboren waren, fotografierte ich vorwiegend meine heranwachsenden Kinder, und das manchmal an interessanten Orten, denn wir stellten das Reisen nicht ein. Seit den 1950er Jahren wurden die meisten Dias in Metallschachteln aufbewahrt, die Bilder aus den 1970er Jahren befanden sich aber meist noch in den gelben Originalschachteln, in denen sie vom Entwickeln zurückgekommen waren. Wir projizierten sie nur selten. Das erwies sich für ihre Erhaltung als wichtig, denn Kodachrome-Bilder sind zwar im Dunkeln stabil, sie sind aber lichtempfindlich; das gilt insbesondere für das starke Licht der Projektoren.

In England waren Kodachrome-Filme nicht zu beschaffen, und so hatte ich auch Bilder mit Kodak-Ektachrome-Filmen aufgenommen. Als ich diese vor einigen Jahren noch einmal ansah, stellte ich fest, dass die Farben zu einem Rosaton verblichen waren, die Bilder waren aber noch vorhanden. Nachdem wir uns in Straßburg niedergelassen hatten (siehe Kapitel 18), brachten Marci und ich viele Abende damit zu, die Dias aus den 1950er und 1960er Jahren durchzusehen und die besten auszuwählen. Die Kodachrome-Aufnahmen waren in den meisten Fällen hervorragend erhalten, das heißt, die Farben der Bilder hatten sich nicht verändert. In wenigen Fällen hatten Bakterien die schützende Gelatineschicht angegriffen, sodass große einfarbige Bereiche (zum Beispiel der blaue Himmel) Flecken hatten und repariert werden mussten.

Marci war der Ansicht, dass wir Abzüge von den Dias machen sollten, und hatte sowohl in Boston als auch in Straßburg nach einer Person oder einer Werkstatt gesucht, die dazu zuverlässig in der Lage war. Aber sie hatte niemanden gefunden. Erst als wir während des akademischen Jahres 1999/2000 in Oxford waren und ich die Eastman-Professur innehatte, war Marci erfolgreich: Sie wurde mit einem großartigen Fotografen namens Paul Sims und seiner Colourbox-Technik bekanntgemacht. Anfangs produzierte Paul Abzüge in Standardgröße mit einem altmodischen Drucker, den er funktionsfähig hielt, indem er Ersatzteile von anderen, nicht mehr benutzten Druckern bestellte. Er machte schöne 10 mal 15 Zentimeter große Abzüge, und Marci sammelte sie sorgfältig in mehreren Fotoalben, die sich heute bei uns in Cambridge befinden.

Ich hatte keine Ahnung, dass meine Bilder irgendetwas Besonderes waren. Doch Paul, der sich nach und nach mit der Bildersammlung vertraut machte, sagte zu Marci, sie seien ganz hervorragend, und man solle sie ausstellen. Von nun an arbeitete ich mit Paul zusammen, der damit begonnen hatte, seine Tätigkeit auf die Digitalisierung der Kodachrome-Dias zu verlagern. Aus einigen meiner Dias machte er eine Serie von 67 schönen Ausstellungsstücken auf Archivpapier (auf dem Abzüge etwa 65 Jahre überdauern sollen), und daraus wurde meine erste öffentliche Ausstellung. Sie fand im November 2006 im Wolfsohn College in Oxford statt. Eine Auswahl wurde auch zur Feier meines 75. Geburtstages an den NIH in Bethesda in Maryland gezeigt [Post und Dobson, 2005].

Wenig später wurden an einer ganzen Reihe von Orten Ausstellungen meiner Bilder veranstaltet.[3] Den Weg für viele andere ebnete die an der Bibliothèque nationale de France (BnF) in Paris. Sie fand im Frühjahr und im Sommer 2013 statt. Besonders stolz bin ich, weil diese Ausstellung organisiert wurde, bevor ich im gleichen Herbst den Nobelpreis erhielt. Dass sie überhaupt stattfand, ist eines von vielen glücklichen Ereignissen in meinem Leben.

In Zusammenarbeit mit Jean-Pierre Changeux vom Institut Pasteur in Paris wandte ich damals Simulationsmethoden an, um die Funktion des Nikotinrezeptors zu deuten [Taly et al., 2006]. Ich wusste, dass Changeux sich für Kunst interessierte und sogar eine große private Sammlung französischer Gemälde aus dem 16. und frühen 17. Jahrhundert besaß, die er dem Musée Bossouet gestiftet hatte. Als wir unsere wissenschaftlichen Diskussionen beendet hatten, zog ich „schüchtern" (wie er es beschreibt) ein Buch mit Kodachrome-Aufnahmen heraus, das Paul Sims und ich über die Plattform Blurb hergestellt hatten [Karplus, 2011].[4] Zu meiner freudigen Überraschung war Changeux davon sehr beeindruckt und sagte, er werde sich an Sylvie Aubenas wenden, die Leiterin der Abteilung für Grafik und Fotografie an der BnF. Er kannte sie gut, denn er gehörte an der BnF zu dem Gremium, das darüber entschied, welche angebotenen Spenden von Fotos man annehmen sollte; ein Beispiel ist die Sammlung von Brassaï.

Als Sylvie Aubenas die Fotos auf meinem Computer sah, war sie begeistert, und ich richtete es so ein, dass ich von Straßburg zu ihr kommen konnte, um ihr einige echte Ausstellungsabzüge zu zeigen. Das war 2011. Nachdem sie die Bilder gesehen hatte, entschloss sie sich, eine Ausstellung an der BnF vorzuschlagen. Bis es dazu kam, bedurfte es beträchtlicher Entschlossenheit ihrerseits und der Unterstützung durch Changeux. Insbesondere musste sie Bruno Racine überzeugen, den Präsidenten der BnF. Die Bibliothek besitzt die vielleicht angesehenste Fotogalerie in Frankreich, und eine Ausstellung eines „unbekannten" Fotografen wie mir hatte es noch nie gegeben. Außerdem war die BnF in der Rue Richelieux, wo man andere Fotoausstellungen veranstaltet hatte, wegen Renovierung geschlossen. Also entschied man sich, sie in der neuen Bibliothek zu veranstalten, der Bibliothèque Mitterand, deren Bau während der Präsidentschaft ihres Namensgebers begonnen hatte, aber erst 1996 vollendet worden war.

---

[3] *Siehe Anhang 2.*

[4] *Die Website Blurb spielte für Fotografen eine wichtige Rolle, weil sie es ihnen ermöglichte, ein Fotobuch zu veröffentlichen, ohne im Vorfeld viel Geld zu bezahlen. Grundsätzlich musste man damals rund 100 Dollar für ein Buch bezahlen und mindestens zwei Exemplare bestellen. Weitere Exemplare druckte Blurb „on demand", wobei jedes Exemplar ebenfalls rund 100 Dollar kostete. Das ist pro Exemplar beträchtlich mehr, als wenn das Buch mit einer Auflage von 1000 Stück gedruckt worden wäre.*

17.6. Der Eingang zur Ausstellung in der Bibliothèque nationale de France

17.7. Die Iguazufälle, Brasilien/Argentinien 1960

Schließlich wurde die Ausstellung in den Veranstaltungskalender der BnF aufgenommen. Sie sollte vom 2. Mai bis 15. Juni 2013 in der Allée Julian Cain stattfinden (Abbildung 17.6).[5]

Die Allée ist ein wunderschöner Raum mit hervorragendem natürlichem Licht. Außerdem verbindet sie zwei Teile der Bibliothek, sodass viele Menschen, die das Haus besichtigen oder dort arbeiten, vorüberkommen – unabhängig davon, ob sie sich für die Ausstellung interessieren oder nicht. Darüber hinaus hatte man viel Werbung für die Veranstaltung gemacht, und deshalb kamen zahlreiche Besucher, darunter auch Touristen.[6]

Der Platz reichte für etwa 100 Fotos. Unter den rund 4000 Kodachrome-Aufnahmen von meinen Reisen zwischen 1953 und 1965 hatte ich ungefähr 450 ausgewählt, und davon hatte ich am Ende 200 Sylvie bei unserem ersten Treffen auf meinem Computer gezeigt, damit wir die Fotos für die Ausstellung auswählen konnten. Nachdem sie eine Zeit lang über die Bilder nachgedacht hatte, trafen wir uns noch einmal und wählten die 100 für die Ausstellung. In den meisten Fällen waren wir uns einig, in einigen Fällen gab es aber auch einen „Kuhhandel“. Das Bild der Iguazufälle zwischen Brasilien und Argentinien (Abbildung 17.7) stand ursprünglich nicht auf Sylvies Ausstellungsliste, aber durch Unterstützung von Valerie Pivot, die für die eigentliche Installation der Ausstellung verantwortlich war, wurde es schließlich hinzugenommen. Sylvie war der Ansicht, die Ausstellung solle sich auf meine Bilder von Menschen konzentrieren, weil diesen mein Hauptinteresse galt. Andererseits war das Landschaftsbild von den Iguazufällen etwas derart Besonderes, dass es nach meiner Auffassung in der Ausstellung hängen sollte. Die BnF nutzte nicht die Abzüge von Paul Sims, sondern ließ von den digitalisierten Bildern neue Abzüge herstellen, die in Paris unter Sylvies Aufsicht vom Laboratoire Picto angefertigt wurden.

Ein wichtiger Teil der Ausstellung umfasste Fotos aus Jugoslawien. Als ich die Aufnahmen 1954 machte, war Jugoslawien ein einziger Staat, und dort lebten Serben, Albaner, Kroaten und Mazedonier ebenso friedlich zusammen wie Menschen unterschiedlicher Religionen – Muslime, Christen und Juden. Titos Tod 1980 führte letztlich zum Zerfall des Vielvölkerstaates.

---

[5] *Julian Cain war vor dem Krieg der Verwaltungsleiter der BnF gewesen, hatte Buchenwald überlebt und danach bis 1964 wieder seine alte Position bekleidet. Ihm war es gelungen, viele besonders wertvolle Sammlungsstücke der BnF vor den Nazis zu verstecken.*

[6] *Philippe Meyer, ein Journalist von France Culture, widmete der Ausstellung eine Folge seiner Sendung „Chronique“. Jeden Morgen gegen 7 Uhr 50 berichtete er in vier Minuten über ein kulturelles Ereignis. Viele Menschen hörten ihm beim Frühstück zu und erfuhren so, was an dem jeweiligen Tag interessant war. In der Sendung über meine Ausstellung sagte er unter anderem: „Man findet dort rund hundert Fotos, die mit großer Vielseitigkeit die Farbpalette der 1950er Jahre zeigen. Ihr Charme spricht unmittelbar an, und ihre Beredsamkeit, wenn man davon sprechen kann, dass Bilder beredsam sind, ist überwältigend.“*

17.8. Fischer am Vranskosee, Kroatien, 1954

Die Beziehungen zwischen den verschiedenen Gruppen verschlechterten sich schnell, und es kam zu vielen Kämpfen und Zerstörungen. Für die Ausstellung in der BnF (und auch für spätere Ausstellungen) musste ich genau angeben, wo ich die Fotos aufgenommen hatte. War es in Nordmazedonien (der offizielle Name) gewesen, in Kroatien, in Herzegowina und so weiter? Ich stellte eine Liste der Ortschaften zusammen, in denen die Bilder entstanden waren, und konnte so herausfinden, in welchem Staat sie heute liegen. Sehr hilfreich waren dabei auch die ausführlichen Briefe an meine Eltern, in denen ich über meine Reisen berichtet hatte (Abbildung 17.8).

Am 14. Mai 2013 waren Marci und ich zur Eröffnung in der BnF. Es war eine große Veranstaltung mit vielen Freunden aus Paris und anderen Orten (Abbildungen 17.9 a-c).

Paul Sims war leider im gleichen Jahr bereits verstorben, aber seine Witwe Joey und ihre Tochter waren anwesend. Meine Kinder konnten um diese Jahreszeit nicht teilnehmen, deshalb richteten wir es so ein, dass wir uns während der Sommerferien in Paris treffen konnten. Mischa und ich flogen von Boston hin; Reba, Tammy und ihre Tochter Rachel machten auf dem Weg zu unseren alljährlichen Sommerferien in dem Chalet in der Haute Savoie (siehe Kapitel 13) in Paris Station.

17.9a. Bruno Racine, Bernard Bigot und ich

17.9b. Jean-Pierre Changeux, unbekannte Person, Bruno Racine, Sylvie Aubenas und ich

Martin Karplus

LA COULEUR DES ANNÉES 1950

MARTIN KARPLUS - LA COULEUR DES ANNÉES 1950 - COLOR IN THE 1950'S

24x20 cm à l'italienne - 104 pages couleurs - isbn 978 2 35 137 143 5 - 25,00 €
textes/texts (français & english) Jean-Pierre Changeux, Sylvie Aubenas, Nathalie Boulouch

Martin Karplus (né à Vienne en 1930, vivant aux États-Unis depuis 1938), scientifique mondialement reconnu pour ses travaux (entre autres, il est un pionnier de la théorie chimique de résonance magnétique nucléaire) a aussi pratiqué la photographie en couleurs entre 1954 et 1965 : une bourse de la National Science Foundation lui a permis de visiter toute l'Europe, muni d'un Leica IIIC. Pendant cette pause dans une vie consacrée à la science, il n'a cessé de produire des photographies avec les premières diapositives Kodachrome. Il a poursuivi ce travail durant quelques années aux États-Unis, en Amérique du Sud et en Asie. La centaine d'images sélectionnées parmi les milliers réalisées en quelques années, témoignent du regard curieux et profondément humaniste d'un très grand chercheur.

Martin Karplus (born in Vienna in 1930, living in the United States since 1938), a world renowned scientist known for his pioneering work on the chemical theory of nuclear magnetic resonance, was also an active photographer working with color between 1954 and 1965. Studying at Oxford under a grant from the National Science Foundation, he was able to travel throughout Europe with his Leica IIIC. During this break from science, he took many photographs using the very first Kodachrome slide film. After his 3-year period of study in Europe, he continued to take images in the United States, South America and Asia.
The approximately hundred images selected from the thousands he took in just a few years convey the deeply humanist and questioning gaze of an outstanding scientist.

les éditions de l'œil
7 rue de la convention 93100 montreuil
tél. 01 49 88 03 57 - fax. 00 33 1 49 88 70 73
editionsdeloeil@gmail.com - www.editionsdeloeil.com

exposition à la Bibliothèque nationale de France
du 14 mai au 25 août 2013
Site François Mitterrand, allée Julien Cain

DISPONIBLE EN LIBRAIRIES ET SUR LE SITE WWW.EDITIONSDELOEIL.COM / 13 05.2013
AVAILABLE IN BOOKSHOPS AND ON THE WEBSITE WWW.EDITIONSDELOEIL.COM / 2013.05.13

17.9c. Der Ausstellungskatalog

17.10. Chandigarh Rock Garden, Indien 2009

Zufällig feierte das Hotel des Deux Continents gerade Jahrestag und bot Rabatte für Stammkunden an. Ich konnte mich seit meiner ersten Reise nach Paris 1953, bei der Sidney Bernard mich mit dem Hotel bekanntgemacht hatte, sicher als Stammkunden betrachten. Also entschlossen wir uns, in Paris dort abzusteigen, obwohl Marci und ich heute in der Regel in anderen Hotels wohnen. Ich saß gerade in der Lobby und wartete darauf, dass die Kinder herunterkamen, da sah ich Gary Felsenfeld und seine Frau Naomi. Während eines Teils der Reise, auf der ich die Fotos im damaligen Jugoslawien gemacht hatte, war ich mit Gary in dem VW-Käfer unterwegs gewesen, den wir gemeinsam gekauft hatten. Die beiden wollten zu der Ausstellung in der BnF und wussten, dass Gary mich begleitet hatte, als einige der Bilder entstanden waren. Deshalb war es ein ergreifendes Wiedersehen.

Es gehörte zu den größten Veränderungen in meinem Leben, die auf den Nobelpreis folgten, dass ich mehr Einladungen erhielt, meine Fotos auszustellen. Die erste Ausstellung sollte in New York im Österreichischen Kulturforum stattfinden. Bevor Marci und ich uns entschieden, ob wir an-

17.11. Auf einem Markt der Naxi, Lijiang, China 2008

nehmen sollten, besuchten wir die Galerie in ihrem Gebäude, das von dem österreichischen Architekten Raymund Abraham erbaut worden war. Es erwies sich als sehr eng, und in jeder Etage gab es eigentlich nur einen Ausstellungssaal. Ich war skeptisch, ob wir dort die Fotos zeigen sollten. Aber in Zusammenarbeit mit der Direktorin Christine Moser und Natascha Boojar, die für die Ausstellungen zuständig war, konnten wir die Stockwerke kreativ nutzen. Am Ende wurde es nach meiner Einschätzung eine der besten Ausstellungen meiner Fotos (und ist es bis heute geblieben). Dort zeigte ich auch zum ersten Mal einige neuere Fotos aus Indien und China (Abbildungen 17.10 und 17.11). Diese hatte ich mit meiner ersten Digitalkamera aufgenommen, einer Canon EOS 30D, die an die Stelle der Leica getreten war.[7] Die Kamera war ein Geschenk meiner Studierenden zu meinem 75. Geburtstag, den wir 2005 an den NIH gefeiert hatten.

Die Ausstellung wurde am 24. September 2014 vom damaligen österreichischen Bundespräsidenten Heinz Fischer eröffnet (Abbildungen 17.12 und 17.13); Fischer hielt sich zur Generalversammlung der Vereinten Nationen in New York auf. Er wusste, welche Bemerkungen ich kurz nach der Bekanntgabe des Nobelpreises in einem Interview mit dem ORF, dem österreichischen öffentlich-rechtlichen Rundfunk, über den Antisemitismus gemacht hatte, den ich 1998 während eines Besuchs in Wien beobachten konnte.

Marci und ich waren zu einer wissenschaftlichen Tagung in Wien gewesen, die Peter Schuster, ein Professor der dortigen Universität, organisiert hatte. Wir wohnten in einer kleinen Pension am Rand der Innenstadt. Es war der November 1998 und der 60. Jahrestag der Reichspogromnacht, in der die SS und die Sturmtruppen der Nazis überall in den größeren Städten Deutschlands und Österreichs die Schaufenster von Geschäften mit jüdischen Eigentümern einwarfen, Synagogen in Brand setzten und Juden anpöbelten. Die Stadt Wien gedachte des Jahrestages mit Fotos, welche die Ereignisse an den einzelnen Stellen zeigten und überall in der Stadt an Telefonzellen angebracht wurden. Mir fiel auf, dass eine solche Zelle, die man von unserer Pension aus sehen konnte, mit Hakenkreuzen und antisemitischen Parolen beschmiert war. Ich rief bei der Stadtverwaltung die Stelle an, die für die Erinnerungsveranstaltung zuständig war. Die Frau, mit der ich sprach, sagte: Ja, das wisse sie schon, und am nächsten Morgen waren die entstellten Fotos gegen neue Aufnahmen ausgetauscht. Als ich mich erkundigte, warum man nicht versuchte, die beteiligten Rowdys festzunehmen, legte sie auf.

---

[7] *Einige dort gezeigte Fotos wurden aus Straßburg geschickt. Dort gibt es eine Dauerausstellung einer Auswahl meiner Fotos im Atrium des ISIS, des Instituts an der Université de Strasbourg, wo ich Professeur Conventionné bin.*

17.12. Ausstellungsplakat am Eingang des Österreichischen Kulturforums

17.13. Marci, Mischa und ich bei der Ausstellungseröffnung im Österreichischen Kulturforum

Im Laufe unseres Aufenthalts fragte Marci die Rezeptionistin in der Pension, wie wir zur Karplusgasse kommen könnten; wir wussten, dass diese Straße in den Außenbezirken von Wien zu Ehren meines Großvaters Johann Paul Karplus benannt worden war (siehe Kapitel 1). Die Pensionsangestellte sah meine Frau an und sagte sinngemäß: „Ich verstehe nicht, warum man eine Straße nach einem sch... jüdischen Arzt benennt." Dabei verschluckte sie einige Worte, wohl damit man es nicht so hörte.

Bei der Ausstellungseröffnung erklärte Präsident Fischer, Österreich sei heute ganz anders, und das würde ich merken, wenn ich nach Wien käme, um die Ehrendoktorwürde der Universität in Empfang zu nehmen. In meiner Antwort dankte ich ihm für seine freundlichen Bemerkungen und gab meiner Hoffnung Ausdruck, dass er recht habe, aber als Wissenschaftler würde ich meine eigenen Beobachtungen machen, wenn ich dort sei.

Die erste von mehreren Folgeausstellungen, bei denen die BnF-Sammlung nach der ursprünglichen Veranstaltung in Paris gezeigt wurde, fand im November 2014 in Berlin statt. Zu verdanken war das Peter Badge, der als eines seiner wichtigsten Projekte Fotos von allen Nobelpreisträgern machte. Jedes Mal, wenn die Preisträger bekanntgegeben wurden, reiste er zu ihnen und machte eine Portraitaufnahme. Zu mir kam Badge in unserem Haus in Cambridge. Im Laufe der Unterhaltung erfuhr ich, dass er gut mit dem Eigentümer des Café Einstein und der zugehörigen Galerie in Berlin befreundet war. Er schlug vor, die BnF-Ausstellung dort zu zeigen. Da der Platz nur für ungefähr die Hälfte aller Bilder reichte, musste eine geringere Zahl von Fotos ausgewählt und kreativ neu angeordnet werden; die so entstandene Ausstellung erwies sich als erfolgreich.

Da die Ausstellung in Berlin stattfand, kam Professor Monika Grütters, die Kulturstaatsministerin, zur Eröffnung und nahm in ihren einleitenden Worten vieles vorweg, was im folgenden Jahr auch bei den Feierlichkeiten in Wien gesagt werden würde. Sie sagte, angesichts der Erfahrungen meiner Familie und meiner Erlebnisse als Kind sei es alles andere als sicher gewesen, dass ich bereit wäre, in Berlin eine Ausstellung zu veranstalten. Sie halte diese Ausstellung sowohl für eine Mahnung, dem Antisemitismus vorzubeugen, als auch für ein Geschenk, weil Deutschland die Möglichkeit erhalte zu zeigen, dass es aus seiner Vergangenheit gelernt habe.

Ich habe während meiner Reisen auch weiterhin Fotos gemacht (siehe Anhang 2); die letzten führten mich nach Israel, Kuba, Marokko und Tibet (Abbildungen 17.14 a, 17.14 b bis 17.17). Abbildung 17.18 zeigt ein Bild von mir mit meiner Canon-Kamera.

17.14a. Die Mauer zwischen Israel und Palästina, palästinensische Seite 2014

7.14b. Die Mauer zwischen Israel und Palästina, palästinensische Seite 2014

17.15. Havanna, Kuba 2015

17.16. Marrakesch, Marokko 2015

17.17. Bei Lhasa, Tibet 2015

17.18. Mit meiner Canon-Digitalkamera

KAPITEL 18

Warum wir nach Straßburg zogen

Seit den 1970er Jahren war ich oft in Frankreich gewesen, aber dabei hatte ich mich vorwiegend einerseits in Paris und andererseits in unserem Chalet in Manigold in der Haute Savoie aufgehalten. Das änderte sich durch ein Zufallsereignis.

Im Sommer 1991 organisierten Jean-François Levefre und Oleg Jardetsky am Ettore Majorana Center im italienischen Erice die erste International School of Biological Magnetic Resonance. Jean-François, den ich zuvor schon einmal bei einer Tagung getroffen hatte, lud mich wegen meiner Arbeiten an der Karplus-Gleichung als einen der Hauptvortragenden ein. Das Zentrum war zu Ehren von Ettore Majorana eingerichtet worden, eines ausgezeichneten jungen Physikers, der einer der besten Studenten von Enrico Fermi gewesen war. Er wurde 1906 in Catania in Sizilien geboren und verschwand 1938 unter rätselhaften Umständen.

Die internationalen Schulen in Erice sind etwas sehr Ungewöhnliches, denn an ihnen beteiligt sich das ganze Dorf. Erice liegt auf einer Hochebene in Sizilien nicht weit von Catania und ist wegen seiner Höhenlage auch im Sommer noch angenehm, wenn es ansonsten in Sizilien sehr heiß ist. Die großen Vorlesungsveranstaltungen finden in einer ehemaligen Kirche mit ausgezeichneter Akustik statt. Alle Restaurants in Erice stehen den Konferenzteilnehmern zur Verfügung; diese erhalten Gutscheine für ihre Mahlzeiten und können sich aussuchen, in welchem Restaurant sie essen wollen. Das führte dazu, dass kleine Gruppen die Mahlzeiten gemeinsam einnahmen und dabei die Themen des Tages oder auch alles andere diskutierten. Das Essen hatte sicher kein Drei-Sterne-Niveau, aber eine derart warmherzige Atmosphäre hatte ich bei keiner anderen Tagung erlebt. Außerdem hat die Veranstaltung den wichtigen Aspekt, dass auch ungefähr 30 Postdocs eingeladen werden; die informellen Strukturen führen zu einem sehr entspannten Umgang zwischen Dozenten und Studierenden.[1]

In Erice gab es ein kleines Landhaus, in dem früher der Bürgermeister gewohnt hatte. Er war mittlerweile in ein größeres Haus umgezogen, und das Landhaus war für die Vortragenden reserviert. Es liegt auf einem Hügel oberhalb der Hochebene und hat eine wunderschöne Aussicht. Dort arbeitete ich in der entspannten Atmosphäre der Tagung und löste endlich ein Problem, mit dem ich mich schon seit einiger Zeit ohne Erfolg herumgeschlagen hatte. Es ging darum, die Bedeutung der Ergebnisse von Simulationen der freien Energie zu verstehen, indem man sie in die Beiträge ihrer Einzelbestandteile zerlegte. Warum ich mich für diese Zerlegung interessierte, habe ich bereits im Zusammenhang mit anderen Studien erwähnt: Ich wollte die Berechnungen zur Vertiefung unserer Kenntnisse nutzen. Selbst wenn es sich dabei nur um einen näherungsweisen Ansatz handelt, ist er von Interesse, denn er liefert statt einer einzigen Zahl weitere Informationen über die Ursachen der Unterschiede in der freien Energie zwischen zwei Zuständen.

Ich hatte dieses Verfahren schon vor einiger Zeit vorgeschlagen, wobei mir völlig klar war, dass man es bei einer solchen Zerlegung nicht mit genauen thermodynamischen Größen zu tun hat. Auf das Problem der Methode hatte auch van Gunsteren bereits hingewiesen [Mark und van Gunsteren, 1994]. Ich hatte mich bemüht, eine theoretische Rechtfertigung für meine Überzeugung zu entwickeln, dass die Zerlegung sinnvoll ist, es war mir aber nicht gelungen, die Argumentation bis zu ihrem letzten Stadium voranzutreiben. In Erice konnte ich schließlich zeigen, dass die Zerlegung in der niedrigsten Ordnung genau ist und dass es Korrekturen für höhere Ordnungen gibt. Die Analyse und ihre Ergebnisse stehen in einem Artikel, den ich zusammen mit Stefan Boresch veröffentlichte [Boresch und Karplus, 1995].

Während der Tagung in Erice gingen Marci und ich oft zusammen mit Jean-François und seiner Frau Christine zum Essen. Zwischen den Familien war es so etwas wie Liebe auf den ersten Blick gewesen. Neben den wissenschaftlichen Diskussionen mit Jean-François verwöhnte uns Christine, die als Journalistin bei dem lokalen Fernsehsender von Straßburg arbeitete, mit Berichten über die kulturellen Ereignisse in ihrer Stadt. Die beiden

[1] *Eines Tages berichtete der Quantenchemiker Enrico Clementi, der ebenfalls bei der Tagung anwesend war, man habe ihm seine Brieftasche gestohlen. Am gleichen Abend wurde die Brieftasche zurückgegeben. Man sagte uns, die Ortschaft werde von der Mafia kontrolliert, diese sei sehr stolz auf die Veranstaltung, und deshalb würde man sich um so etwas sofort kümmern. Was „kümmern" im Einzelnen bedeutete, abgesehen davon, dass die Brieftasche zurückgegeben wurde, haben wir nie erfahren.*

18.1. Ein Schwan mit einem Jungen am Rand des Flüsschens

drängten uns, wir sollten unser nächstes „Halbsabbatical" in Straßburg verbringen, und Jean-François lud mich ein, an seinem Institut zu arbeiten. Ich hatte bereits versucht, auf Dauer nach Europa zurückzukehren (siehe Kapitel 13), aber die bürokratischen Hürden in Frankreich waren so erdrückend gewesen, dass ich in die Vereinigten Staaten zurückgekehrt war.

Marci, Mischa und ich verbrachten das Frühjahrssemester 1992 in Straßburg und stellten fest, dass die Stadt tatsächlich eine großartige Lebensqualität bietet; das Leben ist hier in vielerlei Hinsicht unbeschwerter als in Paris und weitaus interessanter, als man es bei einer Stadt dieser Größe erwarten würde. Das lag teilweise an ihrer Geschichte: Sie hatte zu verschiedenen Zeiten zu Frankreich und Deutschland gehört, außerdem tagt hier aber auch das Europäische Parlament jeweils eine Woche im Monat. Die Diplomaten arbeiten in der Regel zu den üblichen Bürozeiten und gehen abends häufig in die Oper, ins Theater und insbesondere zu musikalischen Veranstaltungen.

Nachdem wir einige Monate in Straßburg verbracht hatten, glaubten wir – oder vielleicht sagt man besser: glaubte Marci –, dass wir uns wirklich entschließen könnten, hierher zu ziehen, und so suchten wir nach einer Wohnung. Ich war, gelinde gesagt, nicht begeistert (zu jener Zeit war ich innerlich noch nicht dazu bereit, meine Anstellung in Harvard aufzugeben und nach Europa zu ziehen), aber ich erklärte mich einverstanden, dass Marci die Sache weiterverfolgte. Zu meiner großen Überraschung fand sie eine wunderschöne Wohnung mit hübscher Aussicht ganz in der Nähe eines Parks (Parc du Contades) an einem Flüsschen (Abbildung 18.1).

18.2a. Das Wohnzimmer in der Wohnung in Straßburg.

18.2b. Der Blick aus dem Fenster des Esszimmers

18.3. Mischa, Marci und ich in San Sebastian 1998

Die Wohnung lag in Gehreichweite zur Universität, was mir wichtig war. Es bedeutete, dass ich hin und zurück zu Fuß gehen konnte, und das war für mich eine der wenigen Gelegenheiten zu körperlicher Betätigung.

Noch bevor dieses erste Semester zu Ende war, hatten wir die Wohnung gekauft. Anschließend kehrten wir für die nächsten zwei Jahre nach Boston zurück, und 1994 zogen wir schließlich auf Dauer nach Straßburg. Im folgenden Jahr machten wir uns an die Renovierung der Wohnung. Wir hatten vor, das Innere analog zu unserem Haus in Cambridge offener zu gestalten und eine moderne Küche sowie einladende große Räume zu schaffen. Deshalb baten wir unseren Freund Bill Gaynor, der 1983 bei der Renovierung in Cambridge unser Architekt gewesen war, Pläne für die Wohnung in Straßburg zu entwerfen. Wir schickten ihm genaue Maße und Fotos, und er zeichnete die Pläne, ohne die Wohnung vor Ort gesehen zu haben. Ganz allgemein wiederholte sich in der Gestaltung der Geist unseres Hauses in Cambridge, in dem wir glücklich gewesen waren. Es gelang Bill, das Flair einer Wohnung vom Beginn des 20. Jahrhunderts mit dem modernen Gefühl von Offenheit zu verbinden. Sowohl vor als auch während und nach der Renovierung sah er die Wohnung nie. Aber mit der Hilfe eines einheimischen Architekten und einer Gruppe erfahrener Handwerker – unter ihnen der unentbehrliche Zimmermann Jean-Luc Sifferlin – wurde sie für uns ein großartiges Zu Hause und zusammen mit unserem Haus in Cambridge für die nächsten zwanzig Jahre unser Wohnsitz (Abbildungen 18.2 a und b).

Während wir in Europa wohnten, unternahmen wir viele Reisen und besuchten dabei oftmals Orte, die ich schon in den 1950er und 1960er Jahren gesehen hatte (siehe Kapitel 17). In Spanien war ich allerdings noch nicht gewesen, denn ich wollte nie dorthin fahren, solange Franco an der Macht war. Mischa verbrachte einen Teil des Sommers 1998 in San Sebastian, nahm an einem Sprachkurs teil und verbesserte sein Spanisch. Wir besuchten ihn dort und stellten fest, dass es eine großartige Stadt ist (Abbildung 18.3). Marci und ich kamen 2000 erneut nach San Sebastian, als ich zu einer Vorlesung eingeladen war, und dann noch einmal 2016.

Mischa hatte in den Vereinigten Staaten eine bilinguale französische Schule besucht und war in Paris in der ersten Klasse der örtlichen Grundschule gewesen, als ich dort im Sabbatjahr war. Als wir nach Straßburg zogen, verfügte er also über gute Französischkenntnisse. Meine beiden Töchter aus meiner früheren Ehe lebten bereits unabhängig von uns. Reba, meine ältere Tochter, studierte in Jerusalem Medizin, die jüngere, Tammy, hatte ihren Abschluss an der medizinischen Fakultät der Tufts University gemacht und in Iowa eine Stelle als Assistenzärztin angetreten.

In Straßburg wohnten wir bis zum Juni 1999, als Mischa die internationale Schule (Lycée international des Pontonniers) abschloss. Genauer gesagt, wohnten Marci und Mischa ständig dort, während ich zwischen Harvard und Straßburg pendelte. Mehrere Jahre lang unterrichtete ich die Hälfte der Zeit in Harvard und organisierte meine Vorlesungen so, dass ich die für einen Monat vorgesehene Anzahl in zwei Wochen halten und eine gewisse Zeit bei meiner Familie in Straßburg verbringen konnte. Nach drei Jahren auf der Halbtagsstelle ging ich offiziell in den Ruhestand, das heißt, ich hielt an der Harvard University keine regelmäßigen Vorlesungen mehr; das entsprach der Übereinkunft, die ich zu jener Zeit mit Henry Rosovsky, dem Dekan der Faculty of Arts and Sciences an der Harvard University geschlossen hatte.

Nachdem Mischa die Schule abgeschlossen hatte und in die Vereinigten Staaten zurückgekehrt war, um sein Studium am College der Georgetown University zu beginnen, wurde Marci und mir klar, dass wir jetzt leben konnten, wo wir wollten und wann wir wollten. Wir entschlossen uns, zu „pendeln" und dabei zwei „Leitlinien" zu beachten. Erstens würden wir immer so lange bleiben, dass wir uns richtig zu Hause fühlten. Das führte dazu, dass wir alle zwei Monate zwischen Cambridge und Straßburg wechselten. Das Meiste, was wir brauchten, legten wir uns doppelt zu, sodass wir nichts hin und her transportieren mussten. Und zweitens würde ich Einladungen zu Vorträgen nur von der Seite des Atlantiks annehmen, auf der wir uns zu dem jeweiligen Zeitpunkt befanden; wie nicht anders zu erwarten, warf ich diesen Vorsatz manchmal über Bord, aber oft lieferte er mir eine Ausrede, um eine Einladung abzulehnen. Dem Zeitplan folgten wir, seit ich das Jahr 1999/2000 in Oxford als Eastman Professor hinter mir hatte, und während der nächsten fünfzehn Jahre behielten wir den Rhythmus des zweimonatigen Wechsels streng bei. Aber meine Kollegen Andrew Griffith und Nicolas Wissinger, mit denen ich den meisten Austausch pflegte, verließen irgendwann Straßburg, und unter anderem aus diesem Grund entschlossen wir uns schließlich, nicht mehr jede zweite Zwei-Monats-Einheit dort zu verbringen. Offiziell wurde die Entscheidung 2016, als wir die Wohnung in Straßburg verkauften.[2]

[2] *Während wir in Straßburg wohnten, hatten wir auch Anteile an dem Weingut Château de Villars Fontaines gekauft, das in den Hautes-Côtes de Nuits lag, einem Teil von Burgund. Von dort erhielten wir jedes Jahr ungefähr 100 Flaschen Rot- und Weißwein zum Selbstkostenpreis (das heißt zum Preis für die Flaschen als solche und die Arbeit der Weinherstellung). Als wir die Wohnung verkauften, schickten wir den gesamten Wein aus unserem Keller an unsere amerikanische Adresse in Massachusetts. Nachdem er in den Vereinigten Staaten eingetroffen war und die Zollabfertigung durchlaufen hatte, erhielten wir die in Abbildung 18.4 gezeigte Nachricht. Warum uns diese Ausnahme gewährt wurde, ist nicht ganz klar, nach meiner Vermutung war es aber kein Schaden gewesen, dass ich in dem Antrag den kürzlich an mich verliehenen Nobelpreis erwähnt hatte.*

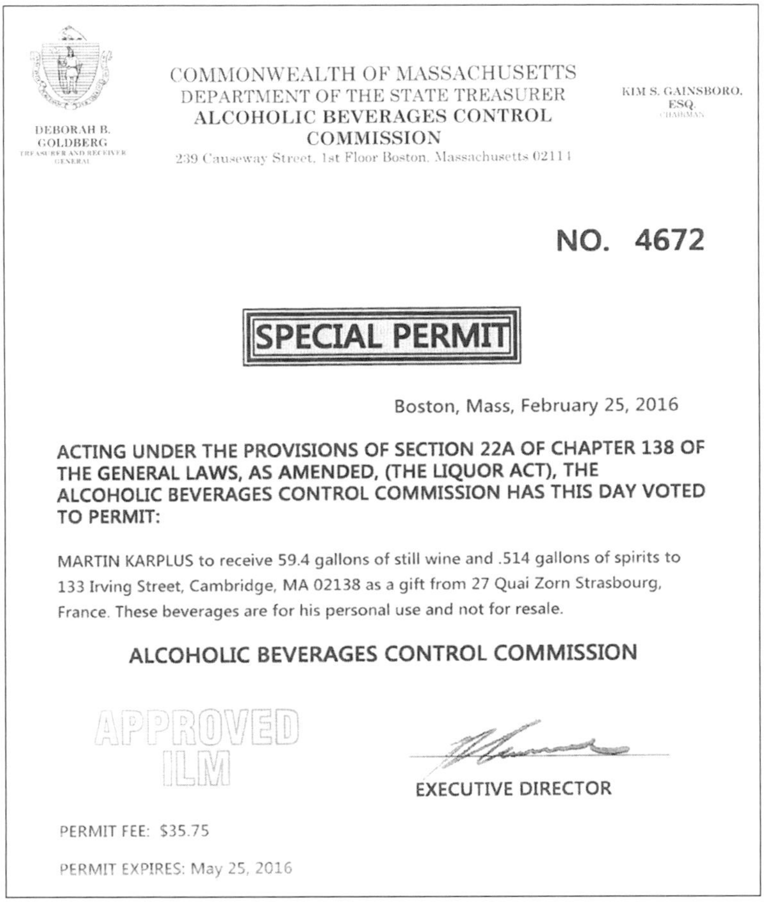

DEBORAH B. GOLDBERG
TREASURER AND RECEIVER GENERAL

COMMONWEALTH OF MASSACHUSETTS
DEPARTMENT OF THE STATE TREASURER
ALCOHOLIC BEVERAGES CONTROL COMMISSION
239 Causeway Street, 1st Floor Boston, Massachusetts 02114

KIM S. GAINSBORO, ESQ.
CHAIRMAN

NO. 4672

SPECIAL PERMIT

Boston, Mass, February 25, 2016

ACTING UNDER THE PROVISIONS OF SECTION 22A OF CHAPTER 138 OF THE GENERAL LAWS, AS AMENDED, (THE LIQUOR ACT), THE ALCOHOLIC BEVERAGES CONTROL COMMISSION HAS THIS DAY VOTED TO PERMIT:

MARTIN KARPLUS to receive 59.4 gallons of still wine and .514 gallons of spirits to 133 Irving Street, Cambridge, MA 02138 as a gift from 27 Quai Zorn Strasbourg, France. These beverages are for his personal use and not for resale.

ALCOHOLIC BEVERAGES CONTROL COMMISSION

APPROVED
ILM

EXECUTIVE DIRECTOR

PERMIT FEE: $35.75

PERMIT EXPIRES: May 25, 2016

18.4. Die Sondergenehmigung das Staates Massachusetts

Am Chemischen Institut der Université de Strasbourg hatte ich eine Stelle als *Professeur Associé* gehabt, aber als Jean-Marie Lehn sein Institut de Science et d'Ingénierie Supramoléculaires (ISIS) gründete, lud er mich ein, dort als leitender Wissenschaftler mitzuarbeiten, was einer Professorenstelle entsprach. Ich erhielt den Titel eines *Professeur Conventionné,* den ich noch heute trage. Mit ihm verbinden sich alle Privilegien eines Professors, was die Entgegennahme von Drittmitteln, die Ausbildung von Studierenden und Postdocs sowie die Lehre betrifft, man wird aber nicht bezahlt.[3]

Das ISIS war etwas ganz Besonderes und in Frankreich in vielerlei Hin-

[3] *Die Stellung eines Professeur Conventionné gibt es nur an der Universität von Straßburg. Geschaffen wurde sie von Guy Ourisson, dem Präsidenten der damaligen Université Louis Pasteur. Er war nicht nur ein herausragender Wissenschaftler, sondern hatte auch eine andere großartige Eigenschaft: Wenn es ein Problem gab, fand er eine Lösung, selbst wenn er dazu etwas tun musste, was in Frankreich zuvor noch niemand getan hatte.*

sicht einzigartig. Es erinnerte eher an die chemischen Institute in den Vereinigten Staaten, die Jean-Marie aus seiner Zeit an der Harvard University in den 1970er Jahren natürlich kannte. Die wichtigste Neuerung bestand darin, dass junge Arbeitsgruppenleiter berufen wurden – die Entsprechung zu den *assistant professors* in den Vereinigten Staaten –, die Zeitverträge meist für fünf Jahre hatten, aber vollkommen selbstständig waren. Sie erhielten alle Finanzmittel, die sie zur Gründung einer Arbeitsgruppe brauchten, und waren viel weniger durch Lehrveranstaltungen belastet, als es sonst an französischen Universitäten üblich war. Dahinter stand der Gedanke, dass sie die Gelegenheit erhalten sollten, bestmögliche Forschungsarbeit zu leisten. Am Ende der fünf Jahre hatten sie dann hoffentlich so viel veröffentlicht, dass sie anderswo gute Stellungen finden konnten. Dieses Prinzip erwies sich in den meisten Fällen als erfolgreich.

Anders als bei meinem früheren Aufenthalt in Paris kamen die meisten Studierenden von der Harvard University dieses Mal nicht mit, und die meisten Studierenden in Straßburg stellte ich ein, während ich in Frankreich war. Bald hatte ich eine Gruppe hervorragender Postdocs um mich versammelt, und ich hatte Zugriff auf Finanzmittel, die vom ISIS und als Projektmittel von der Europäischen Union bereitgestellt wurden,[4] aber auch auf Mittel aus meinem Etat von den National Institutes of Health an der Harvard University. Dank dieser Finanzierung machte meine Forschung weiterhin große Fortschritte, und ich konnte sie auf neue Bereiche ausdehnen. Einige Ergebnisse, die in dieser Zeit erzielt wurden, sind in Kapitel 23 zusammengefasst.

[4] *Als ich zum ersten Mal Finanzmittel der Europäischen Union (EU) beantragte und meine Studierenden Stipendienanträge stellten, schnitt meine Arbeitsgruppe gut ab, denn das Kriterium waren herausragende Leistungen des Antragstellers und ein herausragendes Forschungsprojekt. Im Laufe der Zeit wurde das Auswahlverfahren aber stärker politisch geprägt, und man legte mehr Gewicht auf die Forderung, die Forschung müsse für die EU von „unmittelbarem Nutzen“ sein. Dadurch wurde der Antragsprozess so umständlich, dass ich mich nicht mehr um EU-Mittel bemühte. 2007 (für mich zu spät) führte die EU ein leistungsbasiertes System ein, das dem Geist der Vorgehensweise beim ISIS entspricht. Junge Wissenschaftler können innerhalb von sieben Jahren nach ihrer Promotion ein Startkapital von 1,5 Millionen Euro für fünf Jahre beantragen. Dazu müssen sie in der Einrichtung ihrer Wahl vollkommen selbstständig arbeiten können.*

KAPITEL 19

Mein Leben als Koch

Ein wichtiger Bestandteil unseres Lebens in Europa war das leicht verfügbare gute Essen; damit meine ich nicht nur hervorragende Restaurants, sondern auch die frischen, jahreszeitlich unterschiedlichen Produkte auf den lokalen Märkten. In dem Stadtteil von Straßburg, in dem wir wohnten, gab es keine Supermärkte. Wir hatten aber das Glück, dass zweimal wöchentlich (dienstags und samstags) ein kleiner Wochenmarkt stattfand, und ein größerer Markt war zu Fuß ungefähr 20 Minuten entfernt. Schon auf dem Markt in unserer Gegend gab es drei Gemüsestände, zwei Metzger und einen Stand, der auf Geflügelprodukte wie Entenbrust, ganze Hühner und frische Gänseleberpastete spezialisiert war. Angesichts solcher Angebote und einer örtlichen Bäckerei mit knusprigem Baguette brauchten wir keinen Supermarkt.[1]

In Straßburg konnte man großartig essen gehen, und das nicht nur in den sternegekrönten Restaurants wie Le Buerehiesel und Au Crocodile, sondern vielleicht noch stärker in den Traditionslokalen mit klassisch elsässischer Küche. Wenn ich ein Gericht aß, das ich noch nicht kannte, versuchte ich herauszufinden, wie man es zubereitet hatte. Manchmal fragte ich auch danach, aber ich erhielt nicht immer eine verwertbare Antwort. Anschließend versuchte ich, es zu Hause nachzukochen. Dass solche Erfahrungen am Ende dazu führten, dass ich in berühmten Restaurants arbeiten durfte, war wieder einmal eines der vielen glücklichen Ereignisse in meinem Leben.

Für Marci und mich ging in der Haute Savoie der Sommer des Jahres 1977 zu Ende. Sie war bereits zurück nach Boston geflogen, und ich hatte vor, ebenfalls in die Vereinigten Staaten zu reisen, aber dann erfuhr ich, dass es in Paris bei den Flugverbindungen einen Streik gab. Ich konnte also nicht sofort nach Hause fliegen. Statt direkt nach Paris zu fahren, entschloss ich mich, Zwischenstation in Roanne zu machen; die kleine Ortschaft war für

[1] Nachdem Bauernmärkte mit frischen jahreszeitlichen Produkten heute auch in die Vereinigten Staaten Einzug gehalten haben, machen sie diesen Aspekt, den wir seit Frankreich vermisst hatten, zu großen Teilen wett.

Touristen vor allem wegen eines Drei-Sterne-Restaurants von Interesse, das zu jener Zeit von Pierre und Jean Troisgros geleitet wurde.

Für Leser, die mit Frankreich nicht vertraut sind und keine Neigung zur Gastronomie verspüren, sollte ich erwähnen, dass der Rote Michelin-Führer mit seinen Restaurantempfehlungen jahrzehntelang ein unverzichtbarer Begleiter jeder Frankreichreise war. Der Rote Führer definiert ein Drei-Sterne-Restaurant als Restaurant mit einer „einzigartigen Küche, die eine Reise wert ist", Zwei-Sterne-Restaurants sind solche mit „hervorragender Küche, die einen Umweg lohnt". Anfangs, im Jahr 1900, wurde der Führer von dem Reifenhersteller Michelin kostenlos als Werbegeschenk verteilt, mit dem man Autoreifen verkaufen wollte – damals gab es in Frankreich erst 3000 Kraftfahrzeuge. Die Sternebewertung wurde 1936 kurz vor dem Zweiten Weltkrieg eingeführt.[2]

In den 1970er Jahren wurde bei Troisgros, wie in allen Drei-Sterne-Restaurants, klassisch gekocht, das heißt sehr üppig und mit köstlichen Saucen.[3] Die Geschichte von Troisgros reicht bis in die 1930er Jahre zurück: Damals eröffneten die hervorragende Köchin Marie Troisgros und ihr Ehemann Jean Baptist, der für den „Bereich vorne" und den Wein zuständig war, das Restaurant. Seinen ersten Stern erhielt es 1955. Nachdem ihre Söhne Pierre und Jean bei den Eltern mitarbeiteten, wurde das Restaurant 1965 mit dem zweiten und 1968 mit dem dritten Stern ausgezeichnet.

Ich nahm bei Troisgros ein großartiges Abendessen ein, und wie man es in einem Drei-Sterne-Restaurant nicht anders erwartet, war alles perfekt. Etwas ganz Besonderes war für mich der pochierte Lachs in einer mächtigen Sauerampfer-Rahmsauce. Nach dem Essen, als die Servicekräfte etwas weniger zu tun hatten, luden sie mich und eine Reihe weiterer versprengter Gäste ein, uns zu ihnen zu setzen und mit ihnen ein Glas Cognac zu trinken. Ich erwähnte, dass ich wegen des Flugstreiks mindestens eine Woche nichts zu tun hatte. Nachdem wir ein wenig über mein Interesse am Kochen gesprochen hatten, luden sie mich ein, den Rest der Woche zu bleiben und in ihrer Küche zu arbeiten. Außerdem empfahlen sie mir einen

---

[2] Dazu eine interessante Randbemerkung: Als im Frühjahr 1944 die Landung in der Normandie vorbereitet wurde, bestand die Besorgnis, die alliierten Soldaten könnten sich in französischen Städten verirren oder vom Weg abgekommen, weil die deutschen Streitkräfte vor ihrem Abzug alle Straßenschilder zerstört hatten. In Washington kam daraufhin irgendjemand auf die geniale Idee, den Michelin-Führer von 1939 (die letzte Vorkriegsausgabe) mit seinen detaillierten Stadtplänen nachzudrucken und an die Offiziere der Truppen zu verteilen, die am D-Day an der Landung beteiligt waren [https://www.beyond.fr/food/michelin-guide-history.html].

[3] Leider werden einer solchen Küche heute nur selten drei Sterne verliehen; es gibt aber mindestens eine Ausnahme: die Auberge de l'Ill – mehr über meine dortigen Erlebnisse im weiteren Verlauf dieses Kapitels. Ich interpretiere das Phänomen so, dass die Gastrokritiker, die fast jeden Tag in schicken Restaurants essen müssen, stets nach etwas Neuem suchen. Außerdem sind leichtere Gerichte mit einem Minimum an Saucen derzeit in Mode.

19.1. Mania in der Küche in West Newton

preisgünstigen Gasthof in der Nachbarschaft, wo ich wohnen könnte. Ich nahm die Einladung begeistert an. Während dieses ersten Aufenthalts in einer Drei-Sterne-Küche war ich mehr mit zusehen und fragen beschäftigt, als dass ich wirklich mitarbeitete. Ich lernte auch einige Jungköche kennen, die teilweise die Kinder anderer Drei-Sterne-Köche waren. Sie arbeiteten hier, um Erfahrungen in einem anderen hervorragenden Etablissement zu sammeln, bevor sie zurückkehrten und im Restaurant der Eltern kochten. Die Bekanntschaft mit ihnen half mir in einigen Fällen, meine „Karriere“ als Koch fortzusetzen.

Mein Interesse am Kochen erwachte frühzeitig. Schon in Kindertagen hatte ich mich in Wien gern in der Küche aufgehalten. Dort kochte meist nicht meine Mutter, sondern Mitzi. Nachdem wir in die Vereinigten Staaten ausgewandert waren, bereitete meine Mutter die Mahlzeiten für die Familie zu, denn ein Dienstmädchen hatten wir nicht mehr. In unserem Haus in West Newton gab es eine große Küche, und dort wurde meine Mutter hin und wieder von meiner Großmutter Mania unterstützt. Mania war 1940 zu uns in die Vereinigten Staaten gekommen, nachdem ihr Mann Samuel im März 1939 in Wien an einem Herzinfarkt gestorben war. In die Vereinigten Staaten konnte sie einreisen, weil meine Eltern eine Immigrantenbürgschaft für sie geleistet hatten.[4]

Meine Erinnerungen an die Küche bestehen aus mir mit meiner Mutter und Großmutter (Abbildung 19.1).

Mein Bruder ließ kein besonderes Interesse am Kochen erkennen und teilte meine Vorliebe für Küche und Essen nie. In der Küche halfen Mania und ich vor allem beim Gemüseputzen, und hin und wieder zog meine Mutter mich auch beim eigentlichen Kochen hinzu. Vielleicht lag es an ihrer Arbeit als Ernährungsberaterin an der Fango-Heilanstalt, dass sie traditionell einfach, aber mit guten Zutaten kochte, womit sie einen Trend vorwegnahm, der in den Vereinigten Staaten sechzig oder siebzig Jahre später in Mode kam.[5]

Ich kochte weiterhin gelegentlich zu Hause, außerdem gab es den Kochunterricht an der Junior High School. Als ich an die Harvard University ging, wurde meine Kochlaufbahn unterbrochen, aber während des Sommers, den ich in Woods Hole verbrachte (siehe Kapitel 6), und später als Doktorand am Caltech nahm ich sie wieder auf. Alex Rich, den ich von Woods Hole kannte, hatte mich eingeladen, mit ihm in Pasadena eine Wohnung zu teilen. Das Zusammenleben mit Alex bestand darin, dass wir uns in der Regel nur zum Abendessen trafen. Alex stand meist irgendwann am Nachmittag oder noch später auf, und ich kochte, nachdem ich im Labor Feierabend gemacht hatte. Es war für mich das Ende und für Alex der Anfang des Tages, denn wenn ich morgens aus dem Haus ging, lag er in der Regel noch im Bett.

---

[4] *Mania wohnte jeweils ein Drittel des Jahres bei einer ihrer drei Töchter, die alle im östlichen Teil der Vereinigten Staaten zu Hause waren. Meine Mutter war die Älteste. Lene, die mittlere Tochter, die Chefärztin an der Fango-Heilanstalt gewesen war, lebte jetzt als Psychiaterin zusammen mit ihrem Ehemann Ernst Papanek sowie den beiden Söhnen Gus und George in New York in einer großen Wohnung am Central Park West. Claire, Sozialarbeiterin und die jüngste Schwester (das „Baby"), wohnte mit ihrem Ehemann Karl und den beiden Töchtern Lisa und Susan in Utica im Staat New York. Alex, der einzige Bruder und das zweitälteste der vier Kinder, lebte zu jener Zeit in Neuseeland (siehe Kapitel 1).*

[5] *Nachdem meine Mutter am Simmons College ihren Abschluss gemacht hatte, arbeitete sie einige Jahre als leitende Ernährungsberaterin am Beth Israel Hospital in Boston. Während dieser Tätigkeit gab es dort gutes Essen, insbesondere nach den Maßstäben eines Krankenhauses. (Manchmal ging ich mit ihr zum Mittagessen dorthin.)*

Im folgenden Jahr kam Gary Felsenfeld, der wie ich als Studienanfänger an der Harvard University gewesen war, als Doktorand ans Caltech. Wir mieteten gemeinsam eine Wohnung, und auch dort war ich vorwiegend fürs Kochen zuständig. Nach ungefähr einem Jahr wurde ich eingeladen, in eine Wohngemeinschaft von mehreren Freunden zu ziehen, unter ihnen Alex Rich, Sidney Bernhard und Roy Glauber. Alex und Roy zogen wenig später aus – bei Alex lag es daran, dass er Jane heiratete. Sidney, der mich später zu meinem Besuch bei Lapérouse in Paris begleitete (siehe Kapitel 8), war ebenfalls ein sehr guter Koch, und so sorgten wir beide für das Essen; andere in der Wohngemeinschaft, unter anderem Walter Hamilton und Matt Meselson, kamen zum Essen hinzu und kümmerten sich um die Hausarbeit, insbesondere ums Geschirrspülen. Damals lernte ich durch Seymour Benzer, einen Phagengenetiker aus der Arbeitsgruppe von Max Delbrück, Pferdefleisch kennen. Es war ein großartiger, preisgünstiger Ersatz für Rindfleisch (allerdings war es etwas süßlich), und ich bereitete damit viele Gerichte zu. In Los Angeles besagte die gesetzliche Vorschrift, dass Pferdefleisch im Supermarkt nur als Hundefutter verkauft werden durfte. Davon ließ ich mich nicht abschrecken: Pferdefilet, das einen Bruchteil des entsprechenden Stücks vom Rind kostete, tauchte in meiner Küche als Pferde-Stroganoff, Pferde-Cordon-Bleu und so weiter auf.

Im Laufe der Zeit sammelte ich in der Küche immer mehr Erfahrungen, und als sich dann andere Gelegenheiten wie die bei Troisgros boten, war ich bereit. Ich werde oft gefragt, ob es einen Zusammenhang zwischen meiner Chemie und meiner Kochkunst gibt. Soweit ich es erkennen kann, ist das nicht der Fall. Für mich als theoretischen Chemiker war das Kochen gewissermaßen die einzige echte Chemie, mit der ich mich beschäftigte.

Zu den vielen Attraktionen der Haute Savoie, in der wir regelmäßig den Sommer verbrachten, gehörte das Drei-Sterne-Restaurant Auberge du Père Bise in Talloires, das sich in idealer Lage am Lac d'Annecy befindet (Abbildung 19.2).[6]

Zum ersten Mal ging ich dort Anfang der 1970er Jahre mit Bill Reinhardt essen. Wir arbeiteten damals in Genf gemeinsam an einem Buch über die Vielteilchentheorie, das wie mehrere andere Bücher, die ich in Angriff genommen hatte, nie fertig wurde.

[6] *Der Lac d'Annecy ist ein wunderschöner See, und sein Wasser gilt heute als das sauberste in Frankreich (Abbildung 19.3). Früher war er stark verschmutzt, weil die Abwässer aus den umgebenden Gemeinden direkt in ihn eingeleitet wurden. In den 1960er Jahren errichtete man rund um den See Kläranlagen. Innerhalb weniger Jahre hatte der See sich selbst gereinigt. Das ging unter anderem deshalb so schnell, weil sämtliches Wasser, das in den See fließt, aus unterirdischen Quellen stammt.*

19.2. Die Auberge du Père Bise am Lac d'Annecy

19.3. Blick auf den Lac d'Annecy, 1984

Während unserer sommerlichen Aufenthalte im Chalet fuhren Marci und ich regelmäßig hinunter nach Talloires, wo es einen wunderschönen öffentlichen Badestrand gab. Obwohl wir nur über begrenzte Finanzmittel verfügten, legten wir Wert darauf, mindestens einmal im Jahr im Père Bise zum Mittagessen zu gehen, meist zu einer besonderen Gelegenheit. Wie Troisgros, so hatte auch Père Bise anfangs zusammen mit seiner Mutter Marie Bise gekocht, und ihr Ehemann François Bise hatte die Gäste empfangen. Als wir in die Haute Savoie zogen, war ihr Enkel François Bise der Küchenchef, und der hatte gerade den dritten Stern für das Restaurant erhalten. In seinen späteren Lebensjahren und noch einige Zeit, nachdem er 1985 gestorben war, bekleidete de facto Gilles Furtin die Stellung des Küchenchefs. Zusammen mit Michel Marucco, dem *maître d'hôtel*, hielt er das Drei-Sterne-Niveau der Auberge, solange sie dort arbeiteten.

Wir aßen einige Male dort, und ich hatte Gilles kennengelernt, weil ich oft nach der letzten Bestellung mit ihm plauderte. Eines Tages fragte ich ihn, ob ich kommen und einige Zeit in der Küche arbeiten könne. Angesichts meiner „Referenzen" von meinem Aufenthalt bei Troisgros sagte Gilles zu, nachdem er sich bei Madame Bise rückversichert hatte – diese war zwar nicht begeistert, sagte aber auch nicht nein. Danach verbrachte ich mehrere Jahre hintereinander im Sommer jeweils eine oder zwei Wochen in der Küche, wobei ich morgens vom Chalet hinunterfuhr und erst am späten Abend zurückkam. Im Père Bise war ich zur eigentlichen Arbeit in der Küche aufgestiegen. Oft vertrat ich die Person, die gerade ihren freien Tag hatte. Natürlich musste man mir zeigen, was ich an den einzelnen „Stationen" zu tun hatte, aber ich begriff die verschiedenen Aufgaben relativ schnell. An einem Tag war ich vielleicht am *garde manger* und putzte Gemüse, am anderen half ich bei der Herstellung der Saucen. Meist machte ich meine Sache gut, aber nicht immer. Ein besonderes Gericht, das ich bei meinem ersten Besuch in dem Restaurant gegessen hatte, war Krebs (*écrevisse*)[7] aus dem See in einer üppigen Sauce *beurre blanc*, die mit Butter, Eiern und ein wenig Essig zubereitet wurde. Dabei musste man sehr vorsichtig vorgehen, damit die Sauce „anging" und zu einer köstlichen, dickflüssigen Masse wurde, ohne dass die Eier sich mehr oder weniger in Rührei verwandelten. Als ich die Sauce rührte, begann sie zu gerinnen, und Gilles kam

[7] *Wir mochten die Krebse sehr gern und wussten, dass sie im Lac d'Annecy zu finden waren. Eines Abends fuhr ich in Begleitung mehrerer Freunde mit Fischernetzen und einer Taschenlampe hinunter nach Talloires. Natürlich lockten wir die Krebse an, aber bevor wir sie fangen konnten, kam die örtliche Polizei, fragte, was wir da täten, und wies uns darauf hin, dass der Krebsfang ohne Genehmigung illegal und mit einer saftigen Strafe belegt sei. Wir gaben uns unwissend. Die Polizisten erklärten, wir sollten es nicht noch einmal tun, und ließen uns ohne Strafe gehen. Danach aßen wir écrevisse nur noch in der Auberge.*

herüber, um mir zu helfen. Er zeigte mir, dass man die Sauce retten konnte, indem man ein wenig kaltes Wasser zugab und schnell rührte. Es war ein echtes Lernerlebnis. Viel später sah ich im Fernsehen eine Kochshow von Julia Child: Dort behauptete sie auf ihre charakteristische fröhliche Art, es sei „kein Problem", als die Katastrophe drohte, und als ihre *beurre blanc* geronnen war, griff sie auf den gleichen Trick zurück. Die Arbeit in der Auberge war insbesondere deshalb angenehm, weil in der Küche eine entspanntere Atmosphäre herrschte als in manchen Restaurants, in denen ich später in Paris arbeitete. Das lag vor allem an Gilles, aber ganz allgemein ist die Stimmung in Landgasthöfen in der Regel weniger angespannt.

Ein anderes Kocherlebnis hatte ich bei Taillevent in Paris, das viele Jahre ein elegantes Drei-Sterne-Restaurant war. Es trägt den Namen eines berühmten französischen Kochs, der im 14. Jahrhundert gelebt hat und das erste Kochbuch geschrieben haben soll. Im Gegensatz zu den meisten anderen Drei-Sterne-Restaurants wurde Taillevent nicht vom Küchenchef geleitet, sondern von seinem Eigentümer Jean-Claude Vrinat. Dieser hatte das Taillevent zu einem großartigen Ort gemacht, sowohl zum Essen als auch zum Arbeiten. Er beaufsichtigte alles in der Küche und im Restaurant. Allen, die zum Essen kamen, gab er das Gefühl, sie seien seine ganz besonderen Gäste. Natürlich gab es Stammgäste oder wichtige Menschen, die er kannte, aber auch unbekannte Kunden wurden auf die gleiche zuvorkommende Weise behandelt. Nachdem wir mehrere Male dort gegessen hatten, stellte ich die Frage, ob ich einige Zeit in der Küche arbeiten könne. Vrinat sagte nicht sofort ja, sondern erklärte, er müsse überprüfen, ob es Bedenken wegen des Versicherungsschutzes gebe; normalerweise sind alle, die dort arbeiten, gegen Unfälle in der Küche versichert. Zu meiner angenehmen Überraschung erhielt ich einige Wochen später eine Nachricht mit einem Zeitpunkt, zu dem wir uns treffen und meinen „Aufenthalt" besprechen sollten.

Der Küchenchef bei Taillevent war Claude Deligne; ihm zur Seite stand Philippe Legendre, der mich vorwiegend betreute und mir bei der Arbeit viele kleine Tricks beibrachte. Eines Abends wurden in der Küche gleichzeitig mehrere Bestellungen von Kalbsfilet bearbeitet. Es musste aufgeschnitten werden, bevor es mit der Sauce versehen wurde, und so holte man mich zu Hilfe. Ich fing an, ein Filet zu zerschneiden, aber im nächsten Augenblick kam Monsieur Deligne zu mir, führte meinen Arm mit dem Messer und erklärte, das Kalbfleisch sei so zart, dass man nicht von oben nach unten darauf drücken dürfe, denn das würde dazu führen, dass der Fleischsaft austrat; tatsächlich war mit einem wirklich scharfen Messer keinerlei Kraftaufwand erforderlich (Abbildung 19.4).

19.4. Die Küche des Taillevent

19.5. Marci und ich vor der Auberge de l'Ill im Winter 2010

Ich war höchst beeindruckt, denn Deligne hatte sich auf der anderen Seite der Küche aufgehalten und scheinbar nur, auf einen Tresen gelehnt, herumgestanden. Offensichtlich beobachtete er aber alles, was in der Küche vorging, und sorgte dafür, dass alles richtig ablief. Solche Lektionen haben mich während meines ganzen weiteren Lebens begleitet, nicht nur in dem Sinn, dass ich meine Messer immer so scharf halte, wie sie sein sollten, sondern in gewisser Weise auch bei der Aufsicht über die Forschungsarbeiten meiner Studierenden. Deligne wurde von allen respektiert, und obwohl er schon im fortgeschrittenen Alter war, kam er immer noch mit dem Motorrad zur Arbeit.

Vrinat hatte eine ungewöhnliche Sitte eingeführt: Er forderte alle Mitarbeitenden in der Küche auf, neue Gerichte zu kreieren. Auf dem Weg zur Anerkennung einer neuen Kreation bestand der erste Schritt darin, dass das Personal, das abends gewöhnlich vor Dienstbeginn aß, das Gericht probieren konnte. Hielt man es für vielversprechend, erschien es im zweiten Schritt als Tagesgericht, das nicht auf der normalen Speisekarte stand. Wenn es den Kunden gefiel, kam es bei der nächsten Überarbeitung der Speisekarte hinzu, wobei Vrinat die letzte Entscheidung traf. Viele solcher Vorschläge waren nicht von Erfolg gekrönt, einige aber sehr wohl.

In der Auberge de l'Ill, einem seit 1967 mit drei Sternen ausgezeichneten Restaurant in dem elsässischen Dorf Illhaeusern, war ich zum ersten Mal 1980. Damals war ich zu einer Tagung in Basel eingeladen. Ich hatte nur unter der Bedingung zugesagt, dass wir zum Mittagessen in die Auberge fahren würden, die ungefähr eine Autostunde entfernt lag. Die Organisatoren gingen auf meinen Vorschlag ein, und ich erlebte zum ersten Mal das wundervolle Essen von Paul Haeberlin, der den ehemaligen Dorfgasthof nach dem Zweiten Weltkrieg von seinen Eltern übernommen hatte. Da das Dorf in der Nähe der Grenze lag, war das Lokal durch die deutschen Bomben, die auf eine Rheinbrücke zielten, zerstört worden; es wurde 1945 wieder aufgebaut. Wie das Père Bise, so liegt auch die Auberge de l'Ill an einem bezaubernden Ort: in einem Garten an einem kleinen Fluss (Abbildung 19.5).

Nachdem Marci und ich uns in Straßburg niedergelassen hatten, suchten wir erneut die Auberge auf. Als ich 1992 mit Jean-François und Christine Lefevre plauderte, erwähnte ich, dass ich gern einmal einige Zeit in der Küche der Auberge arbeiten würde. Christine, die beim lokalen Fernsehsender France-3 über Kunst und Kultur berichtete, nahm Kontakt zur Auberge auf und nutzte ihre Beziehungen, um alles zu organisieren. Paul, der sich schon halb zur Ruhe gesetzt hatte, und seinem Sohn Marc, der mittlerweile die Funktion des Küchenchefs bekleidete, war es zu verdanken, dass in der Küche eine warmherzige, familiäre Atmosphäre herrschte. Am deutlichsten erinnere ich mich daran, wie Paul die Gemüsereste einsammelte, die man weggeworfen hatte, weil sie nicht perfekt geschnitten waren. Mit ein wenig Hühnerfond machte er daraus eine köstliche Suppe, die regelmäßig beim Mittagessen des Personals die Vorspeise bildete. Er hatte während des Krieges die Lebensmittelknappheit miterlebt und konnte sich nicht überwinden, irgendetwas in den Müll zu werfen.

Zu den Spezialitäten des Hauses gehörte eine *terrine de foie gras*. Ich wollte lernen, wie man sie zubereitet, aber da sie nur einmal in der Woche hergestellt wurde, passte der Zeitplan während meines Aufenthalts im Jahr 1992 nicht. Marc sprach eine Dauereinladung aus: Ich solle irgendwann einmal an einem Donnerstag kommen, wenn sie zubereitet wurde. Das geschah im Januar 2015, wenige Tage nachdem bekanntgegeben worden war, dass die Auberge im 45. Jahr in Folge drei Sterne erhalten hatte (Abbildungen 19.6 a und b).

Während ich an der Zubereitung der Terrine arbeitete, bemerkte Marc, ich sei der einzige Nobelpreisträger, der jemals in seiner Küche als *commis* gearbeitet habe (Abbildung 19.7).

19.6a. Zubereitung der Terrine in der Küche in der Auberge de l'Ill

19.6b. Mit Marc Haeberlin und einem commis

19.7. Festmahl in der Auberge de l'Ill nach der Arbeit in der Küche

19.8. Die Karplusianer beim Symposium 2014

Dass die Auberge bis heute drei Sterne hat, ist eine Anerkennung für die Raffinesse ihrer Gerichte. Soweit ich weiß, ist sie das einzige Drei-Sterne-Restaurant, das noch heute klassische Küche und nicht irgendeine Form von „Molekularküche" serviert.

Ein weiteres Restauranterlebnis hatte ich bei Joël Robuchon. In den 1990er Jahren gab es in Frankreich zwar 23 Drei-Sterne-Restaurants, aber Robuchon galt als der Drei-Sterne-Koch. Er hatte 1981 im 16. Pariser Arrondissement ein relativ kleines Restaurant namens Jamin eröffnet und noch im gleichen Jahr den ersten Stern erhalten; der zweite und der dritte folgten in den nächsten beiden Jahren. Dieser schnelle Aufstieg hatte in der Geschichte des Guide Michelin nicht seinesgleichen. Marci und ich gingen während unserer Aufenthalte in Paris mehrmals dort essen. Eines Tages, als nach dem Essen die meisten anderen Gäste schon gegangen waren, fragte ich den *maître d'hôtel*, ob es möglich sei, dass ich eine oder zwei Wochen in der Küche arbeitete. Ich erklärte, wer ich war und wo ich zuvor schon gearbeitet hatte. Offensichtlich ging er in die Küche und unterbreitete Robuchon meine Bitte. Daraufhin kam der Küchenchef an unseren Tisch und sagte, ich solle wiederkommen, wenn er mehr Zeit habe. Vermutlich erkundigte er

19.9. Die Küche bei Robuchon

sich bei Vrinat über mich; das Taillevent war nur wenige Häuserblocks entfernt. Einige Tage später kam ich wieder und traf mich vor Beginn des Mittagsservice mit Robuchon. Ich wurde gebeten, Platz zu nehmen, und man setzte mir eine kleine Tasse einer köstlichen Sahnesuppe mit Blumenkohl in Hühnerfond vor. Robuchon wollte wissen, was ich davon hielte. Mir war klar, dass das hier eine Prüfung war, und so probierte ich sorgfältig jeden Löffel. In der Suppe war offensichtlich noch etwas anderes mit einem köstlichen Aroma, aber es war nichts, was ich in einem französischen Restaurant schon einmal vor mir gehabt hatte. Schließlich kam mir der Gedanke, die Suppe könne mit Seeigeln zubereitet worden sein, die ich zuvor bereits in Japan gegessen hatte, und auch in Marseille, wo Frauen die frisch gefangenen

Tiere in kleinen Wagen am Hafen verkaufen. Zögernd beschrieb ich meine Schlussfolgerung, und er war offensichtlich davon so beeindruckt, dass er sagte, ich könne in der Küche seines Restaurants arbeiten.[8]

Als wir uns auf einen Termin geeinigt hatten (es war 1995), war das Restaurant in ein elegantes Stadthaus in der Nähe des Arc de Triomphe umgezogen, und wir wohnten in Straßburg. Die Arbeit in den einzelnen Drei-Sterne-Restaurants war jedes Mal ein unterschiedliches Erlebnis. Robuchon war ein noch größerer Perfektionist als alle anderen Köche, bei denen ich tätig gewesen war (Abbildung 19.9).

Jedes Mal, wenn etwas Neues auf die Speisekarte gesetzt wurde, schrieb er eine detaillierte Beschreibung aller Arbeitsschritte in dem Rezept und vergewisserte sich, dass die Köche sie befolgten. Zu den Klassikern, für die er berühmt war, gehörte ein „einfaches" Kartoffelpüree. Es musste aus einer besonderen Kartoffelsorte namens „La Ratte" hergestellt werden und wurde mit gewaltigen Buttermengen aufgeschlagen. Jeder in der Küche, der vorüberging (eine „Jede" gab es dort zu jener Zeit nicht), musste einen Klecks Butter hinzugeben und das Püree durchrühren. Ich war zufällig gerade während der Saison der Perigordtrüffel dort, und viele Gerichte wurden üppig damit garniert. Die Trüffel wurden in sehr dünne Scheiben (*à la julienne*) geschnitten. Da das viel Zeit erforderte, waren mehrere Personen mit dem Schneiden beschäftigt, und ich ging zu ihnen, um ihnen zu helfen. Robuchon beobachtete mich offensichtlich eine Zeit lang (was ich nicht wusste), kam dann herüber und sagte mir höflich, ich solle etwas anderes tun – es war klar, dass meine Technik nicht seinen Anforderungen entsprach, insbesondere da Trüffel sehr teuer sind. Tatsächlich war die Trüffelgarnitur für das Restaurant sogar ein Verlustgeschäft, aber Robuchon wollte sie auf allen Gerichten, so auch auf seinen mit Shrimps gefüllten Kohlbällchen (das hört sich einfach an, aber sie waren köstlich, und im Gegensatz zu der

[8] *Viele Jahre später, im Oktober 2014, fand in San Francisco ein Symposium zur Feier meines 85. Geburtstages und des Nobelpreises statt (Abbildung 19.8). Wir wohnten im Haus von David Chandler und veranstalteten dort ein „Vor-Dinner", das ich für die Vortragenden organisiert hatte. David und seine Frau Elaine empfahlen uns einen Caterer, den sie auch schon zur Feier ihres 65. Geburtstages beauftragt hatten. Natürlich wollte ich sichergehen, dass die Verpflegung meinen Maßstäben entsprach, und deshalb korrespondierte ich mit dem Caterer über die Einzelheiten des Menüs. Ich schlug vor, es solle die Blumenkohl-Seeigelsuppe beinhalten, an die ich mich aus der Zeit bei Robuchon erinnerte. Ich sah im Internet nach und stellte fest, dass man in San Francisco frische Seeigel kaufen kann, was zum Teil daran liegt, dass es eine große japanische Bevölkerungsgruppe gibt. Ich schickte dem Caterer das Rezept, und er sagte zu, die Suppe zuzubereiten. Am Nachmittag vor dem Dinner kamen der Koch und seine Mannschaft und arbeiteten in der Küche. Ich ging hin und wieder zu ihnen, um die Gerichte während der Zubereitung zu probieren. Sie hatten die Suppe gemacht, aber dann merkte ich, dass sie die Seeigel nur als Garnitur darauf setzen wollten. Ich erklärte, es gehe gerade darum, dass die Seeigel in die Suppe kamen und ihr den ganz besonderen, köstlichen Geschmack verliehen, an den ich mich erinnerte. Die so entstandene Suppe war aus meiner Sicht ein großer Erfolg, aber die meisten Gäste wussten vermutlich nicht, worum es sich bei der „geheimen Zutat" handelte.*

Joël Robuchon

Monsieur KARPLUS Martin
Université Louis Pasteur
4 rue Blaise Pascal
67000 STRASBOURG

Paris, le 10 mars 1995

Cher Monsieur,

Très sensible et touché, je vous remercie chaleureusement pour la bouteille de Marc que vous m'avez adressé.

C'était un plaisir de vous recevoir en stage dans mon établissement.

Je vous prie d'agréer, Monsieur, l'expression de mes sentiments distingués.

J. ROBUCHON

19.10. Dankesbrief von Robuchon

19.11. In der Küche des Restaurants Arzak mit Juan Mari, seiner Frau und seiner Tochter Elena

Blumenkohl-Seeigelsuppe enthielten sie Zutaten, die ich nie herausfand) in so großer Menge sehen, dass sie nennenswert zum Geschmack beitrugen. In manchen anderen Restaurants verwendete man Trüffel so sparsam, dass sie das Gericht nur verschönerten.

Als mein „Praktikum" sich dem Ende zuneigte, war es für mich etwas derart Besonderes gewesen, dass ich auf den Gedanken kam, es mit einem Essen mit Marci zu feiern. Mit der Reservierung wartete ich bis wenige Tage vor dem Termin, und so war es nicht verwunderlich, dass der *maître d'hôtel* mir antwortete, es tue ihm leid, aber das Restaurant sei ausgebucht. Ein wenig später kam er aber zu mir und sagte, es sei ihm gelungen, einen Tisch für uns zu reservieren; vermutlich hatte Robuchon eingegriffen. Marci war am gleichen Morgen mit dem Zug aus Straßburg eingetroffen, und man führte uns zu einem schön gelegenen Tisch, auf dem eine Flasche Champagner in einem Kühler auf uns wartete. Auf der Speisekarte für Marci standen keine Preise. Das allein war in eleganten Restaurants nichts Ungewöhnliches. Meine wies aber auch keine Preise auf. Ich machte Marci darauf aufmerksam und fragte sie, was ich tun solle. Darauf antwortete sie: „Nun, mir ist klar, was das bedeutet. Robuchon lädt uns ein." Es war ein wunderbares, elegantes Menü, und als es zu Ende war, begleitete uns der *maître d'hôtel* in Robuchons Wohnzimmer, wo wir mit ihm Kaffee und Cognac tranken und eine Weile plauderten. Nach Straßburg zurückgekehrt, schickte ich ihm eine besondere Flasche *eau de vie de poire*, einen Birnenbrand, für den das Elsass berühmt ist. Im Gegenzug erhielt ich einen Dankesbrief von ihm (Abbildung 19.10). Robuchon war nicht nur ein großartiger Küchenchef, sondern auch ein echter Gentleman!

Im Jahr 2000 war ich in San Sebastian, um an der chemischen Fakultät der Universität des Baskenlandes einen Vortrag zu halten. Dabei richtete ich es so ein, dass ich im Restaurant Arzak essen konnte, dem ältesten Drei-Sterne-Restaurant Spaniens. Dort gab es eine modernisierte baskische Küche; das Aushängeschild war der vor Ort gefangene Seehecht in grüner Sauce. Nachdem Jesus Ugalde, ein Professor an der Universität, mich mit dem Chefkoch und Besitzer Juan Mari Arzak bekanntgemacht hatte, wurde mir gestattet, in der Küche zu arbeiten, und ich kehrte im Dezember 2000 zu einem „Praktikum" nach San Sebastian zurück (Abbildung 19.11).

Gemeinsam schufen Juan Mari und seine Tochter Elena eine sehr angenehme, manchmal aber auch ein wenig chaotische Atmosphäre. Als ich 2013 den Nobelpreis erhielt, bekam ich eine E-Mail von Juan Mari und Elena: Sie gratulierten mir und luden mich ein, bei meinem nächsten Aufenthalt in San Sebastian in ihr Restaurant zu kommen, und zwar „vorne ins Haus", wie

snacks

iced whisky sour of passion fruit (01)
mojito in siphon (01)

fried fish (99)
seaweed crocant (00)
false pop corn of pop corns (01)
pork crust – honey (99)
parmesan skein – lemon (01)
pistachulines: of pistachio (97)
of peanuts - chocolate - curry (00)
of yoghurt (01)

rose petals in tempura (01)
ceps: in crocant and canapé (01)
bread with tomato (99)
gold egg (01)
parmesan cheese ice cream (02)
liquid chicken croquette (98)
trout eggs in tempura hot/cold (00)
kellogg's paella – prawn's sashimi (01)

appetizers

ajo blanco (96)
iced foie-gras quinoa – consommé and tamarind (01)
grilled vegetables – charcoal oil (01)
couliflower cous-cous – solid aromatics sauce (00)
giant summer truffle ravioli – carbonara style (01)
cuttlefish in textures (01)
Padron pepper seeds – liquorice – genetics basil (01)
squid and coconut raviolis – soya, ginger and mint (97)

main courses

hot aspic of fiddler crab and baby cob cous-cous (01)
sardines panées – spicy sauce in deconstruction – trout eggs (00)
rabbit in civette – warm apple jelly (00)
mashed potatoes – vanilla (00)

desserts

apricot – amaretto toffe – almond foam (01)
chocolate raviolis – eucalyptus – pear sorbet (99)
small follies

in brackets, the creation year
roses, septembre 10 th - 2002

19.12. Karte meines Menüs im El Bulli

sie es formulierten, und nicht in die Küche. Die Gelegenheit dazu bot sich für mich durch die Einladung, im Herbst 2016 in San Sebastian an dem Wissenschaftsfestival „Passion for Knowledge" teilzunehmen. Ich wurde von Xabier Lopez begleitet, einem früheren Postdoc aus dem Baskenland, und gemeinsam genossen wir ein großartiges Essen im Arzak. Das Restaurant war mittlerweile vollkommen umgestaltet. Zu ihm gehörte jetzt ein „Labor" à la El Bulli, wo neue Gerichte erfunden wurden. Das Essen war zwar etwas ganz Besonderes, aber ich hoffe, dass das Arzak ähnlich wie die Auberge de l'Ill auch wieder einige seiner Klassiker auf die Speisekarte setzen wird.

Im September 2002 arbeitete ich in der Küche des El Bulli. Es war mein letztes Erlebnis mit der Arbeit in Restaurants. El Bulli liegt in einem kleinen Dorf nicht weit von der Stadt Roses in Katalonien. In diesem Restaurant machte sich Ferran Adria einen Namen und hob die „Molekularküche" aus der Taufe. Man hatte mich eingeladen, in Roses einen Vortrag zu halten, und ich entschloss mich zu dem Versuch, eine Einladung für ein „Praktikum" im El Bulli zu erhalten. Mein Sohn Mischa half mir, einen Brief auf Spanisch zu verfassen; darin beschrieb ich meine Herkunft und legte besonderes Gewicht darauf, dass ich Chemiker war. Ich wusste, dass Adria viele chemische Methoden verwendete (zum Beispiel lyophilisierte er *foie gras* und machte sie zu einem Pulver, das er dann über verschiedene Gerichte streute, um ihnen ein neues Aroma zu verleihen). Die Folge war, dass Adria mich einlud, zwei Wochen in der Küche zu verbringen und auch eine Mahlzeit im Restaurant einzunehmen. Das war ungewöhnlich, denn das Restaurant war eigentlich nur im Sommer geöffnet, und Reservierungen musste man zwei Jahre im Voraus vornehmen. Das Menü selbst bestand aus fast vierzig Gängen, jeder davon nur ein oder zwei Bissen (Abbildung 19.12).

Auch die Arbeit im El Bulli war etwas Besonderes: Es herrschte eine sehr gastfreundliche Atmosphäre, denn von den über vierzig Angestellten arbeiteten fast alle ohne Bezahlung, allein um der Erfahrung willen. So war das Lernen einfach – man musste nur fragen, ob man bei einem Gericht mitarbeiten könne, dann wurde einem sofort gezeigt, wie man es zubereitet. Dabei wurde natürlich vorausgesetzt, dass man bereits ein erfahrener Koch war, der etwas Neues lernen wollte. Aber in den meisten Fällen wusste ich immerhin so viel, dass ich akzeptiert wurde.

Seit 2005 beschränke ich mich mit dem Kochen auf meine häusliche Küche. Dort hilft mir Mischa, wenn er in der Nähe ist, und Marci räumt regelmäßig auf. Aus meinen Erfahrungen in den Restaurants habe ich vielleicht als wichtigste Lektion nicht mitgenommen, wie man ein bestimmtes Gericht zubereitet, sondern wie man die Vorbereitung der verschiedenen

Gerichte so aufeinander abstimmt, dass alles zur richtigen Zeit fertig ist. Wenn ich zu Fuß von meinem „Labor" in der Harvard University zurückkehre, was ungefähr zehn Minuten dauert, entscheide ich oft, was ich am Abend kochen werde, wobei ich alle Reste und Saucen berücksichtige, die wir im Kühlschrank haben. Nach einem anstrengenden Tag im Büro finde ich es entspannend, das Abendessen zuzubereiten, was meist – aber nicht immer – ein Erfolg wird. Familiengeburtstage feiern wir heute in der Regel zu Hause und kochen dafür ein besonderes Menü. Wir haben unsere Lieblingsgerichte, für die wir die Zutaten mittlerweile vor Ort in Cambridge kaufen können. Da gibt es beispielsweise *foie gras poêlée* mit Birnen oder Äpfeln, geschmorte Entenbrust sowie Jakobsmuscheln und Hummer aus der Bucht von Neuengland. Ein besonderes Gericht, das ich erstmals 1978 zubereitete – Mousse von Jakobsmuscheln mit Sauce Dugléré – beruht auf einem Rezept von Craige Claiborne in der New York Times. Seine Version ist einfach, weil man die Mousse zubereiten kann, indem man alles in einen Kochautomaten gibt, statt mit Sieben und geeisten Zutaten zu arbeiten.

Der Bericht über meine Kocherfahrungen wäre nicht vollständig, würde ich nicht Paul April erwähnen, den ich an meinem 60. Geburtstag kennenlernte. Marci war nach einer Operation am Fuß gehbehindert und fragte unsere Nachbarin Julia Child, ob sie ihr einen Caterer empfehlen könne. Marci rief dort an und erklärte, es wäre ihr lieb, wenn der Chefkoch ein Abendessen für ein paar Leute zubereiten könne. Als ich an meinem Geburtstag von der Arbeit nach Hause kam, sah ich, wie ein junger Mann in „meiner" Küche arbeitete. Ich war darüber alles andere als erbaut und brachte meine Verärgerung zum Ausdruck: „Wer ist das in meiner Küche?" Paul stellte sich vor und erklärte, was er tat. Bevor ich auch nur die Chance hatte, seine Gerichte zu probieren, hatte er mich für sich eingenommen. Heute, mehr als fünfundzwanzig Jahre später, haben wir immer noch Kontakt und bereiten gelegentlich für unsere Familien eine außergewöhnliche Mahlzeit zu.

KAPITEL 20

Der Nobelpreis wird bekanntgegeben

Das Nobelpreiskomitee sagt zwar unmissverständlich, dass Menschen, die jemanden für einen Nobelpreis vorschlagen, keinen Kontakt mit der betreffenden Person aufnehmen dürfen, was mich angeht, wusste ich aber sehr wohl, dass ich im Laufe von zwanzig Jahren schon mehrfach von verschiedenen Personen vorgeschlagen worden war. In den 1990er Jahren, während wir in Straßburg wohnten, saß ich an dem Tag, an dem der Preisträger für Chemie bekanntgegeben wurde, morgens um elf Uhr an meinem Computer und arbeitete wie gewöhnlich, gleichzeitig wollte ich aber auch wissen, wer den Preis in diesem Jahr bekommen hatte. Nach einigen Jahren stellte ich diese Praxis ein, denn ich war zu dem Schluss gelangt, dass ich nie unter den Preisträgern sein würde. Die Arbeiten, für die er nach meinem Eindruck hätte verliehen werden können, hatten Mitte der 1970er Jahre stattgefunden, und so schien mir, als sei meine Chance vorüber.

Nachdem der Nobelpreis am 9. Oktober 2013 bekanntgegeben worden war, veränderte sich mein Leben. Wie es sich verändern sollte, lag glücklicherweise zum Teil auch an mir. Darüber später mehr. Wir waren an jenem Morgen in Cambridge, und während ich noch mit Schweden telefonierte, folgte das erste Anzeichen, dass auch die Außenwelt bereits informiert war: Stephanie Mitchell stand noch vor Sonnenaufgang vor unserer Haustür. Die Fotografin der *Harvard Gazette* wusste, dass mit großer Wahrscheinlichkeit ein Harvard-Professor einer der Preisträger sein würde, und so hatte sie in den Morgennachrichten um fünf Uhr sorgfältig auf die Bekanntgabe der Preisträger geachtet. Sie wohnte nur ein paar Häuserblocks von uns entfernt, und so verlor sie keine Zeit. Mein Sohn Mischa öffnete auf ihr Läuten die Tür und bat Stephanie herein. Marci kam gerade aus der Dusche, und als sie Stimmen im Eingang hörte, wollte sie wissen, mit wem Mischa sprach. Nachdem sich Stephanie als Reporterin vorgestellt hatte, stieß Marci außer Atem hervor: „Sie sind von der Presse." Dann bat sie die Besucherin höflich, draußen auf der Veranda zu warten, bis wir gesellschaftsfähig seien. Mir

20.1. Frühstück mit Mischa als Zuschauer
(Foto: Stephanie Mitchell; Abdruck mit freundlicher Genehmigung)

20.2. In unserem Wohnzimmer

20.3. Marci, Bib, Mischa und ich

20.4. Das Telefoninterview

rief Marci zu, ich solle das Telefon auflegen und mich anziehen. Ungefähr zwanzig Minuten später baten wir Stephanie erneut herein und luden sie ein, mit uns zu frühstücken. Ihre Gegenwart führte zu einem detaillierten Bericht darüber, was ein Nobelpreisträger – zumindest ein bestimmter Nobelpreisträger – an dem Tag, an dem er die Nachricht erhält, zum Frühstück isst (Abbildung 20.1).

Unser Frühstück bestand wie üblich aus Speck, Käse, Toast und schwarzem Kaffee. Gewöhnlich bereitete ich es zu, aber an diesem Morgen machte Marci das Frühstück. Ein Foto von Stephanie (Abbildung 20.2) fand weltweite Verbreitung (Abbildung 20.3).

An diesem Morgen erhielt ich unglaublich viele Anrufe, unter anderem auch vom Österreichischen Rundfunk (ORF), dem ich mein erstes Interview auf Deutsch gab (Abbildung 20.4).[1]

Auch wenn Deutsch meine erste Sprache war, bediente ich mich ihrer nur selten. In gewisser Weise habe ich den Wortschatz eines Achtjährigen, wenn auch mehr oder weniger akzentfrei. Ganz anders mein Französisch, das ich fließend, aber durchaus mit Akzent spreche. (Ich freue mich immer, wenn Leute mich fragen, ob ich aus Belgien komme.)

Am späteren Vormittag hatte das Institut für Chemie und chemische Biologie (CCB) eine Feier organisiert. Sie fand in der Institutsbibliothek (Abbildung 20.5) statt, einem hübsch vertäfelten Raum, der sich viel von seinem alten Charme bewahrt hat. Es gab Champagner, und meine Kollegen hielten mehrere Glückwunschreden (Abbildung 20.6).[2]

Inmitten der Feierlichkeiten kam der Provost (Verwaltungleiter, entspricht dem Vizepräsident/-rektor, A. d. Ü.) der Harvard University mit einem Rosenstrauß herein (Abbildung 20.7a). Als er den Saal betrat, hatte er keine Ahnung, wer ich war. Nachdem man uns bekanntgemacht hatte, sprach er Glückwünsche aus, darunter auch eine Nachricht des Universitätspräsidenten Faust. Dazu merkte ich an, der Vorsitzende des Departments habe mich kürzlich in Kenntnis gesetzt, dass es keine Gewähr dafür gebe, dass ich den ohnehin bereits geschrumpften, von meiner Arbeits-

[1] *Der Interviewer fragte mich nach meinen Gefühlen gegenüber Österreich. Darauf erwiderte ich, Österreich habe in den 75 Jahren seit meiner Auswanderung nie Interesse an mir oder meiner Wissenschaft zum Ausdruck gebracht. Außerdem erwähnte ich meine bereits in Kapitel 17 beschriebenen Erlebnisse in Wien, wo ich im November 1998 zu einer Tagung gewesen war; es war der 60. Jahrestag der Pogromnacht, in der Rowdys in Deutschland und Österreich durch die Straßen gezogen waren und Läden mit jüdischen Inhabern die Fenster eingeworfen hatten.*

[2] *Ich erinnere mich insbesondere an die Rede von Stuart Schreiber. Er sagte, wie wichtig es ihm sei, dass ich ihn ermutigt hätte, sich mit seiner Forschung auf biologische Fragestellungen zu konzentrieren und nicht auf die Themen, deretwegen das Institut ihn eingestellt habe. Man hatte ihn von der Yale University geholt, um die Ausrichtung des Instituts auf synthetische organische Chemie, ein Vermächtnis von R. B. Woodward, zu stärken. Angesichts von Schreibers wissenschaftlichen Leistungen gibt es natürlich heute keine Klagen mehr.*

20.5. Pressekonferenz in der Bibliothek des CCB

gruppe belegten Platz behalten könne, weil alle Räumlichkeiten offiziell „der Universität als Ganzem" gehörten. Ich fragte den Verwaltungsleiter, ob er mir eine Garantie geben könne (Abbildung 20.7b).

„Aber natürlich", versicherte er mir. Ich hielt das für hilfreich, aber aus früheren Erfahrungen wusste ich, dass selbst eine schriftliche Zusage des Provosts oder des Dekans der Fakultät für Kunst und Wissenschaft nicht „in Stein gemeißelt" war.

Während der Feier erklärte E. J. Corey, der Chemie-Nobelpreisträger des Jahres 1990, ich hätte Glück, dass ich den Preis erst mit 83 Jahren bekäme, denn dadurch hätte ich etwa 25 Jahre mehr als er gehabt, um in Ruhe weiterzuforschen. Corey lud mich ein, in seinem Büro vorbeizukommen, damit er mir Ratschläge für die bevorstehenden Zeremonien in Schweden erteilen könne. Ich fragte mich, was er mir an Nützlichem mitteilen könne. Aber wie sich herausstellte, trugen seine Ratschläge beträchtlich dazu bei, die Nobelpreisfeiern in Schweden zu einem angenehmen Erlebnis zu machen, und sie erwiesen sich als unschätzbar wertvoll für die Orientierung in der Welt vor und nach den Feierlichkeiten. Das Wesentliche war, dass ich den Nobelpreis erhalten hatte, und deshalb lag es an mir zu entscheiden, was ich tun oder nicht tun wollte. Ein gutes Beispiel war seine Aussage über die Anforderung, man müsse bei der Preisverleihung Lack-

20.6. George Whitesides hält eine Glückwunschrede

20.7a. Der Besuch des Provosts Garber mit Rosen

20.7b. Der Provost und ich

schuhe tragen. Er habe elegante schwarze Schuhe getragen, und niemand habe sich beschwert. Passende Schuhe für die Plattfüße eines 80-Jährigen zu finden, ist nicht einfach! Deshalb trugen bei der Preisverleihung weder ich noch meine ebenfalls 80-jährigen Mitpreisträger Engelbert und Higgs Lackschuhe. Außerdem warnte mich Corey, man werde mir sagen, dass es außerhalb der offiziellen Zeremonie bestimmte Veranstaltungen gebe, an denen ich teilnehmen müsse, aber auch hier liege es ausschließlich an mir zu entscheiden, ob ich es tatsächlich tun wolle.

KAPITEL 21

Nach der Bekanntgabe

Kurz nach Bekanntgabe der Nobelpreisträger erhielten wir eine Einladung, nach Washington zu kommen und im Weißen Haus mit Präsident Obama zusammenzutreffen. Offensichtlich war es langjährige Tradition, dass der Präsident die amerikanischen Preisträger einlädt; von Präsident Trump wurde sie allerdings nicht fortgesetzt. Ich war begeistert von dem Gedanken, Präsident Obama kennenzulernen, wollte aber mehr darüber wissen, worin dieses Zusammentreffen voraussichtlich bestand. Ich nahm Kontakt zu John Holdren auf, dem wissenschaftlichen Berater des Präsidenten, und fragte nach Informationen über ein solches Treffen. Ich sagte, an einem reinen Fototermin hätte ich kein Interesse. Er verstand meine Haltung, erwiderte aber diplomatisch, eine Einladung des Präsidenten könne man normalerweise nur aus zwei Gründen ablehnen: Erstens wenn man nicht mehr lebt oder ein enger Angehöriger kurz zuvor gestorben ist, und zweitens wenn man zu krank ist. Dann erklärte er, was bei dem Treffen voraussichtlich geschehen würde, und forderte mich auf zu kommen. Er sagte, der Präsident werde selbst entscheiden, wieviel Zeit er mir und den anderen amerikanischen Nobelpreisträgern widmete. Nach diesem Gespräch fassten Marci und ich den Entschluss, nach Washington zu fahren, und tatsächlich war es eine Ehre, Präsident Obama kennenzulernen.

Angesichts unserer Abneigung gegen formelle Veranstaltungen – insbesondere, wenn sie das erste Ereignis am Morgen betreffen – hatten Marci und ich ein offizielles, gemeinsames Frühstück ausfallen lassen und waren unmittelbar zum Weißen Haus gegangen, wo wir uns der Gruppe der anderen Nobelpreisträger anschlossen. Wir waren frühzeitig dort, durchliefen schnell die Sicherheitsüberprüfung und wurden dann in ein Wartezimmer im „West Wing“ des Weißen Hauses unmittelbar vor dem Oval Office geführt. Während wir dort warteten, gingen verschiedene hochrangige Beamte, darunter Senator McCain und Außenminister Kerry, an uns vorüber und verschwanden in einem Besprechungszimmer neben dem Oval

21.1. Präsident Obama begrüßt Marci.

Office. Während der nächsten 45 Minuten hörten wir lebhafte Diskussionen, die wir aber nicht genau verstehen konnten. Schließlich marschierte die gleiche Gruppe wieder heraus. Anschließend erfuhren wir, dass es sich dabei um eine Dringlichkeitsbesprechung gehandelt hatte, bei der es um den Bericht von Außenminister Kerry über den Fortgang des Nuklearabkommens mit dem Iran gegangen war. Das erinnerte uns daran, dass an diesem 19. November 2013, an dem unser Besuch stattfand, rund um das für uns so wichtige Ereignis – die Audienz beim Präsidenten – weit dringendere und kompliziertere Entscheidungen über die Zukunft des Landes und der Welt getroffen werden mussten.[1]

Als der Präsident bereit war, uns zu empfangen, stellten sich die Nobelpreisträger entsprechend dem Nobel-Protokoll vor dem Oval Office auf. Da in diesem Jahr kein US-Amerikaner den Preis für Physik erhalten hatte,

[1] *Die Verhandlungen mit dem Iran befanden sich damals in einem kritischen Stadium. Am 28. September 2013 hatte Präsident Obama die ersten direkten Gespräche mit dem iranischen Premierminister Hassan Rouhani geführt, und am 24. November 2013 gelangten die fünf ständigen Mitglieder des Weltsicherheitsrates (USA, Großbritannien, Frankreich, Russland und China) sowie Deutschland zu einer vorläufigen Vereinbarung, mit der das iranische Nuklearprogramm begrenzt werden sollte, wobei im Gegenzug die Sanktionen gegen das Land teilweise aufgehoben wurden. Bis zum Abschluss des endgültigen Abkommens dauerte es noch bis zum Juli 2015. Obwohl Inspektionen zeigten, dass der Iran sich an die Abmachungen hielt, gab Präsident Trump am 9. Mai 2018 bekannt, dass die Vereinigten Staaten das Abkommen mit dem Iran kündigen würden.*

21.2. Die Nobelpreisträger im Oval Office

21.3. Marci und ich mit Präsident Obama

standen die Chemie-Preisträger als Erste in der Reihe. Die Preisträger der einzelnen Preise wurden jeweils in alphabetischer Reihenfolge aufgestellt. So kam es, dass Marci und ich das Oval Office als Erste betraten, und natürlich galt das Prinzip „Ladies first". Als die Tür sich öffnete und Marci eintrat, stand Präsident Obama in der Tür, beugte sich nach vorn, schüttelte ihr die Hand und sagte: „Hi Marci, how are you?" (Abbildung 21.1)

Allen anderen wurde die gleiche freundliche Begrüßung zuteil, und wir traten ins Oval Office, wo wir uns wiederum in der „kanonischen" Reihenfolge aufstellten (Abbildungen 21.2 und 21.3).

Als ich neben Präsident Obama stand, ergriff ich die Gelegenheit und sagte zu ihm: „Sie sind der zweite Präsident, den ich persönlich kennenlerne. Der erste war Präsident Truman – den habe ich in Washington getroffen, als ich 1947 ein Westinghouse-Stipendium bekam." Weiter erklärte ich, Truman habe als erster Präsident versucht, ein Gesetz zur Einführung einer allgemeinen Krankenversicherung verabschieden zu lassen. Präsident Obama hielt inne und dachte offensichtlich nach. Dann sagte er: „Nein, als Erster hat das Präsident Theodore Roosevelt versucht." Aber fast sofort korrigierte er sich: „Stimmt nicht. Roosevelt hat zwar tatsächlich eine allgemeine Krankenversicherung vorgeschlagen, aber da war er noch Kandidat, und dann hat er die Wahl verloren." Ich erwiderte: „Sie sind der Präsident, der es tatsächlich umgesetzt hat." Es war zwar nur ein kleiner Vorfall, aber er zeigte sein Geschichtsbewusstsein und dass er sich trotz aller wichtigen Dinge, die – wie bereits erwähnt – gerade abliefen, auf uns konzentrierte. Auf mich machte er damit großen Eindruck.

Während des Gesprächs betonte Präsident Obama, wie wichtig die Grundlagenforschung sei und welch entscheidende Rolle Bundesmittel für die Finanzierung nobelpreiswürdiger Entdeckungen spielten. Er hielt fest, dass einige amerikanische Preisträger dieses Jahres Einwanderer seien und wie wichtig es sei, die Vereinigten Staaten für Immigranten attraktiv zu machen. Während ich im Jahr 2019 diese Zeilen schreibe, bin ich verblüfft über die Zeitlosigkeit seiner Bemerkungen angesichts der gegenwärtigen Situation in den Vereinigten Staaten.

Ich hatte den Katalog meiner Fotoausstellung aus der Bibliothèque Nationale in Paris mitgebracht (siehe Kapitel 17) und eine Widmung für den Präsidenten und Michelle Obama hineingeschrieben. Ich übergab ihn, und er blätterte ihn kurz durch, bevor er ihn an einen Assistenten weitergab, wie es nach meiner Vermutung bei solchen Geschenken üblich ist.

Ein weiteres Ereignis auf unserer Reise nach Washington war ein „öffentliches Interview" mit allen Nobelpreisträgern. Es fand in der schwedi-

21.4a. Der Empfang in Straßburg mit Alan Beretz, Jules Hoffman (Nobelpreis für Physiologie oder Medizin 2011) und Jean-Marie Lehn mit mir

21.4b. Karplusianer aus Straßburg, die an dem Empfang teilnahmen: Roland Stote, Marco Cecchini, Annick Dejaegere, Michael Schaefer, Fabrice Leclerc, Tom Simonson, Emmanuele Paci und Stefan Boresch

schen Botschaft statt, die idyllisch mit Blick auf den Potomac River gelegen ist. Wir saßen – wiederum in der „kanonischen" Reihenfolge – vor einem Publikum aus Journalisten und anderen geladenen Gästen. Nachdem wir Chemiker und die Physiologen den Nobelpreis mit einigen Worten in „Laiensprache" erläutert hatten, waren die Wirtschaftswissenschaftler an der Reihe; sie wurden „für die empirische Analyse von Vermögenswertpreisen" ausgezeichnet, so die offizielle Begründung. Ich wandte mich zu ihnen und sagte: „Am einen Tag steigt der Aktienmarkt um 200 Punkte, und am nächsten Tag fällt er um 200 Punkte. Mir scheint, wenn Sie den Aktienmarkt wirklich verstünden, müssten Sie doch in der Lage sein, so etwas vorherzusagen." Die unmittelbare Antwort von Eugene Fama lautete sinngemäß, ich hätte seine Analyse der Aktienmärkte nicht verstanden. Das mag stimmen, aber vermutlich meinte er, dass er sich nicht mit kurzfristigen Schwankungen beschäftige, sondern mit langfristigen Trends. Tatsächlich haben die drei Preisträger (Eugene Fama, Lars Peter Hansen und Robert J. Schiller) ganz unterschiedliche Ansichten darüber, wie man das Verhalten des Aktienmarktes „verstehen" muss, und damit standen sie in krassem Gegensatz zu den einander ergänzenden Sichtweisen der jeweils drei Preisträger für Chemie und für Physiologie/Medizin.

Heute fragt man sich, warum Alfred Nobel keinen Preis für Biologie gestiftet hat. Zugegeben, als er im November 1895 sein Testament machte, war die Wissenschaft des Lebendigen noch nicht so wichtig wie heute. Bedeutende Entdeckungen in der Biologie werden heute entweder mit dem Preis für Physiologie oder Medizin oder mit dem Chemie-Nobelpreis ausgezeichnet. Chemiker erhoben den Einwand, einige dieser Nobelpreise seien für

Leistungen vergeben worden, die nicht wegen ihrer chemischen Erkenntnisse, sondern wegen ihrer Bedeutung für die Biologie wichtig seien. Vielleicht wird es eines Tages so gehen wie mit dem Preis für Wirtschaft, und es wird einen „Alfred-Nobel-Gedächtnispreis" für Biologie geben.

Außerdem schrieb Alfred Nobel in seinem Testament, die Preise sollten an jene verliehen werden, „die im vergangenen Jahr der Menschheit den größten Nutzen gebracht haben". Diese Klausel wird von der Königlich Schwedischen Akademie der Wissenschaften sicher in einem sehr weiten Sinn interpretiert. Der Preis für Chemie beispielsweise, der uns dreien „für die Entwicklung von Multiskalen-Modellen für komplexe chemische Systeme" verliehen wurde, basierte auf Forschungsarbeiten aus den 1970er Jahren, unsere Befunde waren also bereits fast vierzig Jahre alt.[2]

Bei dem Empfang, der dem Galadiner in der Residenz des schwedischen Botschafters vorausging, schwirrten so viele Menschen herum, dass man sich kaum bewegen konnte. Schließlich wurden wir zu unseren Plätzen an den Esstischen geführt. Ich saß zwischen Janet L. Yellen, der kurz zuvor nominierten Präsidentin der Federal Reserve, und der Richterin am Obersten Gerichtshof Ruth Bader Ginsburg. Bessere Tischnachbarn hätte ich mir nicht wünschen können. Da ich ein Ehrengast war, drehte sich die Konversation um mein Leben. Im weiteren Verlauf des Gesprächs erwähnte ich den 2006 erschienenen „Spinat-Artikel" [Karplus, 2006], und später schickte ich sowohl Janet Yellen als auch Richterin Ginsburg ein Exemplar. Ginsburg schrieb mir zurück, sie freue sich darauf, ihn zu lesen, aber das müsse bis zum Ende der Sitzungsperiode warten, denn sie sei mit den bevorstehenden Fällen zu sehr beschäftigt. Janet Yellen schrieb, die Lektüre des Artikels habe ihr Spaß gemacht, und eine ihrer besten Freundinnen sei die Frau des Chemieprofessors Leonard Nash von der Harvard University, der für mein Grundstudium eine so wichtige Rolle gespielt hatte (siehe Kapitel 6). Das erinnerte mich an die Kleine-Welt-Experimente [Milgram, 1967], wonach sich zwei beliebige Menschen über eine Kette von nicht mehr als drei oder vier weiteren Personen kennen. Interessanterweise tauchten solche Kleine-Welt-Verbindungen auch in einigen meiner Arbeiten über die Proteinfaltung auf [Vendruscolo et al., 2001].[3]

[2] *Der Preis für Physik wurde im gleichen Jahr an François Englert und Peter Higgs für ihre theoretischen Arbeiten verliehen, in denen sie vorhersagten, es müsse ein Teilchen geben – heute heißt es Higgs-Boson oder Gott-Teilchen –, das erklärt, warum andere Teilchen eine Masse haben. Die theoretischen Arbeiten leisteten sie 1964, aber der Preis musste warten, bis die Theorie 2012 vom CERN-Labor bestätigt wurde. So betrachtet, unterscheidet sich die Theorie in der Physik, wie in Kapitel 12 erwähnt, nicht sonderlich von der Theorie in der Chemie. Dass der Preis zwischen Englert und Higgs geteilt und nicht unter Einbeziehung von CERN gedrittelt wurde, lag an der schmerzlichen Tatsache, dass Robert Brout, der an der Theorie mitgearbeitet hatte, 2011 verstorben war. Nobelpreise posthum zu vergeben, ist verboten.*

3 *Meine Enkeltochter Rachel erfuhr durch eine genealogische Website, dass sie eine Cousine zwölften Grades von Anne Frank ist. Das entspricht nicht dem Kleine-Welt-Prinzip, aber interessant ist es dennoch.*

21.5. Der Empfang im Atrium des ISIS.
An den Wänden hängen meine Fotos.

Kurze Zeit nach der Bekanntgabe der Nobelpreise erhielt ich mehrere Einladungen, unter anderem aus Straßburg, Israel und Wien. Die erste Veranstaltung fand am 13. November 2013 in Straßburg statt: Es war eine kleine, aber herzliche Feier der Université de Strasbourg zu meinen Ehren. Der Universitätspräsident Alan Beretz sowie mein langjähriger Kollege Jean-Marie Lehn, der Chemie-Nobelpreisträger 1987, hielten kurze Reden, und danach gab es – typisch französisch – einen köstlichen, als „Aperitiv" deklarierten Mittagsimbiss (Abbildungen 21.4 und 21.5).

Ungefähr ein Jahr später, im September 2014, wurde ich als „Commandeur" in die Ehrenlegion aufgenommen (Abbildung 21.6). Besonders erfreut war ich, weil Jean-Marie Lehn in Vertretung des französischen Präsidenten Francois Hollande die Preisrede hielt. Jean-Marie war zur gleichen Zeit zum „Grand Officier de la Legion d'honneur" ernannt worden.

Präsident Hollande war sogar im Januar 2014 in Straßburg gewesen, um über zukünftige Geldzuwendungen zur Unterstützung der Wissenschaft zu sprechen, und ich hatte die Gelegenheit, mit ihm zu plaudern (Abbildung 21.7). Unser Gespräch war in gewisser Weise ein Spiegelbild der Unterhaltung mit Präsident Obama; unter anderem schenkte ich auch ihm den BnF-Katalog.

21.6. Wais Hosseini und Louis de Cola (zum *Chevalier* ernannt), Jean-Marie Lehn (zum *Grand Officier* ernannt) und ich

21.7. Präsident Hollande mit Jean-Marie Lehn und mir

Im Januar 2015 organisierte mein früherer Postdoc Marco Cecchini, der damals zum Lehrkörper des ISIS gehörte, zu meinen Ehren ein Symposium (Abbildung 21.8).

Mehrere Kollegen hielten dort Vorträge. Einer von ihnen war Jean-Paul Malrieu, ein bekannter Quantenchemiker, den ich 1972 während eines Freisemesters am Pariser Institut de Biologie Physico-Chimique (inoffiziell auch Pullman-Institut genannt) kennengelernt hatte. Während meines damaligen Aufenthalts hatte ich Französisch gelernt, indem ich alle bat, in wissenschaftlichen Diskussionen mit mir Französisch zu sprechen; wenig später war mein gesprochenes Französisch besser als ihr Englisch. Ein anderer, der bei dem Symposium in Straßburg einen Vortrag hielt, war Gerhard Hummer. In einem Interview nach den Vorträgen erklärte er, es solle einen zweiten Nobelpreis für Molekulardynamik geben, womit er meine Ansichten über die Nobelpreisbegründung wiedergab. Marco hatte mich gebeten, auf dem Symposium den Abschlussvortrag zu halten. Anfangs wusste ich nicht genau, was ich sinnvollerweise sagen sollte, aber schließlich kam ich auf die Idee, das letzte wissenschaftliche Dia meines Nobelvortrages (siehe Anhang 3) als Vorlage zu verwenden. Der Titel lautet „Was bringt die Zukunft?“, und wie bei dem „Beuteltier-Vortrag“ (später mehr darüber) habe ich seinen Inhalt im Laufe der Zeit erweitert und bei mehreren Gelegenheiten genutzt.

Aus Wien erhielt ich die Anfrage, ob ich 2015 an den Feiern zum 650. Jahrestag der Gründung der dortigen Universität teilnehmen wollte. Marci und ich reservierten einen dreiwöchigen Aufenthalt im Hotel de France, einem sehr angenehmen Hotel, von dem das Hauptgebäude der Universität bequemerweise zu Fuß erreichbar ist. Dass wir diese Unterkunft wählten, hatte vor allem den Grund, dass dort Hunde erlaubt waren, und unser Cockapoo Bib sollte uns begleiten. Im letzten Augenblick musste Marci ihre Anreise hinausschieben, weil sie sich eine schwere Grippe zugezogen hatte. So kamen sie und Bib erst eine Woche später zu mir nach Wien und verpassten das erste Ereignis am 8. Mai, meine Aufnahme in die Österreichische Akademie der Wissenschaften. Anton Zeilinger,[4] der Präsident der Akade-

[4] *Ich hatte Anton Zeilinger ursprünglich im Frühjahr 2013 kennengelernt, als er in die US-amerikanische National Academy of Sciences aufgenommen wurde. An der Aufnahmezeremonie hatte ich teilgenommen, weil mein langjähriger Freund und Kollege Christopher Dobson im gleichen Jahr zum Ehrenmitglied ernannt wurde. Als neues Mitglied muss man im Unterschriftenbuch unterschreiben, eine Sitte, die von der Londoner Royal Society übernommen wurde. Als ich 1967 auf dem Höhepunkt der Antikriegsproteste Mitglied der Akademie wurde, hatte ich einen Vorstoß unternommen, die Beteiligung der Vereinigten Staaten am Vietnamkrieg zu verurteilen. Als mein Antrag abgelehnt wurde, war ich so verärgert, dass ich mich weigerte, im Mitgliederverzeichnis zu unterschreiben. Das erwähnte ich bei der Veranstaltung 2013, und der Sekretär der Akademie stellte fest, dass mein Name tatsächlich ohne Unterschrift aufgeführt war. Über 45 Jahre nach meiner ursprünglichen Aufnahme in die Akademie unterschrieb ich schließlich.*

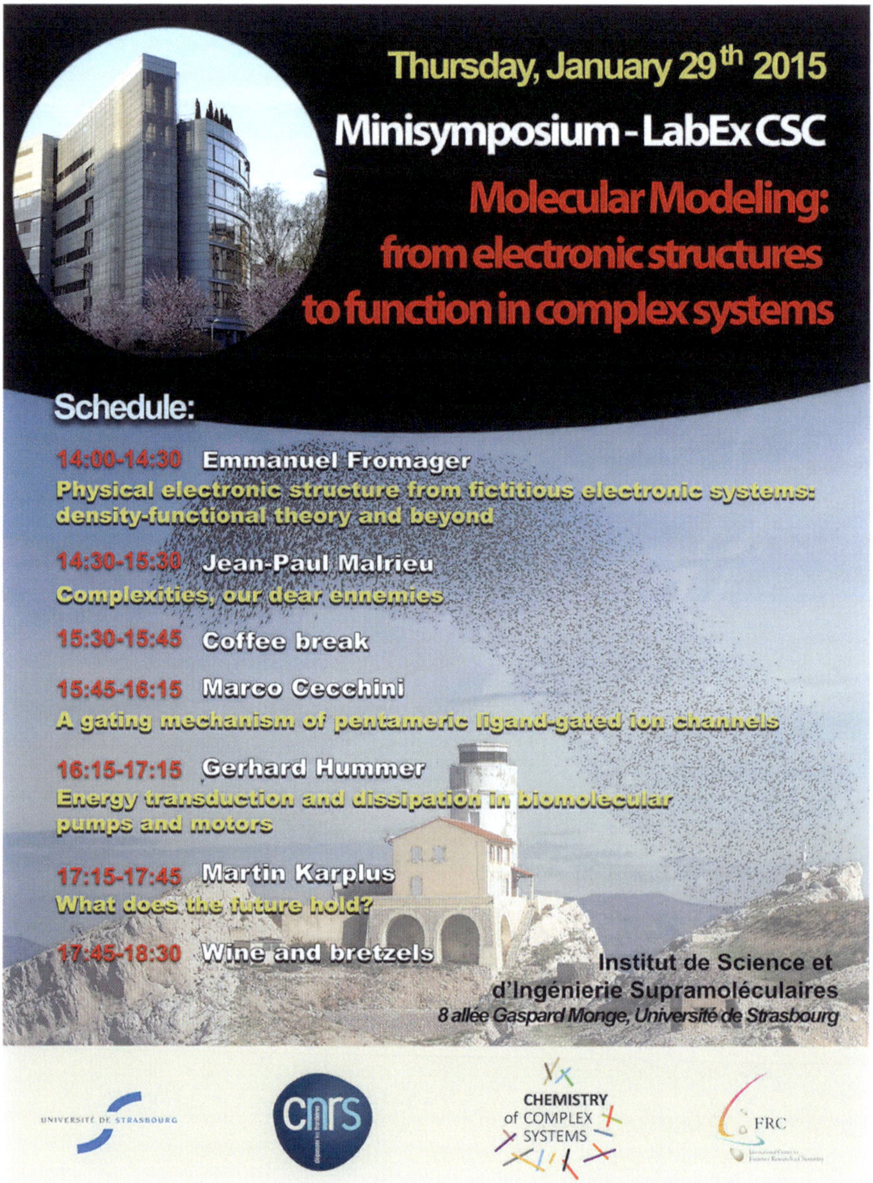

21.8. Ankündigungsplakat für das Minisymposium

mie, der so zuvorkommend gewesen war, nach Stockholm zu fliegen und an meinem Besuch im dortigen österreichischen Konsulat teilzunehmen, fragte in einem Brief an, ob ich die Ehrenmitgliedschaft annehmen würde; ihm war klar, dass ich angesichts meiner erzwungenen Flucht aus Nazi-Österreich 1938 möglicherweise gemischte Gefühle hatte. Tatsächlich war ich wie bei allen österreichischen Ehrungen ein wenig zwiespältig. Schließlich hatte in den dazwischenliegenden 75 Jahren keine österreichische Institution – ob staatlich oder akademisch – auch nur das geringste Interesse an meiner Forschung erkennen lassen, und außerdem ist in Österreich immer noch Antisemitismus zu beobachten. Aber die Aufrichtigkeit, mit der mir die Ehrungen – insbesondere von Minister Joseph Ostermayer und Professor Zeilinger – angetragen wurden, überzeugte mich, dass ich einen positiven Beitrag leisten konnte, wenn ich Zeugnis von den Geschehnissen ablegte. Damit würde ich es hoffentlich weniger wahrscheinlich machen, dass die nächste Generation ähnliche Gräueltaten beging.

Während unseres Aufenthalts wurde mir die Ehrendoktorwürde der Universität Wien verliehen. Darüber hinaus waren zwei weitere Ereignisse für mich besonders wichtig. Erstens wurden meine BnF-Fotos für zwei Monate an der Universität ausgestellt. Die Initiative dazu hatte Minister Ostermayer ergriffen, den ich im März 2014 bei der Herbert Kelman Conference zum Thema „Transformation of Intractable Conflicts“ (deutsch etwa: „Transformation schwer lösbarer Konflikte“) kennengelernt hatte (siehe Kapitel 3). Er eröffnete die Ausstellung in Wien mit einer sehr herzlichen Ansprache und gab seinem Wunsch Ausdruck, dazu beizutragen, dass mein Besuch in Wien ein Erfolg würde (Abbildung 21.9).

Und zweitens wurde ich durch Wiens Bürgermeister Häupl zum Ehrenbürger der Stadt Wien ernannt. In seiner Ansprache sagte der Bürgermeister, man könne Taten nicht ungeschehen machen, aber Österreich müsse gewährleisten, dass so etwas nie wieder geschehe. In meiner Dankesrede merkte ich an, dass die Ernennung zum Ehrenbürger in den Vereinigten Staaten bedeute, dass man den Schlüssel zur Stadt erhalte. Außerdem äußerte ich im Zusammenhang damit den Wunsch, dass unser Hund Bib die Stadt mit uns zusammen genießen und insbesondere Zugang zu den Museen haben sollte. Am gleichen Abend wurde in unserem Hotelzimmer ein 10 mal 12 Zentimeter großes Dokument abgegeben; es trug das Bild von Bib sowie die Unterschrift des Bürgermeisters und besagte, dass unser Hund Zutritt zu den Museen habe (Abbildung 21.10).

Nach den offiziellen Ansprachen und der Verleihung wurden wir in die Vorhalle des Rathauses gebeten, wo Marmortafeln an der Wand die Namen

21.9. Anton Zeilinger, Joseph Ostermayer, Rektor Heinz Engl und ich in der Ausstellung

21.11a. Bürgermeister Michael Häupl und Hannes Androsch vor der Ehrentafel

21.11b. Andreas Mailath-Pokorny, Bürgermeister Häupl, Marci, Bib und ich vor der Ehrentafel *(Fotos: C. Jobst)*

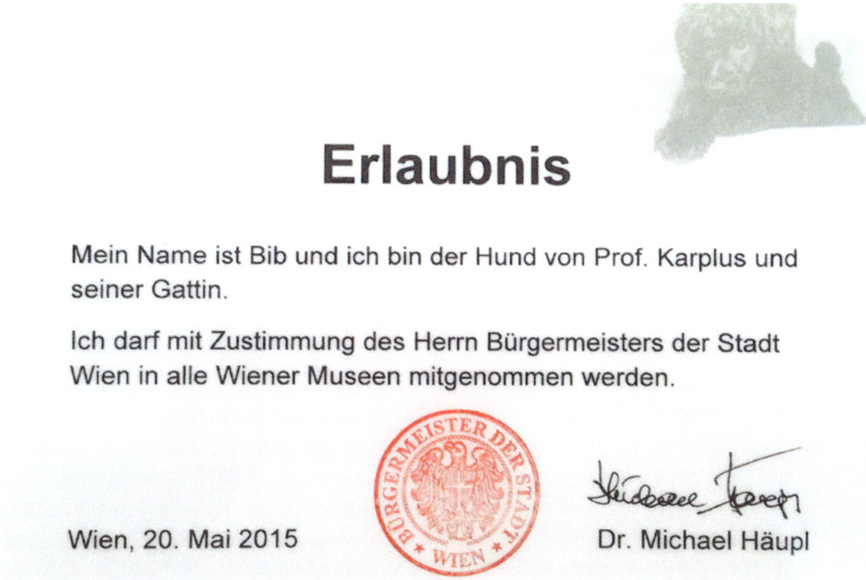

Erlaubnis

Mein Name ist Bib und ich bin der Hund von Prof. Karplus und seiner Gattin.

Ich darf mit Zustimmung des Herrn Bürgermeisters der Stadt Wien in alle Wiener Museen mitgenommen werden.

BÜRGERMEISTER DER STADT WIEN

Wien, 20. Mai 2015

Dr. Michael Häupl

21.10. Bibs Passierschein, ausgestellt von Wiens Bürgermeister Häupl

21.12a. Im jüdischen Museum vor dem Eingang zur Ausstellung über die Ringstraße

21.12b. Danielle Spera mit Marci und mir *(Fotos: Sonja Backmayer)*

aller Wiener Ehrenbürger tragen; die Tafeln reichen zurück bis 1797 und nennen unter anderem Joseph Haydn (1804), Oskar Kokoschka (1961) und andere (Abbildungen 21.11 a und b). Dass die Inschriften so dauerhaft waren, machte auf mich großen Eindruck.

Während unseres Aufenthalts in Wien besuchten wir auch das Jüdische Museum (siehe Kapitel 3). Es hatte sich unter der Leitung von Dr. Danielle Spera verändert und zeigte jetzt ein breites Spektrum verschiedener Ausstellungen. Als wir dort waren, fand gerade eine Bilderschau über die Entstehung der Ringstraße statt (Abbildung 21.12), und darin ging es auch um meine Familie und die Beschlagnahmung unseres Eigentums 1938.

In Israel bot mir die Bar Ilan University die Ehrendoktorwürde an; die Zeremonie sollte am 20. Mai 2014 im Anschluss an einen öffentlichen Vortrag stattfinden, dem ich den Titel „Marsupial Lecture" („Beuteltier-Vortrag") geben wollte. Vor dem Hintergrund meiner Ansichten über die Behandlung der Palästinenser durch Israel war ich nicht sicher, ob ich annehmen sollte. Ich entschloss mich, mir die Namen palästinensischer Universitäten mit chemischen Instituten zu beschaffen und zu verlangen, dass Wissenschaftler aus ihnen allen zu meinem Vortrag und der Zeremonie eingeladen wurden. Zu meiner angenehmen Überraschung erklärte sich David Herschkowitz, der Präsident der Bar Ilan University, einverstanden und ich nahm die Einladung, Ehrendoktor zu werden, an. Aber wie sich herausstellte, sagte keiner der palästinensischen Wissenschaftler seine Teilnahme zu. Einige taten es ohne Begründung, und wenn sie eine nannten, dankten sie mir für die Einladung, nannten aber als Grund die erniedrigende, beschwerliche Prozedur beim Grenzübertritt nach Israel (Abbildung 21.13).

Nach einigem Nachdenken gelangte ich zu dem Schluss, dass es eine positive Geste wäre, wenn ich den „Beuteltier-Vortrag" einen Tag vor der Zeremonie in Israel an der palästinensischen Al-Quds-Universität halten würde (Abbildung 21.14). Ein Redakteur der liberalen israelischen Zeitung Haaretz bot mir an, ich könne einen Meinungsbeitrag über den Ablauf der Ereignisse schreiben; er ist in Anhang 4 abgedruckt.

Ein weiterer glücklicher Zufall in meinem Leben ergab sich ebenfalls 2014 bei der Herbert Kelman Conference zur „Transformation schwer lösbarer Konflikte": Ich lernte dort Gudrun Kramer kennen, die Direktorin des Österreichischen Studienzentrums für Frieden und Konfliktlösung und Programmmanagerin des Regionalen Sozial- und Kulturfonds für palästinensische Flüchtlinge und die Bevölkerung von Gaza. Als sie erfuhr, dass ich nach Israel reisen und eine Ehrendoktorwürde in Empfang nehmen würde, und nachdem wir ausführlich über meine Empfindungen dabei ge-

21.13. Ein Grenzposten für die Einreise von Palästinensern nach Israel

sprochen hatten, lud sie mich ein, mit ihr das Westjordanland zu besuchen. Sie konnte dorthin reisen, weil sie jordanische Diplomatennummernschilder besitzt. Ich hielt das für eine großartige Gelegenheit, und wir verabredeten uns für den 18. Mai, nach dem vorgesehenen Termin für die Verleihung der Ehrendoktorwürde der Bar Ilan University am 14. Mai 2014. Neben anderen Regionen besuchten wir Hebron, eine geteilte Stadt mit wenigen hundert jüdischen Siedlern, die von einem großen Kontingent israelischer Soldaten geschützt werden; die palästinensische Bevölkerung besteht aus etwa 200.000 Menschen (Abbildungen 21.15 bis 21.17)

21.14. Treffen mit Mitgliedern des Lehrkörpers der Al-Quds-Universität

21.15. Markt vor dem Damaskustor zur Altstadt von Jerusalem

21.16. Graffiti auf der palästinensischen Seite der Trennungsmauer

21.17. Graffiti auf der israelischen Seite der Trennungsmauer

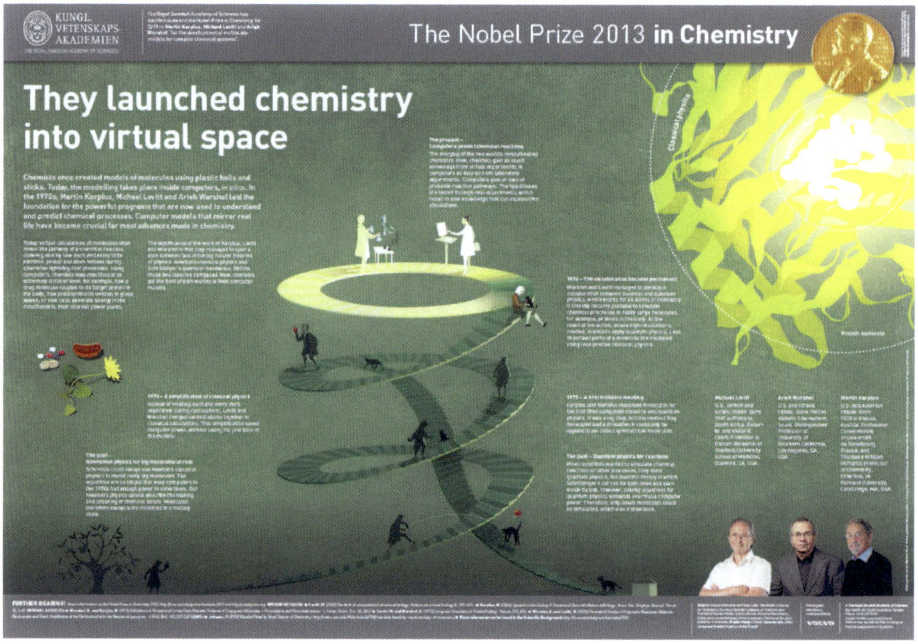

22.1. Poster für die Nobelpreise

22.2. Abendessen mit der Familie im Restaurant Wedholms Fisk

KAPITEL 22

Die Preisverleihung

Einige Tage nachdem die Preisträger am 9. Oktober 2013 bekanntgegeben worden waren, nahm das Nobelbüro in Schweden Kontakt mit uns auf. Es ging um die Organisation unserer Reise nach Stockholm und unseren dortigen Aufenthalt während der Nobelpreiszeremonie im Dezember. Uns wurde Eva Nilsson Mansfeld vom schwedischen Außenministerium zur Seite gestellt, die für uns während der Woche der Preisverleihung zuständig sein sollte. Wie sich herausstellte, bedeutete das zweierlei: Sie sollte uns helfen, indem sie alle unsere Fragen beantwortete, und – ebenso wichtig – sie sollte dafür sorgen, dass wir taten, was von uns erwartet wurde.

In meinem Kopf nahm ein Aspekt der bevorstehenden Nobelpreis-Zeremonie sofort oberste Priorität ein. Jeder Nobelpreisträger soll einen ungefähr 30 Minuten langen Vortrag halten und darin die Geschichte der Forschungsarbeiten schildern, die zu dem Preis geführt haben. Als ich über diesen Vortrag nachdachte, nahm ich Kontakt zu Gunnar Karlström auf, dem Vorsitzenden des fünfköpfigen Ausschusses, der für die Auswahl der Chemie-Preisträger verantwortlich war (auch wenn die „offizielle" Entscheidung durch Abstimmung in der gesamten Schwedischen Akademie gefällt wird). Ich sprach mit ihm über die Hintergrundinformationen, die man an die Presse weitergegeben hatte, und über die Nobelpreisbegründung selbst, „für die Entwicklung von Multiskalen-Modellen für komplexe chemische Systeme" (Abbildung 22.1).

Ihm war sofort klar, was ich an meiner Arbeit für wichtig hielt: die Entwicklung molekularer Simulationen zur Erforschung von Biomolekülen. Er wiederholte aber noch einmal, dafür sei der Preis nicht verliehen worden. Außerdem erklärte er, das Komitee habe das Fachgebiet des Chemiepreises auf drei Personen beschränken wollen.[1] Das war der Grund, dass man

[1] *Die Nobelpreise sind nach dem Testament von Alfred Nobel auf höchstens drei Personen beschränkt. In den letzten Jahren ist der Anteil der Preise, die an jeweils drei Personen verliehen wurden, in den Naturwissenschaften gewachsen, nicht aber in der Literatur.*

sich für „Multiskalen-Modelle für komplexe chemische Systeme“ entschieden hatte, wozu Levitt, Warshel und ich in den 1970er Jahren bedeutende Beiträge geleistet hatten. (Detaillierter erläutere ich diesen Aspekt meiner Arbeit in Kapitel 12.)

Wie ich in der gedruckten Version meines Nobelvortrages erwähnt habe (siehe Anhang 3), war Albert Einstein verärgert darüber, dass er den Nobelpreis für Physik 1921 für seine Theorie des photoelektrischen Effekts erhielt und nicht für seine Allgemeine Relativitätstheorie, die damals bereits experimentell bestätigt war und die er wie auch andere Physiker für seine wichtigste Leistung hielt. Er war darüber so verstimmt, dass er sich nicht nur entschloss, seinen Nobelvortrag nicht in Stockholm, sondern in Göteborg zu halten, sondern er widmete den Vortrag auch der Entdeckung der Allgemeinen Relativitätstheorie [Friedman, 2001]. Auch ich hatte den Eindruck, dass mein wichtigster Beitrag zur Wissenschaft von dem Komitee gezielt ignoriert worden war. Durch Einstein inspiriert, wollte auch ich meinen Vortrag über die Entwicklung der Methode der Molekulardynamik-Simulation halten.

Aber zurück zu den Vorbereitungen für die Reise nach Stockholm. Ich entschloss mich, der Anforderung nachzukommen und für das Nobelbankett sowie für die Preisverleihung einen Frack zu tragen, während ich meinen Nobelvortrag im dunklen Anzug mit Krawatte halten wollte. Für die meisten anderen Veranstaltungen während der Woche in Stockholm wurde ein „Businessanzug“ als Bekleidungsvorschrift genannt. Solche „Anforderungen“ wurden in unserem Merkblatt ausdrücklich genannt. Nach meiner Vorstellung besteht ein „Businessanzug“ aus einer dunkelgrauen Wollhose, einem gestreiften Hemd und einem Pullover mit V-Ausschnitt anstelle des Sakkos.[2] Ein solches Ereignis war das „gesellige Beisammensein“ am Tag nach unserer Ankunft; dort sollten die Preisträger einen „Businessanzug“ tragen, die Gäste dagegen sollten in „zwangloser Kleidung“ kommen.

Die Festlichkeiten in Verbindung mit der Nobelpreisverleihung erstrecken sich im Dezember über eine Woche, wobei die Verleihungszeremonie selbst stets am 10. Dezember stattfindet, dem Todestag des 1896 verstorbenen Alfred Nobel. Im Winter sind die Tage in Schweden sehr kurz (Sonnenaufgang um 8 Uhr 30, Sonnenuntergang um 14 Uhr 50), und die Nobel-Zeremonie mit ihren vielen Festlichkeiten ist um diese Jahreszeit für die Bewohner von Stockholm eine willkommene Abwechslung.

Nobel hatte in seinem Testament einen großen Teil des Vermögens, das er mit der Erfindung des Dynamits verdient hatte, für die Nobelpreise

---

[2] Zu meiner Freude erfuhr ich von Journalisten, dass meine lässige Kleidung bei Ereignissen, bei denen Studierende anwesend waren oder den gleichzeitig laufenden Podcast sehen konnten, großen Anklang fand.

vorgesehen. Erstmals verliehen wurden die Preise 1901. Für Dynamit gibt es zwar viele friedliche Anwendungsbereiche, es wurde aber auch sehr schnell im Krieg eingesetzt. Im Jahr 1891 schrieb Nobel an seine langjährige Vertraute Bertha von Suttner, er habe die Hoffnung, „wenn sich zwei gleich starke Armeen gegenseitig in einer Sekunde vernichten können, werden alle zivilisierten Nationen davor zurückschrecken und ihre Truppen auflösen“. [League of National Archive, Genf] [Frängsmyr, 2004] Leider erfüllte sich seine Hoffnung nicht: Die Welt musste auf eine Erfindung warten, die als Waffe noch zehn Millionen Mal wirksamer war als das Dynamit und eine so große Zerstörungskraft hatte, dass sie Weltkriege – jedenfalls bisher – verhindern konnte. Sein Wissen um die zerstörerische Kraft des Dynamits war einer der Gründe, warum er den Friedenspreis stiftete und warum die anderen Preise an Personen gehen sollten, „die der Menschheit im vergangenen Jahr den größten Nutzen gebracht haben“. Die Friedensaktivistin Bertha von Suttner erhielt 1905 den Friedensnobelpreis.

Das Komitee in Stockholm organisiert die Ereignisse der Nobelpreiswoche mit großer Sorgfalt. Am 7. November erhielten wir für unseren Aufenthalt in Stockholm ein detailliertes Programm von der Ankunft am 5. Dezember bis zur Abreise am 14. Dezember. Es umfasste nicht nur die offiziellen Veranstaltungen (das heißt den Vortrag, die Preisverleihung, das Nobelpreisbankett), sondern auch mehrere andere, die man speziell für mich und meine Gäste organisiert hatte. Da ich zuvor schon in Stockholm gewesen war, hatte ich auch private Abendessen mit meiner Familie und Freunden in Restaurants organisiert, die ich kannte, unter anderem im Wedholms Fisk, einem klassischen Fischlokal (Abbildung 22.2).

Fast magisch wurde unsere Zeit in Stockholm durch ein besonderes Element: Uns stand zu jeder Tages- und Nachtzeit eine persönliche Limousine mit Fahrer zur Verfügung, und das vom Augenblick unserer Ankunft am Flughafen, wo man uns in die VIP-Lounge führte, über den Aufenthalt in dem luxuriösen Grand Hotel während der Nobelwoche bis zu unserer VIP-Abreise. Erik Anderson, der uns zugewiesene Chauffeur, war etwas ganz Besonderes – sowohl was seinen Charakter als auch was die Erfüllung seiner Pflichten anging (Abbildung 22.3).

Das lag unter anderem auch daran, dass er sich in der Stockholmer Restaurantszene sehr gut auskannte, was sich für uns als wichtig erwies. Wenn wir vor einem der offiziellen Empfänge flüchten wollten, brauchten wir ihn nur nach einem Vorschlag für einen schönen Ort zum Essen zu fragen. Einmal brachte er uns von einem Empfang im Nordischen Museum in ein zauberhaftes Bistro mit ausgezeichnetem Essen. Das Restaurant war offen-

22.3. Erik Anderson und Eva Nilsson Mansfeld mit Marci und mir

22.4. Eine für unsere Durchfahrt geschmückte Straße

22.5. Professor Sven Lidin bei der Einführung zu meinem Nobelvortrag

22.6. Meine Familie wartet auf den Nobelvortrag

sichtlich beliebt und ausgebucht, aber Erik kannte den Eigentümer und konnte für Marci und mich einen Tisch reservieren.

Als wir vom Grand Hotel zum Empfang im Nordischen Museum gebracht wurden (Abbildung 22.4), waren die Straßen von Menschen gesäumt, die mit Fähnchen winkten, als wir vorüberfuhren. Die Polizei sorgte dafür, dass wir ohne anzuhalten durchfahren konnten, als wären wir Staatsgäste – was wir vermutlich auch waren. Zu den einzelnen Veranstaltungen fuhren Marci und ich mit Erik in der Limousine, Angehörige und andere geladene Gäste wurden mit Bussen transportiert.

Auch in mehreren Botschaften fanden Empfänge statt. Besonders denkwürdig war ein intimer, sehr persönlicher Empfang im Haus des österreichischen Botschafters. Unter den Gästen war Professor Anton Zeilinger, der extra aus Wien angereist war, um mich aus Anlass des Nobelpreises zu ehren (siehe Kapitel 21).

Das einzige Ereignis, das von meiner Seite eine beträchtliche Vorbereitung erforderte, war der Nobelvortrag am 8. Dezember in der Aula Magna, einem großen Hörsaal (Abbildungen 22.5 und 22.6).

Die wichtigsten Ereignisse waren die Verleihungszeremonie am Nachmittag des 10. Dezembers im Stockholmer Konzerthaus und das Nobelbankett am gleichen Abend im Rathaus. Für beide Veranstaltungen war Abendkleidung vorgeschrieben, das hieß weiße Fliege und Frack für mich, und ein langes Abendkleid, das sie selbst genäht hatte, für Marci (Abbildungen 22.7 und 22.8).

Bei der Verleihungszeremonie selbst geht es sehr elegant zu: Alle Preisträger sitzen in der kanonischen Reihenfolge in einer Reihe auf der Bühne (Abbildung 22.9). Hinter uns auf der Bühne saßen frühere Preisträger, die zu der Zeremonie nach Stockholm gekommen waren, und weitere Würdenträger. Der Preis selbst wurde durch König Carl XVI. Gustaf von Schweden persönlich überreicht. Der Preisträger wird dabei jeweils vorgestellt und tritt zum König vor, während dieser sich erhebt, um ihn oder sie zu empfangen. Medaille und Diplom werden dem König ausgehändigt, der sie seinerseits dem Preisträger übergibt (Abbildung 22.10).

Als er mir die Hand schüttelte, sagte ich auf Schwedisch „herzlichen Dank“ zu ihm (*tack så mycket*). Er nahm das zum Anlass, schnell auf Schwedisch zu mir zu sprechen, aber ich verstand kein Wort. Ein in der Nähe stehender Beamter begriff die Situation und flüsterte dem König etwas zu, der daraufhin meine Hand losließ. Dann ging ich, wie man es uns bei der Probe im Konzerthaus beigebracht hatte, rückwärts vom König weg, verbeugte mich zu ihm, als ich die Mitte der Bühne erreicht hatte und verbeugte mich anschließend zu den Würdenträgern auf der Bühne. Es folgte eine Verbeugung zum Publikum, und ich kehrte in die Reihe der Preisträger zurück. Das alles hört sich sehr formell und gekünstelt an, aber irgendwie war es für mich, meine Angehörigen und alle Anwesenden ein eindrucksvolles Erlebnis.

Das Nobelbankett im Rathaus ist eine aufwendige Angelegenheit mit 1300 Gästen (Abbildung 22.11). Sehr formell läuft der Auftritt des Königs und der Königin ab, die eine Treppe hinunter in den Saal kommen (Abbildungen 22.12a und 12b).

Die Speisekarte war schön gestaltet, aber das Essen selbst entsprach nicht ganz dem Standard eines Drei-Sterne-Restaurants. Realistisch betrachtet, wäre das angesichts der großen Gästezahl auch ein Ding der Unmöglichkeit gewesen. Der Service war aber makellos und – wiederum bei so vielen Gästen – absolut erstaunlich.[3]

Für jemanden wie mich, der Freude an feiner Küche und lebhaften Gesprächen hat, hat ein solches formales Bankett oftmals etwas Erdrückendes. Wegen der Geräuschkulisse in dem großen Umfeld kann man sich im besten Fall mit denen unterhalten, die neben einem sitzen; schon ein Gespräch mit Gästen, die gegenüber Platz genommen haben, war nahezu unmöglich (Abbildung 22.13).

Ich hatte das Glück, dass man mich neben Prinzessin Christina gesetzt hatte, die Schwester des Königs. Sie war eine interessante Gesprächspartnerin, hatte sie doch unter anderem als Vorsitzende des Schwedischen Roten Kreuzes gearbeitet (Abbildung 22.14).

Nobelpreisträger werden nachdrücklich aufgefordert, eine Reihe schwedischer Universitäten in der Nähe von Stockholm zu besuchen. Kwangho Nam, einer meiner früheren Postdocs, hatte kurz zuvor eine Stellung an der Universität von Umea angenommen, das ungefähr 700 Kilometer nördlich von Stockholm liegt. Ich entschloss mich, ihn dort zu besuchen, obwohl Umea eigentlich außerhalb des normalen Nobelpreis-„Rundkurses“ liegt. Außerdem reizte mich die Aussicht auf eine Fahrt mit dem Hundeschlitten. Leider lag dafür aber am Anfang des Winters nicht genügend Schnee. Für die Universität von Umea war es aber ganz offensichtlich etwas Besonderes, dass ein Nobelpreisträger kam und einen Vortrag hielt; deshalb freute ich mich sehr, dass ich hingefahren war. Da ich vor einem großen Publikum sprach, das nicht nur aus Wissenschaftlern bestand, hielt ich meinen „Beuteltier-Vortrag“[4] [Karplus, 2016]. Kwangho Nam, der wie alle meine Stu-

[3] *Junge Frauen und Männer aus ganz Schweden wetteifern darum, beim Nobelbankett bedienen zu dürfen. Die ausgewählten Kräfte werden sorgfältig ausgebildet, und so bekommen alle 1300 Gäste jeden einzelnen Gang des Menüs praktisch zur gleichen Zeit.*

[4] *Vollständiger Titel: „Motion: Hallmark of Life. From Marsupials to Molecules.“ („Bewegung: Merkmal des Lebens. Von Beuteltieren zu Molekülen“) [A. d. Ü.]*

22.7. Marci und ich in Abendkleidung

22.8. Marci und ich mit den Kindern (Reba, Tammy und Mischa) und dem Enkel (Rachel) vor der Verleihungszeremonie

22.9. Die Nobelpreisträger auf der Bühne mit König, Königin und der königlichen Familie

22.10. Entgegennahme des Preises aus den Händen von König Gustaf

22.11. Das Bankett

22.12a. Königin Silvia und Professor Carl-Henrik Heldin betreten den Bankettsaal, …

22.12b. … gefolgt von Prinzessin Christina und mir

22.13. Marci neben Peter Higgs

22.14. Prinzessin Christina neben mir beim Bankett

22.15. Ich helfe im Heds Gård dem Koch.

dierenden mein Interesse am Kochen kannte, organisierte im Heds Gård, einem bekannten einheimischen Bauernhofrestaurant, ein Abendessen. Der Koch hatte vorgehabt, das Abendessen für unsere große Gruppe allein zuzubereiten. Mein Angebot, in der Küche zu helfen, nahm er dankbar an, und damit wurde das Essen für mich noch mehr zu etwas Besonderem (Abbildung 22.15).

Die Nobelpreismedaille wurde vom schwedischen Bildhauer und Graveur Erik Lindberg gestaltet. Verliehen wurde sie erstmals 1902, denn bei der Vergabe des ersten Nobelpreises 1901 war sie noch nicht fertig (Abbildung 22.16).

Sie besteht aus massivem Gold und ist ungefähr 10.000 Dollar wert. Als wir nach Boston zurückkehrten, deklarierte ich sie beim Zoll, aber der Beamte wusste nicht genau, was er damit anfangen sollte. Schließlich sagte er, ich solle den Beamten fragen, der die Passagiere prüft, wenn sie im Begriff stehen, die Ankunftshalle zu verlassen. Ich zeigte ihm die Medaille, und er rief die anderen Beamten dazu. Natürlich war ich besorgt, dass sie mir Zoll abverlangen würden, wie es geschehen war, als ich mehr als die erlaubte Anzahl von Weinflaschen importiert hatte. Wie sich aber herausstellte, war er von der Medaille so beeindruckt, dass er sie nur seinen Kollegen zeigen wollte; anschließend winkte er uns mit einem breiten Lächeln durch.

22.16. Die Nobelpreismedaille

KAPITEL 23

Wissenschaft nach der preisgekrönten Simulation

Der Nobelpreis wurde 2013 verliehen, 35 Jahre nach der Molekulardynamik-Simulation von BPTI, welche dafür die Grundlage legte (siehe Kapitel 15). Sowohl Fotografie als auch Kochen spielen in meinem Leben zwar eine wichtige Rolle, mein Hauptinteresse gilt aber weiterhin der Wissenschaft und der Frage, was ich zum Fortschritt des Wissens beitragen kann. In diesem Kapitel möchte ich umreißen, wie sich meine Forschungstätigkeit seit der ersten Molekulardynamik-Simulation eines Proteins in verschiedenen wichtigen Bereichen weiterentwickelt hat. Die Arbeiten, mit denen ich einige der beteiligten Systeme besser verstehen wollte, haben mich fast mein ganzes Wissenschaftlerleben lang beschäftigt.

Das Kapitel schildert Forschungsarbeiten, die sich unter anderem mit dem Mechanismus der Proteinfaltung, der Funktion von Enzymen, der Arbeitsweise molekularer Maschinen und der biologischen Bedeutung der Allosterie beschäftigten. Eine wichtige Entwicklung, die für einige dieser Studien unentbehrlich war, betraf Verbesserungen in der Methodik der Simulation freier Energie. Im Folgenden werde ich deutlich machen, was ich aus solchen Studien gelernt habe; in einigen Fällen nenne ich dafür ein Beispiel oder auch mehrere, in anderen gebe ich einen Überblick. Die Forschung erfolgte in Zusammenarbeit mit insgesamt mehr als 250 Studierenden, Postdocs und anderen Kollegen, für die die Bezeichnung Karplusianer gebräuchlich wurde (eine Liste findet sich im Anhang 1). Eine Vorstellung davon, womit sich manche Karplusianer beschäftigten, nachdem sie meine Arbeitsgruppe verlassen hatten, lieferte ein Symposium, das im April 2005 aus Anlass meines 75. Geburtstages an den National Institutes of Health veranstaltet wurde [Post und Dobson, 2005].

Seit 1977, als die erste Molekulardynamik-Simulation eines Proteinmoleküls veröffentlicht wurde [McCammon, Gelin und Karplus, 1977], hat sich das Fachgebiet explosionsartig weiterentwickelt. Die ursprüngliche BPTI-Studie hatte Bestand, und, was noch wichtiger ist, sie eröffnete ein

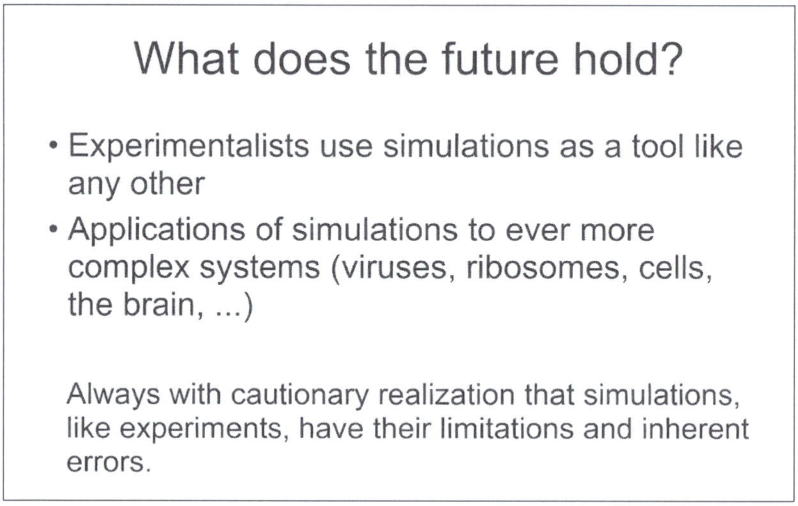

23.1. Das letzte Dia des Nobelvortrags. In deutscher Übersetzung: Was bringt die Zukunft? Experimentell arbeitende Wissenschaftler nutzen Simulationen als Hilfsmittel wie jedes andere. Simulationen werden auf immer komplexere Systeme angewandt werden (Viren, Ribosomen, Zellen, das Gehirn ...). Immer mit Bedacht und dem Bewusstsein, dass Simulationen wie Experimente ihre Grenzen und ihre eigenen Fehlerquellen haben.

23.2. *Die Geburt der Venus*

ganz neues Fachgebiet [Brooks, Karplus und Pettitt, 1988]. Heute nutzt eine große Wissenschaftlergemeinde Simulationsmethoden, um die Funktion von Biomolekülen zu studieren. Es gibt dazu neben CHARMM [Brooks et al., 1983; Brooks et al., 2009] diverse weitere, allgemein verfügbare Computerprogramme wie NAMD [Philips et al., 2005] und GROMACS [Abraham et al., 2015]. Vor diesem Hintergrund repräsentieren die Beiträge meiner Arbeitsgruppe anders als in der Frühzeit der Simulation von Biomolekülen nur einen Teil dessen, was sich in dem Fachgebiet abspielt.

Wie ich in meinem Nobelvortrag erläutert habe (Abbildung 23.1), habe ich weiterhin die Hoffnung, dass Molekulardynamik-Simulationen zu einem unter den vielen Hilfsmitteln werden, die von den experimentell arbeitenden Wissenschaftlern als Teil ihres Arsenals zur Problemlösung angewandt werden. Die Methode des *Simulated Annealing* in der Röntgenstrukturanalyse, die ursprünglich 1987 von Axel Brünger, John Kuryan und mir vorgeschlagen wurde [Brünger, Kuriyan und Karplus, 1987; Brünger und Karplus, 1991] und durch Brünger in dem Programm XPLOR und der neueren Version CNS eine kompetente Weiterentwicklung erlebte, ist eine Anwendung von Simulationen, die heute ein unverzichtbarer Bestandteil der Strukturbiologie ist. Eine allgemeine Akzeptanz von Molekulardynamik-Simulationsmethoden als Hilfsmittel zur Erweiterung experimenteller Befunde über die Funktion von Biomolekülen ist aber nach wie vor Zukunftsmusik [Karplus und Lavery, 2014].[1] Natürlich hat die Anerkennung der Simulationsmethoden, die mit dem Nobelpreis einherging, zu ihrer häufigeren Anwendung beigetragen.

Noch heute staune ich darüber, welche Erkenntnisse man mit den Simulationsmethoden über die Funktion von Biomolekülen gewinnen kann. Mein enger Freund Claude Poyart, mit dem ich zusammen am Hämoglobin arbeitete [Lee et al., 1988], beschrieb die Molekulardynamik-Simulation von Proteinen mit einem wunderschönen Bild. Er verglich die Röntgenstruktur von Proteinen mit einem Baum im Winter, der in seinem scharfen Umriss schön, aber im Erscheinungsbild leblos ist. Die Molekulardynamik haucht dieser Struktur Leben ein, weil sie die Zweige mit Blättern bekleidet, die im Wind der Thermik flattern.

In den ersten zehn Jahren nach Erscheinen des Artikels über die BPTI-Simulation wurden die meisten Bewegungsphänomene weiterhin sowohl experimentell als auch theoretisch erforscht. Der erweiterte, durch verbesserte

[1] *In diesem Artikel weisen wir darauf hin, dass nur sehr wenige Vorhersagen, die auf der Grundlage von Molekulardynamik-Simulationen getroffen wurden, für Biochemiker von so großem Interesse waren, dass sie darangingen, die Ergebnisse mit Experimenten zu überprüfen.*

Methodik erzielte Anwendungsbereich und die ungeheure Zunahme der verfügbaren Computerleistung ermöglichten die Untersuchung immer komplexerer Systeme in einem immer größeren Zeitmaßstab. Einige Ergebnisse solcher Studien werden in einer Ausgabe von *Accounts of Chemical Research* [35, 2002] mit dem Titel „Molecuar Dynamics Simulations of Biomolecules" [„Molekulardynamik-Simulation von Biomolekülen"] beschrieben, für die ich als Gastredakteur tätig war. Besonders stolz bin ich auf mein einführendes Editorial [Karplus, 2002], denn ich konnte die Herausgeber überreden, darin eines meiner Lieblingsgemälde abzudrucken, *Die Geburt der Venus* von Sandro Botticelli (Abbildung 23.2). Mit dem Bild wollte ich sagen, dass solche Schöpfungen im Gegensatz zu Venus, die in all ihrer Pracht vollständig ausgebildet aus dem Meer stieg, in der Wissenschaft kaum einmal vorkommen, insbesondere heute, da jedes Thema von vielen Personen erforscht wird.

Für die explosionsartige Zunahme der Zahl von Studien, die auf Simulationen basieren, sind zwei Aspekte solcher molekulardynamischen Verfahren von entscheidender Bedeutung. Wie bereits erwähnt, liefern die Simulationen bis ins letzte Detail die Bewegungen einzelner Teilchen in Abhängigkeit von der Zeit. Solche Einzelheiten sind für viele Aspekte der Funktion von Biomolekülen von Bedeutung. Beim Myoglobin beispielsweise, das in den Muskeln den Sauerstoff speichert, zeigen sie, auf welchen Wegen der Sauerstoff in die Tasche des Häms hinein- und wieder herausgelangt. Darüber hinaus haben Simulationen einen weiteren wichtigen Aspekt: Die in ihnen verwendeten Potentialfunktionen sind zwar Näherungen, der Nutzer hat sie aber vollständig unter Kontrolle. Wenn man einzelne Terme der Potentialfunktion weglässt oder verändert, kann man untersuchen, inwieweit sie eine bestimmte Eigenschaft beeinflussen. Sehr anschaulich zeigt sich das an Berechnungen der Unterschiede freier Energie, die sich auf „Computer-Alchemie" stützen: Das Potential wird während der Simulation so verwandelt, dass es nicht mehr das eine, sondern das andere System repräsentiert. Den Begriff „Computer-Alchemie" habe ich für diese Methode eingeführt, weil er eine Entsprechung zu den Behauptungen der alten Alchemisten darstellt, sie hätten Blei in Gold verwandelt – was auf dem Computer leicht möglich ist [Gao et al., 1989; Simonson, Archontis und Karplus, 2002; Wong und McCammon, 1986].

Im Bereich der Makromoleküle und auch in anderen Gebieten, in denen mesoskopische Systeme eine Rolle spielen, lassen sich Simulationsmethoden auf dreierlei Weise anwenden. Im ersten Fall ist die Simulation einfach ein Mittel, um Stichproben des Konfigurationsraumes zu gewinnen. Auf diese Weise wird Molekulardynamik häufig in Verbindung mit „Simulated Annealing"-Protokollen genutzt, wenn man Strukturen auf Grundlage von experimentellen Daten aufklären oder verfeinern möchte. Zweitens nutzt man Simulationen zur Bestimmung von Gleichgewichts-Mittelwerten, so für Struktur- und Bewegungseigenschaften (zum Beispiel für die mittlere Schwankungsamplitude von Atomen) und für die thermodynamischen Eigenschaften des Systems. Im Rahmen solcher Anwendungen ist es notwendig, in der Simulation wie in der ersten Anwendung eine angemessene Stichprobe des Konfigurationsraums zu verwenden, wobei eine zusätzliche Bedingung darin besteht, dass jeder Punkt gemäß seinem Boltzmann-Faktor gewichtet wird. Der dritte Anwendungsbereich der Simulationen ist die Untersuchung der eigentlichen Dynamik. Hier ist nicht nur eine angemessene Stichprobe des Konfigurationsraums mit der richtigen Boltzmann-Gewichtung erforderlich, sondern die Simulation muss so durchgeführt werden, dass sie auch die zeitliche Entwicklung des Systems richtig wiedergibt. In den ersten beiden Anwendungsbereichen kann man neben der Molekulardynamik auch Monte-Carlo-Simulationen verwenden. In dem dritten dagegen, in dem man sich für die Bewegungen und ihren zeitlichen Ablauf interessiert, liefert nur die Molekulardynamik die notwendigen Informationen.

Studien zur Proteinfaltung

Der Proteinfaltung galt mein ständiges Interesse, seit ich 1969 für ein Sabbatsemester in der Arbeitsgruppe von Shneior Lifson gewesen war und dort die Zeichnung von Chris Anderson gesehen hatte, die zur Anregung für das zusammen mit David Weaver entwickelte Diffusions-Kollisions-Modell wurde (siehe Kapitel 14). Seit jener Zeit sind aus meiner Arbeitsgruppe heraus mehr als dreißig Fachartikel erschienen, die sich mit der Proteinfaltung beschäftigten, der letzte 2014 [Ovchinnikov und Karplus, 2014].

Als David und ich 1976 das Diffusions-Kollisions-Modell entwickelten [Karplus und Weaver, 1976], war die Proteinfaltung ein recht ausgefallenes Thema, für das sich nur eine sehr kleine Wissenschaftlergemeinde interessierte. Mittlerweile hat sich das Fachgebiet vollkommen gewandelt, vor allem weil es von großer Bedeutung ist, wenn man die ungeheuer vielen Proteinsequenzen verstehen will, die durch die Genomprojekte zur Verfügung stehen. Außerdem ist mittlerweile klar, dass falsch gefaltete Proteine beim Menschen ein breites Spektrum von Krankheiten verursachen können [Dobson, 2003]; solche Krankheiten kommen vorwiegend in den älteren Bevölkerungsgruppen vor, die einen immer größeren Anteil der Menschheit ausmachen.

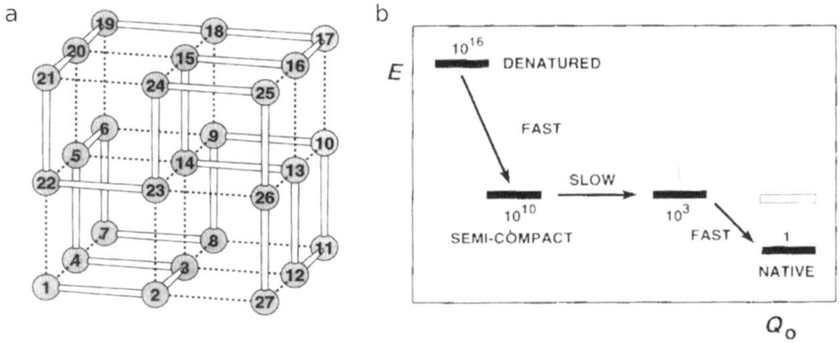

23.3. (a) Ein Beispiel für eine kompakte, sich selbst vermeidende Struktur einer Kette aus 27 Monomeren (nummerierte Kreise) mit 28 Kontaktstellen (gepunktete Linien). (b) Ein 3-Stufen-Mechanismus zur Faltung des gezeigten Modells; das leere Rechteck gibt die Energie des nativen Zustandes einer sich nicht faltenden Sequenz an.

Heute beschäftigen sich sowohl experimentelle als auch theoretische Naturwissenschaftler – Physiker, Chemiker und Biologen – mit der Proteinfaltung. Während der letzten etwa zehn Jahre wurde deren Mechanismus prinzipiell aufgeklärt. Wie wir heute wissen, gibt es mehrere Wege zum nativen Zustand, und die Oberfläche der freien Energie ist wegen der größeren Stabilität des nativen Zustands gegenüber anderen Kontakten so beschaffen, dass auf jedem Faltungsweg nur ein sehr kleiner Anteil der Gesamtzahl von Konformationen ausprobiert wird [Dobson, Sali und Karplus, 1998]. Diese Erkenntnis ist der Arbeit vieler Wissenschaftler zu verdanken, ein entscheidendes Element war aber die Untersuchung von Gittermodellen der Proteinfaltung. Diese Spielzeugmodelle, wie ich sie gern nenne, sind so einfach, dass eine ausreichende Zahl von Trajektorien berechnet und damit eine sinnvolle statistische Analyse des Faltungsprozesses und der Oberfläche der freien Energie, gemittelt über die Trajektorien, durchgeführt werden kann [Sali, Shaknovich und Karplus, 1994]. Dennoch sind sie so komplex, dass für sie das Levinthal-„Paradox“ gilt [Karplus, 1997], das heißt, es gibt viel mehr Konfigurationen, als im Laufe des berechneten Faltungsweges aufgesucht werden könnten (Abbildung 23.3).

Zwar ist jeder Faltungsweg anders, die Neigung der Oberfläche der freien Energie hin zum nativen Zustand reicht aber aus, damit die stochastische Suche nur einen kleinen Bruchteil aller Konfigurationen ausprobieren muss, um den nativen Zustand zu finden. Dieses Prinzip ist heute die allgemein anerkannte Lösung für das Suchproblem der Proteinfaltung [Karplus, 1997; Wolynes, 2005]. Mit der zunehmenden Leistungsfähigkeit von Computern wurde es möglich, von den Gittermodellen zu Simulationen realistischer Beschreibungen von Proteinen überzugehen. Die derzeitigen Studien beschäftigen sich mit den Einzelheiten der Faltung einzelner Proteine und damit, wie eine falsche Faltung vermieden wird [Lindorff-Larsen et al., 2011].

Wichtig ist die Feststellung, dass diese ersten Studien zum Teil auch auf psychologischer Ebene Wirkung entfalteten. Selbst wenn es sich bei den Gittermodellen um eine vereinfachte Darstellung handelt, wurde hier der tatsächliche Faltungsvorgang erstmals mit Hilfe eines Computers nachvollzogen. Ein Artikel von mir, dem ein Vortrag bei einer Tagung in Kopenhagen zugrunde liegt [Karplus, 1997], beschreibt diesen Wechsel der Einstellung als Paradigma des wissenschaftlichen Fortschritts.

> *Veränderungen der Wahrnehmung sind ein unverzichtbares Element des wissenschaftlichen Fortschritts. Der Schlüssel zum Fortschritt liegt häufig nicht darin, dass eine vorhandene Ansicht widerlegt wurde und dass man die Ansicht, die an ihre Stelle tritt, bewiesen hat. Das wichtige Element ist vielmehr die Anerkennung der neuen Betrachtungsweise durch die wissenschaftliche Welt. Das geschieht derzeit offenbar im Zusammenhang mit der Proteinfaltung. Man kann ohne große Übertreibung sagen, dass die pessimistischen Standpunkte von gestern („Es ist unmöglich, dass Proteine sich zum nativen Zustand falten, obwohl sie es in Lösung ohne weiteres tun") durch den optimistischen Standpunkt (die „neue Betrachtungsweise") von heute verdrängt wurden („Es liegt auf der Hand, dass Proteine in der Lage sein müssen, sich schnell zum nativen Zustand zu falten").*[2]

Angesichts immer schnellerer Computer und insbesondere durch die Entwicklung hochparalleler Rechenarchitekturen wird die Ab-initio-Strukturvorhersage wahrscheinlich innerhalb der nächsten zehn Jahre ein Stadium erreichen, dass man damit nicht nur die Einzelheiten des Faltungsmechanismus aufklären kann; vielmehr wird sie auch dazu beitragen, das „andere" Faltungsproblem zu lösen, nämlich die Struktur des nativen Zustands direkt, anhand der Sequenz, mit Molekulardynamik-Simulationen zu bestimmen. Tatsächlich ist es mit einem Supercomputer namens ANTON,[3] der von David Shaw und seiner Arbeitsgruppe gezielt zu diesem Zweck ent-

---

[2] *Dass unser 1994 in Nature erschienener Artikel so große Aufmerksamkeit fand, lag teilweise an einem glücklichen Zufall. Viele Nature-Leser überfliegen nur die Artikel der Rubrik „News & Views", um sich zu informieren, was es Neues gibt. In einem „News & Views"-Artikel von Baldwin [Baldwin, 1990] wurden Literaturhinweise auf die Arbeiten vieler anderer weggelassen, die ebenfalls zur Entwicklung der „neuen Betrachtungsweise" beigetragen hatten (zum Beispiel Bryngelson und Wolynes, 1989; Camacho und Thirumalai, 1993; Dill et al., 1995; Go, 1983; Harrison und Durbin, 1985); dies führte zu einer persönlichen wie auch zu einer veröffentlichten Korrespondenz [Chan, 1995; Karplus, Sali und Shakhnovich, 1995], die offensichtlich zur weiten Verbreitung der Erkenntnisse beitrug.*

[3] *Der Name ANTON wurde zur Erinnerung an Antoni van Leeuwenhoek gewählt, den Erfinder des Mikroskops, der damit Muskelfasern, Bakterien, Spermienzellen und den Blutstrom in Kapillaren beobachtete.*

wickelt wurde [Shaw et al., 2010], bereits mehrfach gelungen, die Faltung kleiner Proteine zu simulieren [Lindorff-Larsen et al., 2011].

Hier muss ich eine persönliche Anmerkung hinzufügen: Ein solcher Brute-Force-Ansatz, bei dem der Computer die Antwort ausspuckt, ist für mich von geringerem Interesse als die Lösung des begrifflichen Problems der Proteinfaltung, die, wie oben beschrieben, durch eher näherungsweise Methoden erzielt wurde [Dobson, Sali und Karplus, 1998].

Enzymatische Katalyse

Enzyme sind die Katalysatoren der Natur. Sie beschleunigen viele chemische Umsetzungen, die in lebenden Systemen notwendig sind. Manche Enzyme sorgen für eine Beschleunigung der Reaktionsgeschwindigkeit um den Faktor 10^{19} [Wolfenden und Snider, 2001]. Die Geschwindigkeitskonstante k einer Reaktion kann man mit der Arrhenius-Gleichung berechnen:

$$k = A(T)\ exp(-\Delta G^{\ddagger}/RT)$$

Dabei ist $\Delta G^{\ddagger}$ die freie Aktivierungsenergie und A(T) der präexponentielle Faktor.[4] Im Jahr 1946, als noch keine Informationen über Proteinstrukturen zur Verfügung standen, äußerte Linus Pauling [Pauling, 1946] die Vermutung, dass Enzyme die Reaktionsgeschwindigkeit steigern können, weil sie den Übergangszustand besser binden als das Substrat, sodass sie $\Delta G^{\ddagger}$ senken. Dass dieses Schlüsselkonzept für die enzymatische Katalyse richtig ist, wurde seither in vielen Studien bestätigt [Garcia-Viloca et al., 2004; Schowen, 1978], in manchen Fällen sind aber auch dynamische Beiträge zu A(T) von Bedeutung [Garcia-Viloca et al., 2004].

Die Erforschung der Frage, wie Enzyme chemische Reaktionen katalysieren, hat mich viele Jahre beschäftigt, und die dabei verwendeten Methoden sind ein Musterbeispiel für die in der Nobelpreisbegründung genannten Anwendungen („für die Entwicklung von Multiskalen-Modellen für komplexe chemische Systeme“). Ein entscheidendes Element des Fortschritts in diesem Bereich war die Erkenntnis, dass man die Berechnungen vereinfachen muss, indem man die Potentialoberfläche des „Kernbereichs“, der unmittelbar an der Reaktion beteiligt ist, mit einem geeigneten quantenmechanischen Ansatz behandelt und das Umfeld (den Rest des Proteins sowie das Lösungsmittel) mit der empirischen Potentialoberfläche beschreibt,

[4] *T ist die absolute Temperatur und R die Gaskonstante, A. d. Ü.*

die in der Molekulardynamik-Simulation nicht reaktiver Systeme benutzt wird. Dabei sei angemerkt, dass man die Dynamik der Reaktion in den meisten (aber nicht allen) Fällen mit der klassischen Mechanik angemessen beschreiben kann, manche Reaktionen allerdings, so die Übertragung von H-Atomen, erfordern die Quantenmechanik [Garcia-Viloca et al., 2004].

Für die Herstellung des Zusammenhangs zwischen der beobachteten Verringerung der Aktivierungsenergie und der Enzymstruktur mit ihrer Flexibilität spielten Computersimulationen eine wichtige Rolle. Bestimmte Aminosäuren sorgen für ein Umfeld, das den Übergangszustand im Verhältnis zum Zustand der Reaktanten – wie von Pauling vermutet – stärker stabilisiert. Ein gewisses Maß an Flexibilität der Enzyme ist für die Katalyse auch deshalb entscheidend, weil die Bewegungen der Atome im Enzym notwendig sind, damit die Reaktion stattfinden kann [Brooks, Karplus und Pettitt, 1988]. Oft sind auch umfangreichere Konformationsänderungen beteiligt. Die Katalyse beginnt in vielen Fällen mit einer offenen Struktur, in die das Substrat vor der Reaktion eintreten kann. Dann folgt eine Schließbewegung, es entsteht eine „Reaktionskammer", die vom Lösungsmittel getrennt ist. Am Ende schließlich, nach der Reaktion, öffnet sich die „Kammer" und gibt die Reaktionsprodukte frei [Henzler-Wildman et al., 2007] (Abbildung 23.4).

Die Idee, quantenmechanische und klassisch-mechanische Berechnungen zu verbinden, geht zwar auf das Jahr 1971 zurück [Honig und Karplus, 1971], bis zu einer allgemeinen Formulierung, die unter dem Namen QM/MM-Methode bekannt wurde, mussten aber noch fast zwanzig Jahre vergehen [Field, Bash und Karplus, 1990]. Sie machte ausreichend genaue Berechnungen möglich, mit denen man sinnvolle Erkenntnisse über die Funktionsweise von Enzymen gewinnen konnte. Im Folgenden möchte ich einige meiner Studien beschreiben, die nach meiner Überzeugung für das Fachgebiet eine wichtige Rolle spielten. Man sollte aber daran denken, dass an „meinen Studien" viele Mitarbeitende, insbesondere Studierende und Postdocs, beteiligt waren und wesentlichen Anteil hatten.

Zum ersten Mal wandte ich die QM/MM-Methode auf die Triosephosphatisomerase (TIM) an, das Enzym, das die Umsetzung von Dihydroxyacetonphosphat (DHAP) zu (R)Glycerinaldehyd-3-phosphat (GAP) katalysiert (Abbildung 23.5).

Diese Reaktion gehört zum Reaktionsweg der Glykolyse, durch die ATP entsteht, die Energiewährung der Zelle (siehe Abschnitt „Molekülmotoren").

Die TIM wurde in vielen Experimenten und Simulationen im Detail studiert. Es wurde gezeigt, dass die scheinbare Barriere für die Reaktion im Enzym um 11–13 kcal/mol niedriger liegt als in wässriger Lösung [Cui und

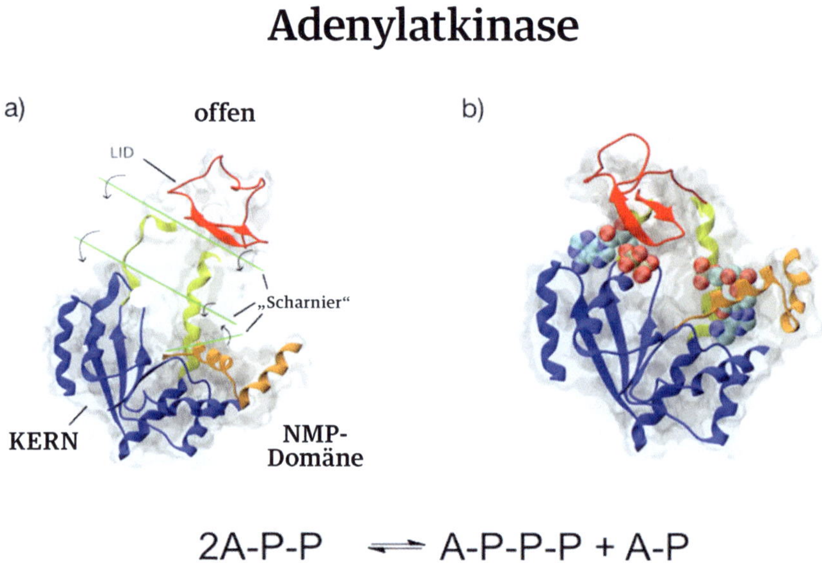

23.4. Die Adenylatkinase. (a) Offene Struktur ohne Substrat. (b) Geschlossene Struktur mit zwei Molekülen des Substrats Adenosindiphosphat (A-P-P) vor der Reaktion

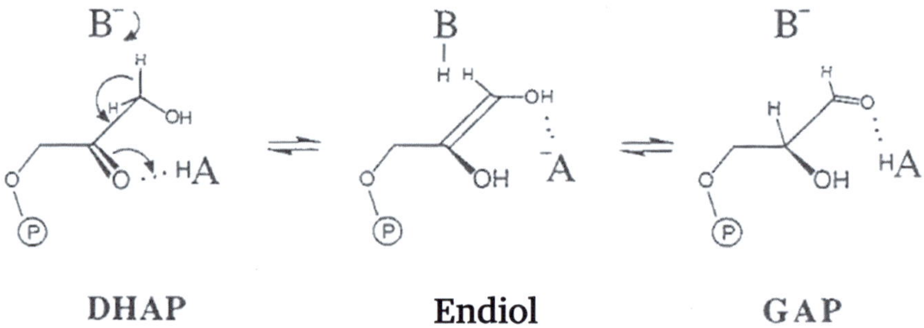

23.5. Die Reaktion, die von der Triosephosphatisomerase katalysiert wird. Eine basische katalytische Gruppe B zieht das Pro-R-Proton vom C-1 des Dihydroxyacetonphosphats (DHAP) ab, wobei eine saure katalytische Gruppe HA Hilfestellung leistet; es entsteht als Zwischenprodukt das Endiol. Dieses reagiert weiter, wodurch das Endprodukt Glycerinaldehyd-3-phosphat entsteht und das Enzym regeneriert wird (aus: Knowles, 1991).

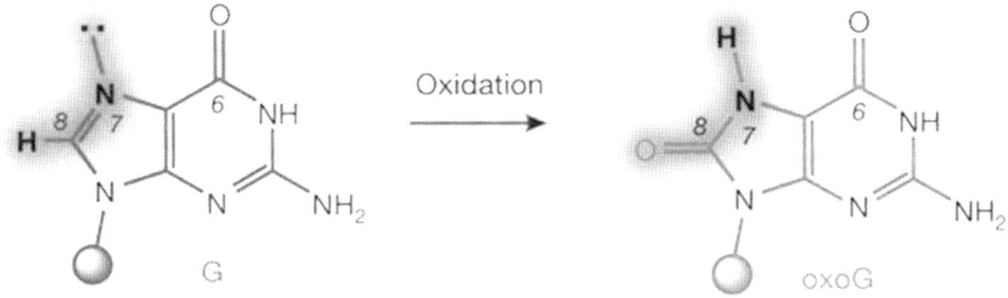

23.6. Die Strukturen von G und oxoG im Vergleich. Der Unterschied ist hervorgehoben.

Karplus, 2002; Feierberg und Aqist, 2002], was zu einer Beschleunigung ungefähr um den Faktor 10^{10} führt. Es ist das erste Enzym, das man als „ideal“ bezeichnen kann; das heißt, die Reaktion selbst wird so stark beschleunigt, dass sie nicht mehr der geschwindigkeitslimitierende Schritt ist, sondern dieser ist im Falle der TIM die Substratbindung [Albery und Knowles, 1976]. Bei anderen „idealen“ Enzymen wie der Adenylatkinase ist es die Freisetzung der Produkte [Henzler-Wildman et al., 2007].

Für die Reaktion wurden zwei Mechanismen in Betracht gezogen [Bash et al., 1991]. In dem einen ist das Histidin (His)95(+) die Quelle für das Proton, das für die Bildung des Endiol-Zwischenprodukts gebraucht wird, in dem anderen ist His95 neutral. Bash et al. äußern in ihrem Artikel die Vermutung, dass das neutrale His95 der Donor ist, weil His95(+) zu einer übermäßigen Stabilisierung des Zwischenprodukts führen würde; damit würde die Reaktion in einem tiefen Energietopf stecken bleiben und könnte nicht bis zum Ende ablaufen. Diese überraschende Vorhersage (nach der allgemeinen Lehrmeinung konnte nur His(+) als Protonenquelle dienen) wurde später in experimentellen Arbeiten bestätigt [Lodi und Knowles, 1991]. Seither wurde das Gleiche auch in anderen enzymkatalysierten Reaktionen gefunden. TIM war in meiner Arbeitsgruppe weiterhin ein Forschungsgegenstand; der letzte Artikel dazu erschien 2003 [Cui und Karplus, 2003].

Die TIM ist auch aus einem anderen Grund interessant: Sie ist ein Musterbeispiel dafür, wie das aktive Zentrum durch eine Konformationsänderung vor Nebenreaktionen mit Wasser geschützt werden kann. Bei der TIM hat sich im Laufe der Evolution eine Struktur mit einer relativ starren Schleife aus elf Aminosäureresten entwickelt, die „Scharniere“ hat und sich so drehen kann, dass das aktive Zentrum nach der Bindung des Substrats wie mit einem

„Deckel“ verschlossen wird [Joseph, Petsko und Karplus, 1990]. In dieser Hinsicht ähnelt die TIM der zuvor beschriebenen Adenylatkinase.

Seit der ursprünglichen Simulation der TIM-Reaktion im Jahr 1991 haben meine Mitarbeitenden und ich auch viele andere Enzyme studiert, häufig zusammen mit experimentell arbeitenden Wissenschaftlern. Eine Reihe solcher gemeinsamer Studien – in diesem Fall mit der Arbeitsgruppe von Greg Verdine – betraf die DNA-Reparaturenzyme. Da die DNA als Speicher der genetischen Information so wichtig ist, gibt es viele Enzyme, die geschädigte Nukleotidbasen und die mit ihnen verbundenen Codierungsfehler reparieren. Dazu gehört die erstaunliche Fähigkeit, eine einzige veränderte Base in einem millionenfachen Überschuss an nicht geschädigter DNA zu finden. Das Problem erwächst in diesem Fall daraus, dass Guanin (G), eine der vier DNA-Basen, zu Oxoguanin (oxoG) oxidiert wird (Abbildung 23.6) [Qi et al., 2009].[5]

Greg Verdine und seine Arbeitsgruppe gingen der Frage nach, wie das bakterielle Enzym MutM das oxoG findet und vor dem Ausschneiden aus der DNA-Doppelhelix freilegt. Als Verdine den Artikel bei Nature einreichte, antworteten die Redakteure, der Aufsatz sei interessant, aber man werde ihn nur annehmen, wenn durch eine Computersimulation gezeigt würde, auf welchem Weg die Freilegung stattfindet. Diese unerwartete Bedingung für eine Veröffentlichung – meines Wissens die erste – war eine angenehme Überraschung. Sie führte zu einer fruchtbaren, fortgesetzten Zusammenarbeit unserer beiden Arbeitsgruppen [z. B. Nam, Verdine und Karplus, 2009].

Ich hatte zuvor bereits zusammen mit Aaron Dinner – im Rahmen eines Gemeinschaftsprojekts mit G. M. Blackburn – ein anderes DNA-Reparaturenzym studiert, die Uracil-DNA-Glykosylase. Dabei lautete unsere überraschende Erkenntnis: Das Enzym wirkt durch Substrat-Autokatalyse, das heißt, neben dem Enzym trägt auch das Substrat selbst dazu bei, die Aktivierungsbarriere zu senken [Dinner et al., 2001]. Diese Vorhersage führte zu einem längeren Austausch mit James Stivers: Er legte seine Experimente gezielt darauf an, unsere Vorhersage zu überprüfen, und gelangte zu dem Schluss, dass es eine Unstimmigkeit gab [Jiang et al., 2003]. In einem späteren Artikel stützten wir uns auf umfangreiche Simulationen [Ma et al., 2006], und damit konnten wir zeigen, wie sich der scheinbare Widerspruch auflösen lässt.

---

[5] *Interessant ist in diesem Zusammenhang das 5-Fluorouracil, eine abgewandelte Base, die zur Behandlung von Hautkrebs und Warzen verwendet wird. Der Einbau der abgewandelten Base verhindert, dass die Zelle sich vermehrt. Da Krebs- oder Warzenzellen sich weitaus schneller verdoppeln als normale Zellen, sind sie auch als erste betroffen. Allerdings unterliegt 5-Fluorouracil der Einschränkung, dass man es nur äußerlich anwenden kann. Würde man es schlucken, wäre auch die normale Zellvermehrung behindert.*

Molekülmotoren

Zu den bemerkenswertesten Proteinen, die man in Lebewesen findet, gehören die Molekülmotoren. Zellen wurden sogar als „Ansammlung von Maschinen“ beschrieben [Alberts, 1998]. In der Regel handelt es sich bei den Motoren um Enzyme, das heißt, sie beschleunigen die Reaktion, die Teil ihrer Funktion ist. Im Gegensatz zu gewöhnlichen Enzymen dient die Reaktion in diesem Fall dazu, Arbeit zu leisten. Die Natur hat diese Maschinen durch Evolution so „konstruiert“ (das heißt, sie hat die Aminosäuresequenz der Proteine festgelegt, die den Motor bilden), dass sie durch eine von Liganden ausgelöste Konformationsänderung ihrer Struktur funktionieren. Da sie schon von sich aus von großem Interesse sind und da man zur Aufklärung ihrer Funktionsweise neben Experimenten auch Simulationen braucht, waren mehrere derartige Proteine im Laufe der Jahre auch Gegenstand meiner Forschung. Eine Gruppe solcher Motoren sind die Myosine: Neben der Mitwirkung an der Muskelkontraktion [Kuriyan, Konforti und Wemmer, 2017] transportieren manche Mitglieder dieser Familie (zum Beispiel das Myosin V) auch Substanzen an Actinfasern entlang von einem Bereich der Zelle zum anderen. Eine andere Gruppe von Motoren sind die Kinesine, die ebenfalls Substanzen transportieren, als „Schienen“ für ihre Bewegungen aber nicht Actin, sondern Mikrotubuli nutzen. Das Kinesin, das Wonmuk Hwang, Matt Lane und ich durch Molekulardynamik-Simulationen untersuchten [Hwang, Lang und Karplus, 2017], besteht aus zwei globulären „Füßen“ und einem Stamm, der eine „Coiled-Coil“ („Doppelwendel“) bildet; an seinem oberen Ende liegt der Behälter für das transportierte Material. Heute wissen wir, dass manche Kinesine auf den Mikrotubuli „wandern“, während andere springen, und manche zerstören den Mikrotubulus sogar, während sie sich auf ihm bewegen. Ein Kinesin hat während der Zellteilung eine wichtige Funktion. Da Krebszellen sich schneller teilen als gesunde Zellen, werden Hemmstoffe für dieses Kinesin als potentielle Krebsmedikamente erforscht [Huszar et al., 2009]. Manche Viren, unter anderem das Pockenvirus, können sich an den Kinesinbehälter anheften und lassen sich so auf einer Mikrotubulus-Schiene innerhalb weniger Minuten quer durch die Zelle transportieren; mit Diffusion dagegen wären für die gleiche Strecke in dem konzentrierten Medium des Zellinneren rund zehn Stunden erforderlich.

Die Energie für die Bewegung der Kinesine und vieler anderer Motorproteine stammt vom ATP (Adenosintriphosphat). Diese Verbindung wird als Energiewährung der Zelle bezeichnet, denn die in ihr gespeicherte

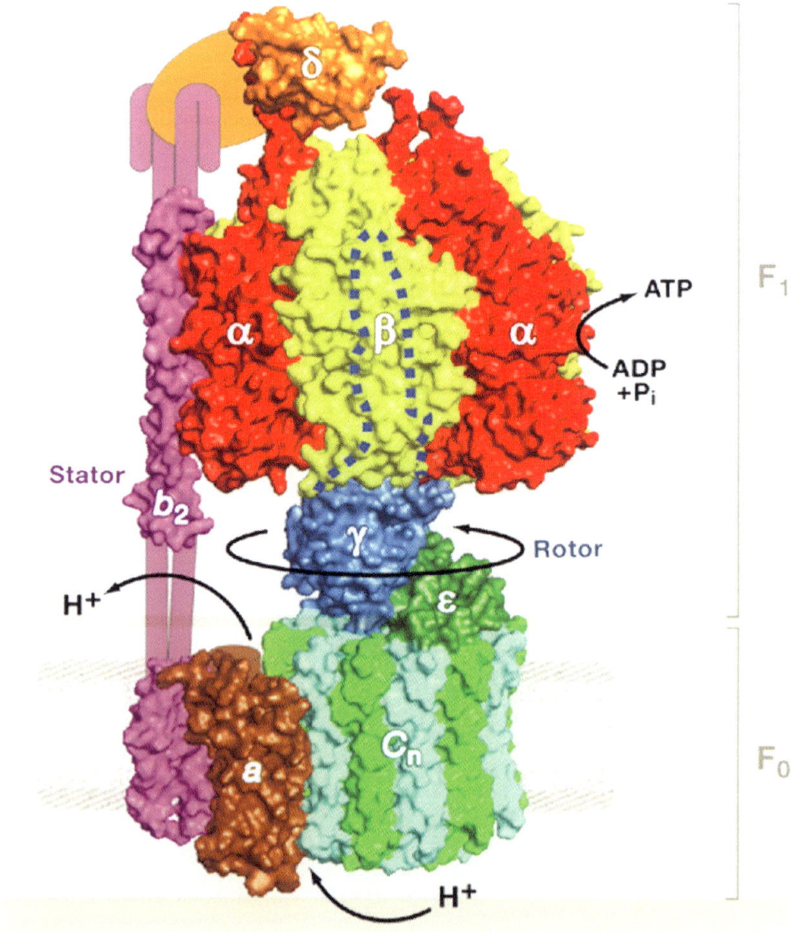

23.7. Die ATP-Synthase von Escherichia coli. Der Rotor besteht aus den γ, ε sowie den ringförmig angeordneten cn Untereinheiten (10 bei E. coli, 10–15 bei anderen Lebewesen). Die gepunktete Linie deutet die „Coiled-Coil"-Verlängerung der γ-Untereinheit an, die sich in den zentralen Hohlraum des $\alpha_3\beta_3$-Sechsecks erstreckt. Die drei aktiven Zentren liegen an den Kontaktstellen der α- und der β-Untereinheiten. Der „Stator" ($ab_2\delta$) verhindert, dass sich die aktiven Zentren mit dem Rotor drehen. Protonen, die entlang des durch die Membran verlaufenden H+-Gradienten zwischen a und c wandern, versetzen den c-Ring in Drehung, sodass die γ-Untereinheit ebenfalls rotiert; diese erzwingt an den einzelnen aktiven Zentren nacheinander unterschiedliche Konformationen und sorgt damit für die ATP-Synthese. Bei der von der ATP-Hydrolyse angetriebenen Protonenabgabe verlaufen alle Pfeile in umgekehrter Richtung. ATP-Synthasen aus Chloroplasten und Mitochondrien funktionieren nach den gleichen Prinzipien, die Untereinheiten sind aber komplexer (aus: Senior 2007; Abdruck mit freundlicher Genehmigung).

Bindungsenergie steht bei Bedarf für ein breites Spektrum verschiedener Zellfunktionen zur Verfügung. Das Motorprotein F_0F_1-ATP-Synthase regeneriert das ATP aus seinen Hydrolyseprodukten ADP und Pi ($H_2PO_4^-$). Es kommt in Eubakterien, Chloroplasten und Mitochondrien vor und ist in den Lebewesen für den größten Teil der ATP-Synthese verantwortlich (Abbildung 23.7).

Im Gegensatz zu Linearmotoren wie Myosin und Kinesin ist die ATP-Synthase ein Rotationsmotor. Dies wurde durch Einzelmolekül-Experimente nachgewiesen [Noji el al., 1997], die im gleichen Jahr veröffentlicht wurden, in dem Boyer und Walker auch den Nobelpreis für ihren Beitrag zum Verständnis der Funktionsweise der F_0F_1-ATP-Synthase erhielten. Als ich zum ersten Mal den Film von Noji et al. mit der rotierenden γ-Untereinheit sah, erlebte ich in gewisser Weise eine Erleuchtung. Wenn Molekulardynamik-Simulationen überhaupt für irgendetwas gut waren, so mein Eindruck, dann sollte man mit ihnen erklären können, wie diese „wunderbare Maschine", wie Boyer sie nannte, funktioniert.

Der F_0-Bestandteil, der größtenteils in der Membran liegt, wandelt einen durch die Membran verlaufenden Protonengradienten in die Drehbewegung einer Motorachse um (die γ-Untereinheit von F_1; siehe Abbildung 23.7). Die Rotation der γ-Untereinheit setzt in F_1 eine Konformationsänderung in Gang, die zur Synthese von ATP führt. Boyer äußerte seine Vermutung, wonach die F_0F_1-ATP-Synthase ein Rotationsmotor ist, bevor Informationen über die Struktur zur Verfügung standen [Boyer, 1993], aber später wurde sie durch die Aufklärung der Kristallstruktur der F_1-ATPase nachdrücklich bestätigt [Abrahams et al., 1994]. Der intrazelluläre, globuläre Anteil funktioniert umgekehrt, wenn ATP vorhanden ist: Er hydrolysiert ATP zu ADP und Pi und versetzt so die γ-Untereinheit in Drehung.

Unser erster Artikel [Ma et al., 2002] lieferte einige neue Erkenntnisse über die Funktion des Motors. Er erschien 2002 in Zusammenarbeit mit Andrew Leslie und John Walker, deren Röntgenstrukturanalysen der F_1-ATPase eine unverzichtbare Grundlage für unsere Simulationen bildeten. Der Aufsatz zeigte die damaligen Grenzen der molekulardynamischen Methodik auf, und wie ich im Folgenden skizziere, werden bis heute Experimente und Simulationen mit der F_1-ATPase durchgeführt.

Die zentrale Drehachse (die γ-Untereinheit) ist von drei nichtkatalytischen α-Untereinheiten und drei katalytischen β-Untereinheiten umgeben. Wichtig ist, dass in der ursprünglichen Röntgenstrukturanalyse [Abrahams et al., 1994] drei Konformationszustände der β-Untereinheiten gefunden wurden, und Molekulardynamik-Simulationen lieferten erste Erkenntnisse über diese Konformationsveränderung in Abhängigkeit von der Orientierung der γ-Untereinheit [Böckmann und Grubmüller, 2002; Ma et al., 2002]. Aus den beobachteten Konformationen als solchen ließ sich nicht ableiten, welches die Zustände mit hoher, mittlerer und niedriger Affinität für die MgATP-Bindung waren, die den drei in Lösung gemessenen Bindungskonstanten entsprachen [Weber et al., 1993]. Die gemessenen Bindungen zu den Konformationszuständen in Beziehung zu setzen, war ein entscheidender Schritt zur Entwicklung eines molekularen Modells der Motorfunktion [Gao, Yang und Karplus, 2005]. Im Jahr 2003 legten Berechnungen der freien Energie – des Typs, der heute als „Computer-Alchemie“ bezeichnet wird (siehe den Abschnitt „Simulationen der freien Energie“) – die Vermutung nahe, dass es sich bei der Bindungsstelle in der sogenannten β_{TP}-Konformation um die hochaffine Stelle handelte [Yang et al., 2003]. Dies wurde vier Jahre später durch ein FRET-Experiment bestätigt, das gezielt darauf angelegt war, die Ergebnisse der Simulation zu überprüfen [Mao und Weber, 2007].

Dass Simulationen einen Beitrag zu unserem Verständnis des Mechanismus der F_1-ATPase leisten konnten, lag unter anderem daran, dass die Röntgenstrukturanalyse nichts über den Weg der Übergänge zwischen den einzelnen Zuständen und die daran beteiligten Kräfte aussagen. Die Zeit für eine Umdrehung der γ-Achse liegt aber im Millisekundenbereich [Kinosita, Adachi und Itoh, 2004] und ist damit viel länger als die Mikrosekundenbruchteile, die für derart große Systeme mit den üblichen Molekulardynamik-Simulationen untersucht werden können; die F_1-ATPase besteht mit ihrer Wasserhülle aus ungefähr 200.000 Atomen, 150.000 davon sind die Wassermoleküle. Da Anfangs- und Endzustand, die einer Umdrehung der γ-Untereinheit um 120 Grad entsprechen, bekannt sind [Abrahams et al., 1994], besteht die Herausforderung im Wesentlichen darin, einen energiearmen Weg zu finden, der eine stabile Konformation des Systems mit einer anderen verknüpft – eine Fragestellung von allgemeinem Interesse, an der nach wie vor intensiv geforscht wird [Bolhuis et al., 2002]. Details der Konformationsübergänge der F_1-ATPase wurden durch Molekulardynamik-Simulationen in Gegenwart von „biasing forces“ (zusätzliche, beinflussende Kräfte, die z. B. die Häufigkeit eines Ereignisses erhöhen, A. d. Ü.) gewonnen. Hinter solchen Simulationen steht die Idee, die Molekülanordnung „anzutreiben“ (zum Beispiel, in dem man die γ-Untereinheit zur Drehung zwingt) und dann zu analysieren, wie der Rest der Struktur darauf reagiert. Da der erzwungene, durch die Rotation erzeugte Übergang in der γ-Untereinheit um mehrere Zehnerpotenzen schneller abläuft als die eigentliche Rotation, geht man unausgesprochen davon aus, dass man dennoch sinnvolle Informationen über den Mechanismus gewinnen kann. Solche Studien zeigten, dass die Rotation der γ-Achse die Öffnung der an das Nucleotid gebundenen β_{TP}- Untereinheit und das Schließen der offenen β-Untereinheit auslöst.

Mit diesen Befunden und den experimentell in Lösung ermittelten kinetischen Konstanten der verschiedenen β-Untereinheiten wurde ein detailliertes kinetisches Modell für die ATP-Hydrolyse durch die F_1-ATPase entwickelt [Gao et al., 2003; Gao, Yang und Karplus, 2005]. Wie sich allerdings in neueren Simulationen der F_1-ATPase zeigte, bedarf das Modell noch einer gewissen Überarbeitung [Nam, Pu und Karplus, 2014; Nam und Karplus, 2019]. Damit rückt ein vollständiges Verständnis dieser „wunderbaren Maschine" in Sichtweite.

Die biologische Bedeutung der Allosterie

Für Allosterie begann ich mich Anfang der 1970er Jahre zu interessieren, nachdem ich einen Vortrag von Max Perutz gehört hatte (siehe Kapitel 12). Er wies nach, dass Hämoglobin in zwei Quartärstrukturen vorkommt (DesoxyT,T_0 und OxyR,R_4), was mit dem MWC-Modell von Monod, Wyman und Changeux übereinstimmt [Monod, Wyman und Changeux, 1965]. Entsprechend dieser Beschreibung entwickelten Attila Szabo und ich auf der Grundlage der Befunde von Perutz eine statistisch-mechanische Formulierung. Im Jahr 2008 schrieben Qiang Cui und ich einen Übersichtsartikel [Cui und Karplus, 2008] mit dem Titel „Allostery and cooperativity revisited" („Allosterie und Kooperativität neu betrachtet"). Die Anregung lieferte uns zum Teil das wieder aufgeflammte Interesse an der Allosterie, zum Teil aber auch das Erscheinen mehrerer Artikel, die – aus meiner Sicht fälschlicherweise – den Gedanken nahelegten, man hätte eine „neue Sichtweise" für allosterische Übergänge entdeckt. Diese wurde unter anderem als *population-shift model* bezeichnet („Populationsverschiebungsmodell"; siehe zum Beispiel Kern und Zuiderweg, 2003). Die Autoren ließen dabei die Tatsache außer Acht, dass eine „Populationsverschiebung" bereits dem ursprünglichen MWC-Modell zugrunde lag und deshalb kaum als neu bezeichnet werden konnte. Um das deutlich zu machen, zitieren wir Changeux und Edelstein [2005]: „Es war eine entscheidende Aussage der MWC-Theorie, dass der Konformationsübergang, der mehrere im allosterischen Oligomer vorhandene Stellen verbindet und die Signalübertragung vermittelt, auch Zustände umfasst, die in Abwesenheit des Liganden bevölkert sind und spontan ineinander übergehen können." Als wichtigsten Aspekt der „neuen Sichtweise" kann man mit Fug und Recht die Tatsache bezeichnen, dass sie das Interesse an der Allosterie wiederbelebte, die seit einigen Jahren ein wenig beachtetes Teilgebiet der Biophysik war. (Oder wie Francis Crick schon vor vielen Jahren gesagt haben soll: „Hämoglobin hat einen erhöhten Gähnfaktor.")

Ein Aspekt der aktuellen Diskussionen betrifft eine Frage, die von dem Populationsverschiebungsmodell aufgeworfen wird: Bindet der Ligand an die Konformation, von der es im Zustand ohne Liganden nur eine kleine Population gibt, und verschiebt er damit das Gleichgewicht in Richtung dieser Konformation, oder verschiebt er das Gleichgewicht, indem er an die Konformation bindet, die im nicht gebundenen Zustand überwiegt? Das Hämoglobin gehört zu den wenigen Systemen, an denen man diese Vermutung mit verfügbaren Daten überprüfen konnte. Das Gleichgewicht zwischen T_0 und R_0 sowie die kinetischen Geschwindigkeitskonstanten für die Bindung der Liganden an die Zustände T_0 und R_0 hatte man bereits gemessen [Eaton et al., 1999]. Die Ergebnisse zeigen, dass der erste Ligand an den niedrig affinen Zustand (T_0) bindet und nicht an R_0, den Zustand hoher Affinität; der vierte Sauerstoff bindet dann an den R-Zustand, denn dieser ist jetzt die vorherrschende Spezies.

Das Hämoglobintetramer mit seinen beiden α- und zwei ähnlichen β-Untereinheiten kann man sich als Kombination aus zwei $\alpha\beta$-Dimeren vorstellen. Der Übergang der Quartärstruktur vom T_0- zum R_4-Zustand wurde von Baldwin und Chotia auf der Grundlage des kürzesten Weges zwischen den Röntgenstrukturen der beiden Zustände beschrieben [Baldwin und Chotia, 1979]; beteiligt ist demnach eine Rotation des einen Dimers ($\alpha_1\beta_1$) relativ zum anderen ($\alpha_2\beta_2$) um 15 Grad entlang einer virtuellen Achse in Verbindung mit einer kleinen relativen Verschiebung der beiden Dimere gegeneinander. Diese Beschreibung des Übergangs war bis 2011 allgemein anerkannt, aber dann gingen Stefan Fischer, Kenneth Olsen, Kwangho Nam und ich [Fischer et al., 2011] in einer neuen Studie zum Übergang der Quartärstruktur von der Annahme aus, dass die Kenntnis der beiden Endstrukturen keine unmittelbaren Informationen über den Weg liefert, der sie verbindet.

Wie sich herausstellte, war dieser Weg im Gegensatz zu dem einfachen Modell der Dimer-Rotation von Baldwin und Chothia komplizierter; er besteht aus zwei aufeinanderfolgenden Rotationen innerhalb der Quartärstruktur um verschiedene Drehachsen (Abbildung 23.8).

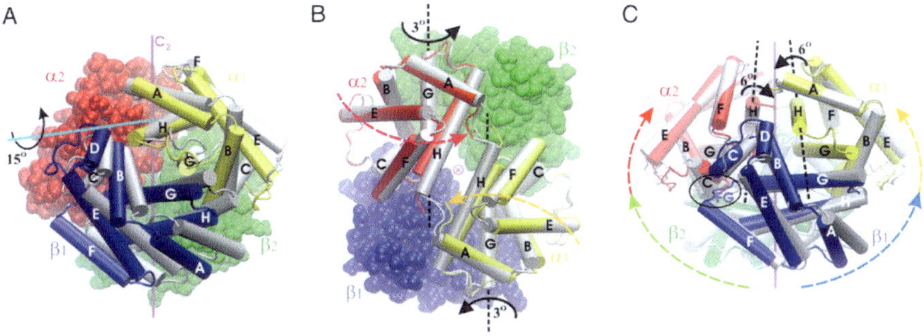

23.8. Der Übergang vom T- zum R- Zustand beim Hämoglobin. (A) Die T(Desoxy-, farbig dargestellt)- und die R(Tetraoxy-, grau)-Konformation im Vergleich (Überlagerung durch Fitten der $\alpha_2\beta_2$-Untereinheiten). Das $\alpha_1\beta_1$-Dimer scheint als Ganzes um ungefähr 15 Grad verdreht zu sein (die Drehachse ist blau eingezeichnet). Die C2-Symmetrieachse, die die beiden Dimere $\alpha 1\beta 1$ und $\alpha_2\beta_2$ verbindet, ist lila dargestellt. (B) Das erste Ereignis in der Quartärstruktur (Q1): Jede α-Untereinheit dreht sich im Verhältnis zu ihrer Stellung im T-Zustand (farbig) um 3 Grad um ihre G-Helix (die beiden α-Untereinheiten drehen sich aufeinander zu), was auf halbem Wege zu einem Zwischenzustand führt (grau). Die Blickrichtung ist entlang des zentralen Kanals an der C2-Symmetrieachse wiedergegeben (⊗) (C) Das zweite Ereignis in der Quartärstruktur (Q2): Im Verhältnis zu ihrer Position auf der Hälfte des Weges rotieren die einzelnen $\alpha\beta$-Dimere (farbig) um 6 Grad (der R-Zustand ist grau dargestellt) um ihre αH-Helix. Eine der beiden Umschaltregionen (α_2C/β_1FG-Schleife) ist mit einem Oval markiert.

Wie in dem Artikel angedeutet, waren die Forschungsarbeiten im Jahr 2000 im Wesentlichen abgeschlossen, aber die Redakteure mehrerer Fachzeitschriften sagten mir, sie würden das Manuskript nicht berücksichtigen, solange die darin beschriebenen „bilderstürmerischen“ Ergebnisse nicht durch experimentelle Befunde gestützt würden. Nach einigen entscheidenden Experimenten [Cammarata et al., 2010; Spiro und Balakrishnan, 2010], die unsere Ergebnisse bestätigten und 2010 veröffentlicht wurden, reichten wir unseren Aufsatz unmittelbar bei den Proceedings of the National Academy of Sciences ein, wo er angenommen und veröffentlicht wurde. Dieser Ablauf macht deutlich, dass es nach wie vor schwierig ist, in der Biologie Vorhersagen auf der Grundlage von Simulationen zu veröffentlichen (siehe Kapitel 12). Der Nobelpreis wird hoffentlich dazu beitragen, diese Situation zu verändern.

Im Jahr 2012 hielt ich in Rom einen Vortrag im Rahmen eines Symposiums, das aus Anlass von Maurizio Brunoris 75. Geburtstag veranstaltet wurde. Er trug den Titel „Hemoglobin forever: Yesterday, Today and Tomorrow“ („Immer wieder Hämoglobin: gestern, heute und morgen“). Darin berichtete ich über unsere oben beschriebenen Ergebnisse und einige weitere [Zheng et al., 2013]. Damals dachte ich nicht, dass das „morgen“ in meinem Titel bedeuten würde, dass ich noch am Hämoglobin arbeite, während ich diese Zeilen schreibe.

Simulation der freien Energie

Da die freie Energie biologischer Makromoleküle als Funktion ihrer Koordinaten eine entscheidende Größe ist, wenn man ihre Eigenschaften verstehen will, reichen meine Forschungsarbeiten in diesem Gebiet bis zu einigen meiner ersten Publikationen zurück. Ein Beispiel ist der 1981 zusammen mit Joseph Kushick veröffentlichte Artikel über die konfigurationsabhängige Entropie von Makromolekülen (Karplus und Kushick, 1981]. Seit damals sind viele Artikel über die Simulation freier Energie erschienen, aber statt eine größere Zahl von ihnen hier wiederzugeben, möchte ich zwei Übersichtsartikel beschreiben. Der erste erschien 2002 in den *Accounts of Chemical Research* [Karplus, 2002] mit dem Titel „Molecular Dynamics Simulations of Biomolecules“ („Molekulardynamik-Simulationen von Biomolekülen“). An der Ausgabe wirkte ich als Gastredakteur mit. Neben dem Vorwort schrieb ich zusammen mit den Koautoren Thomas Simonson und Georgios Archontis einen Artikel mit der Überschrift „Free Energy Simulations Come of Age: Protein Ligand Recognition“ („Simulationen der freien Energie werden erwachsen: Ligandenerkennung bei Proteinen“) [Simonson, Archontis und Karplus, 2002]. Wie wir darin deutlich machten, schaffen die Entwicklung der Methodik zur Simulation freier Energie und die zunehmende Leistungsfähigkeit der Computer die Möglichkeit, die freie Energie der Bindung eines kleinen Moleküls an ein Protein zu berechnen und sinnvolle Ergebnisse zu erzielen, das heißt, die Ergebnisse sind so genau, dass man sie für die virtuelle Suche nach potentiellen Medikamenten einsetzen kann. Der zweite Aufsatz erschien dreizehn Jahre später, als die Fachzeitschrift Molecular Simulations der Simulation freier Energie eine ganze Ausgabe widmete. Im Vorwort zu dieser Ausgabe [Karplus, 2016] schrieb ich:

> *In den vergangenen dreizehn Jahren haben Entwicklungen stattgefunden, die bedeutend verbesserte Simulationen der freien Energie ermöglichen. Außerdem werden sie in größerem Umfang verwendet, und sei es auch aus keinem anderen Grund als wegen der Rechtfertigung, die sie durch den Nobelpreis für Chemie 2013 gewonnen haben [Karplus, 2014b].*

Für die Verbesserung spielten Computer mit bedeutend höherer Leistungsfähigkeit eine wesentliche Rolle. Interessanterweise war 2015 der 50. Jahrestag des Moore-Gesetzes [Moore, 1965], das sich auf Daten aus nur vier Jahren stützt und behauptet, die Rechengeschwindigkeit von Computern würde sich alle ein bis zwei Jahre verdoppeln. Als man Moore zu jener

Zeit nach dem Gesetz fragte, sagte er, die Geschwindigkeitsverdoppelung werde sich nach seiner Vermutung über ungefähr zehn Jahre fortsetzen. Im Mittelpunkt stand dabei für ihn die Transistorindustrie, und er war verblüfft darüber, dass das Gesetz anscheinend nach wie vor gilt. Eine ähnliche Gesetzmäßigkeit formulierten Michele Vendruscolo und Christopher Dobson [Vendruscolo und Dobson, 2010] im Jahr 2010 auch für Simulationen von Biomolekülen, deren Geschwindigkeit sich demnach anscheinend ebenfalls jedes Jahr verdoppelt. Vor diesem Hintergrund sind Computer, die heute für die Simulation freier Energie zur Verfügung stehen, nahezu 10.000-mal leistungsfähiger als 2002. Heute, da Simulationen im Mikrosekunden- und sogar Millisekundenbereich mehr oder weniger zur Routine werden, sind eindeutige Verbesserungen in der statistischen Genauigkeit solcher Simulationen möglich. Die meisten Artikel in der Sonderausgabe bedienen sich dieses Aspekts, er steht aber nicht im Mittelpunkt. Die Aufsätze beschäftigen sich vielmehr vorwiegend mit der Entwicklung der Methodik zur Simulation freier Energie und ihren Anwendungsmöglichkeiten.

Was bringt die Zukunft?

Das letzte Dia meines Nobelpreisvortrages trug die Überschrift „Was bringt die Zukunft?“ (Abbildung 23.9). Darin brachte ich die Hoffnung zum Ausdruck, dass experimentell arbeitende Strukturbiologen, die ihre Systeme besser kennen als jeder andere, Molekulardynamik-Simulationen zunehmend nutzen würden, um zu einem tieferen Verständnis für bestimmte biologische Systeme zu gelangen. Wenn die Molekulardynamik ein Routinebestandteil der Strukturbiologie ist, wird klarer erkennbar, welche Verfeinerungen und Erweiterungen der Methodik am dringendsten gebraucht werden, um das konstruktive Wechselspiel zwischen Simulationen und Experimenten weiter zu perfektionieren. Diese Aufgaben für Simulationsexperten werden hoffentlich neue Entwicklungen in dem Fachgebiet beschleunigen.

Ebenso habe ich in dem Dia behauptet, man könne mit Anwendungen für Simulationen zur Bearbeitung komplexerer Systeme (Viren, Ribosomen, Zellen, das Gehirn ...) rechnen. Manche derartige Anwendungen befinden sich bereits in der Entwicklung; beteiligt sind vorwiegend andere Wissenschaftler, von denen viele irgendwann einmal meine Studierenden oder Postdocs waren und die heute selbst Professorenstellen innehaben. In einem Bereich, dem Gehirn des kleinen Wurms *Caenorhabditis elegans* (Ab-

What does the future hold?

- Experimentalists use simulations as a tool like any other
- Applications of simulations to ever more complex systems (viruses, ribosomes, cells, the brain, ...)

Always with cautionary realization that simulations, like experiments, have their limitations and inherent errors.

23.9. Übersetzung: Was bringt die Zukunft?
Experimentell arbeitende Wissenschaftler nutzen Simulationen als Hilfsmittel wie jedes andere. Simulationen werden auf immer komplexere Systeme angewandt (Viren, Ribosomen, Zellen, das Gehirn ....) Immer mit Bedacht und dem Bewusstsein, dass Simulationen wie Experimente ihre Grenzen und ihre inneren Fehlerquellen haben.

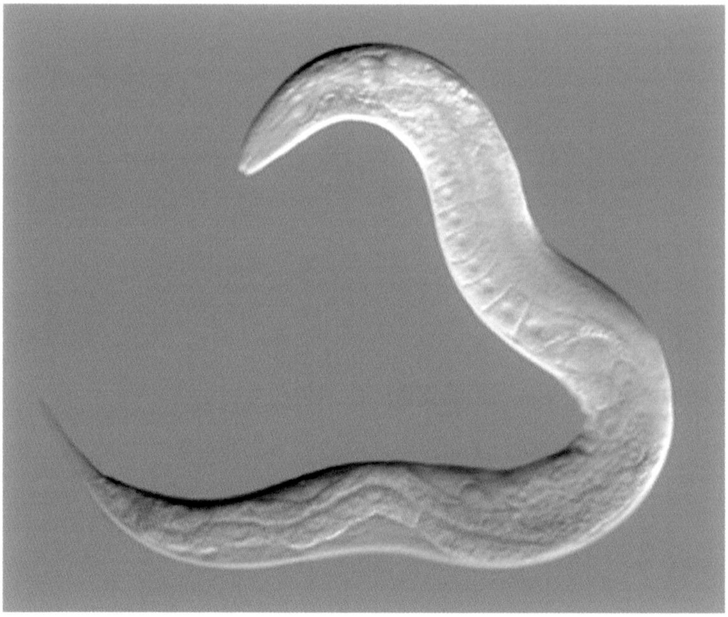

23.10. Der Fadenwurm Caenorhabditis elegans.
Das Bild zeigt seine anmutige Form.

bildung 23.10), habe aber auch ich selbst vor kurzem einen Beitrag geleistet [Klein et al., 2017]. Dieser Wurm hat ein ganz besonderes Nervensystem und ist deshalb für Neurowissenschaftler von großem Interesse. Unser Gehirn wird von unseren Genen beeinflusst, aber seine Entwicklung wird nicht ausschließlich von ihnen bestimmt. Dies wird dadurch belegt, dass auch eineiige Zwillinge, die über dieselbe genetische Ausstattung verfügen, sich unter Umständen sehr unterschiedlich verhalten.

Über das Nervensystem von *C. elegans* dagegen bestimmen ausschließlich die Gene. Von seltenen Mutationen abgesehen, ist deshalb das „Gehirn" aller Würmer dieser Art genau gleich. Das schafft die Möglichkeit, die Bewegungen vieler Exemplare zu messen und durch Kombination der Messergebnisse statistisch signifikante Erkenntnisse zu gewinnen.

Für mich war die Erforschung von *C. elegans* von besonderem Interesse, weil mir klar war, dass man die Bewegungen der Würmer auf der Grundlage von Methoden analysieren kann, die meine Kollegen und ich entwickelt hatten, um damit die Einzelheiten der Proteinfaltung zu studieren. Dieses Mal zeigten wir [Klein et al., 2017], dass die Dynamik der Orientierung von *C. elegans* Parallelen zu der komplizierten Dynamik aufweist, mit der eine Polypeptidkette „sich orientiert" und ihre native Proteinstruktur findet. In beiden Fällen sind einseitig gewichtete („biased") Zufalls-Suchprozesse beteiligt: Das Protein muss eine native Struktur finden, und *C. elegans* muss günstige Bedingungen finden, beispielsweise eine Nahrungsquelle oder die richtige Temperatur. In beiden Fällen kann die Suche nicht rein zufällig ablaufen, denn dann wäre sie nicht effizient. Im Fall der Proteinfaltung würde sie zum Levinthal-Paradox führen; dieses wird vermieden, weil die potentielle Energie die native Struktur begünstigt. Analoge Überlegungen gelten auch für die Orientierungsdynamik von *C. elegans*. Eine rein zufällige Suche wäre wegen der Größe des Raums, der dem Wurm in seiner normalen Umwelt zur Verfügung steht, ineffizient. Also gewichten die Würmer ihre Suche auf der Grundlage von Anhaltspunkten. Ein Beispiel ist der Temperaturgradient, der hier die „Rolle" der potentiellen Energie spielt. Eine rein deterministische Suche wäre weder für Proteine noch für den Wurm effizient, denn in dem verfügbaren Raum kann es „Fallgruben" (lokale Minima) geben. Diese Minima können physikalischen Ursprungs sein oder durch eine komplexe, nicht-monotone Anordnung der Anhaltspunkte entstehen. Das Problem der Fallgruben umgeht *C. elegans* durch eine stochastische Komponente in der einseitig gewichteten Suche. Die Details der Orientierungsdynamik werden durch neuronale Schaltkreise festgelegt, von denen die Muskeln angeregt werden. Diese haben sich in der

Evolution analog zur Aminosäuresequenz der Proteine entwickelt, über die ebenfalls die Evolution bestimmt.

Im Jahr 2020, während ich diese Zeilen schreibe, arbeite ich auf einem weiteren spannenden Gebiet, das mit Impfstoffentwicklung zu tun hat. Impfung folgt dem Prinzip, dass das Immunsystem dazu angeregt wird, Antikörper gegen einen Virusstamm oder auch mehrere zu entwickeln. Gegen die echte Grippe (*Influenza*) lassen wir uns jedes Jahr impfen, weil das Influenzavirus sehr variabel ist. Der Impfstoff wird jedes Jahr neu entwickelt, nachdem man im Frühjahr bestmöglich abgeschätzt hat, wie das Virus im kommenden Herbst aussehen wird. Manchmal trifft die Schätzung nicht sonderlich gut zu – so war es beispielsweise in der Grippesaison 2017/18, als der Impfstoff gegen den besonders virulenten Stamm, dessen Verbreitung epidemische Ausmaße erreichte, nicht sonderlich wirksam war. Von großem Nutzen für die Menschheit wäre ein Grippeimpfstoff, der eine nahezu dauerhafte Immunisierung gegen alle im Laufe der Jahre entstehenden Formen des Virus ermöglicht. Einige wenige Menschen besitzen von Natur aus eine dauerhafte Immunität. Deshalb liegt die Vermutung nahe, dass man einen Impfstoff finden könnte, der bei Menschen die Bildung solcher Antikörper für eine permanente Immunität anregt. Man spricht dabei von „Breitband-Antikörpern", weil sie gegen viele Virusstämme wirken.

Meine Arbeitsgruppe beschäftigte sich in einem Gemeinschaftsprojekt mit Arup Chakraborty vom MIT mit einem ähnlichen Problem: mit der Entwicklung eines Impfstoffs, der verhindern soll, dass eine HIV-Infektion sich zu AIDS weiterentwickelt. Man weiß, dass einige wenige infizierte Menschen, die mit den verschiedenen heute verfügbaren virushemmenden Medikamenten am Leben geblieben sind und kein AIDS bekommen haben, gegen das Virus immun geworden sind. Bei ihnen entwickelten sich im Laufe der Zeit – oft nach zehn Jahren – die erwähnten Breitband-Antikörper. Ein HIV-Impfstoff hätte die Aufgabe, das Immunsystem zur Entwicklung solcher breit wirksamen Antikörper anzuregen, sodass man nicht darauf warten muss, dass sie sich auf natürlichem Weg entwickeln. Das Programm unserer Berechnungen wird durch experimentelle Untersuchungen aus der Gruppe von Dennis Burton, einem weltweit führenden Experten für HIV, unterstützt; falls sie zu einem wirksamen HIV-Impfstoff führen sollten, wäre das in gewissem Sinn ein Höhepunkt der Methodik, mit deren Entwicklung ich vor vierzig Jahren begonnen habe. Wenn auch nur die geringste Erfolgsaussicht besteht, fühle ich mich verpflichtet, es zu versuchen.

Falls es uns nicht gelingt, einen solchen Impfstoff zu entwickeln, wäre ich zwar sehr enttäuscht, meine Karriere würde es aber nicht mehr beeinträchtigen. Für die Zukunft der beteiligten Studierenden und Postdocs sind Erfolge aber sehr wichtig. Deshalb sorge ich dafür, dass sie wenigstens Veröffentlichungen vorweisen können, in denen die für das Impfstoffprojekt notwendigen wissenschaftlichen Entwicklungen beschrieben werden. Eine davon ist ein Artikel von Victor Ovchinnikov und Mitarbeitern [Ovchinnikov et al., 2018], ein anderer stammt von Simone Conti und mir [Conti und Karplus, 2019].

Im Jahr 2019 jährte sich die schlimmste Grippeepidemie aller Zeiten zum hundersten Mal – damals starben weltweit ungefähr 50 Millionen Menschen. Durch dieses „Jubiläum" angeregt, schrieb die Gates-Stiftung Projekte zur Entwicklung eines dauerhaft wirksamen Grippeimpfstoffes aus. Victor, Simone und ich reichten einen Antrag ein, wobei wir uns von unseren Erfahrungen mit HIV leiten ließen. Als eine von acht Arbeitsgruppen wurden wir für die Förderung ausgewählt und erhielten ein zweijähriges Stipendium. (Amüsanterweise kann ich erwähnen, dass wir von der Stiftung mit einer E-Mail zunächst die Mitteilung erhielten, man habe uns nicht ausgewählt, und dann folgte die Mitteilung, unser Antrag sei doch bewilligt worden. Offensichtlich hatte man bei der Stiftung ursprünglich geglaubt, man könne nach zwei Jahren einen Kandidaten für den Grippeimpfstoff in der klinischen Erprobung haben, und dann hatte man erkannt, dass es unrealistisch war.) Da unsere HIV-Forschung abgeschlossen ist (wir warten noch auf die Ergebnisse von Dennis Burton und seiner Gruppe), haben wir mit der Arbeit an dem Grippeimpfstoffprojekt begonnen.

Wie man an diesem Abschnitt erkennt, bin ich immer noch aktiv in der Forschung tätig. Die Beispiele machen deutlich, dass ich am liebsten in Bereichen arbeite, die für mich neu sind; damit befolge ich den zuvor erwähnten Grundsatz, dass man mit größerer Wahrscheinlichkeit zu originellen Gedanken in der Lage ist, wenn man nicht durch allzu viel Detailwissen über das, was bereits bekannt ist, eingeengt wird. Ich habe die Hoffnung, dass ich in der Zukunft, die mir noch bleibt, weiterhin produktiv sein werde und die Befriedigung erlebe, etwas Neues zu entdecken. Meine Frau Marci sagt manchmal, ich würde immer noch rund um die Uhr arbeiten; in Wirklichkeit stimmt das heute nicht mehr, aber ich beschäftige mich oft auch dann mit wissenschaftlichen Fragen, wenn ich vordergründig etwas anderes tue.

KAPITEL 24

Leben nach dem Nobelpreis

Nachdem ich den Nobelpreis erhalten hatte, wurde ich zu so vielen Festvorträgen eingeladen, dass ich bei weitem nicht überall zusagen konnte. Sehr schnell lernte ich, dass man die meisten Einladungen ablehnen muss und nur diejenigen annimmt, bei denen ein Nobelpreisträger eine positive Wirkung hat. Bei den meisten Tagungen ging es um Themen, von denen ich nur wenig verstand und über die ich heute sicher nicht mehr weiß als vor der Nobelpreisverleihung. Ein Beispiel ist eine Wirtschaftstagung in Aserbaidschan mit einem Honorar von 100.000 Dollar. Die Einladung lehnte ich ab. Etwas anderes waren Konferenzen, die sich mit dem Klimawandel beschäftigten: Hier hätte ich durch meine Teilnahme dazu beitragen können, dass die Welt sich auf dieses lebenswichtige Thema konzentrierte. Da es aber andererseits an der Harvard University auch Experten für den Klimawandel gab (zum Beispiel Michael McElroy und Steve Wofsy), hielt ich es für konstruktiver, wenn ich zurückschrieb, man solle sie an meiner Stelle einladen.

Dass Menschen den Nobelpreis ganz allgemein für etwas ganz Besonderes halten, wurde mir eines Abends, nicht lange nach der Bekanntgabe der Preisträger, klar. Mein Sohn Mischa und ich waren auf dem Heimweg von Milton, einer Ortschaft südlich von Boston, und es wurde langsam dunkel. Auf der Schnellstraße nicht weit vom Longwood Hospital geriet Mischa ins Schleudern, einer der Reifen schlug an den Bordstein, und wir hatten einen Platten. Um die Tageszeit war nicht viel Verkehr, und so konnten wir das Auto gefahrlos auf einer Wiese neben der Straße abstellen. Wir riefen die Polizei an, und man sagte uns, in Kürze werde ein Abschleppwagen kommen. Da es sehr kalt war, warteten wir im Auto und versuchten, uns zu wärmen. Als der Abschleppwagen da war, kam der Fahrer herüber und sah sich an, wie er zurücksetzen musste, um unser Auto abschleppen zu können. Da das Thema meine Gedanken noch beherrschte, erwähnte ich, dass ich gerade einen Nobelpreis erhalten hatte. Darauf sagte der Fahrer sofort: „Setzen Sie sich in den Lastwagen und wärmen Sie sich. Ich wechsle Ihnen den Reifen." Statt den Wagen in die Werkstatt zu schleppen, tat er uns den Gefallen, sich an Ort und Stelle um die Panne zu kümmern.

Eine der ersten Einladungen, die ich annahm, bekam ich von der Beta Kappa Chi Honor Society und dem National Institute of Science: Die Veranstaltung hatte man für Studierende traditionell „schwarzer" Colleges organisiert, darunter das Lincoln College, die Fisk University und die University of the District of Columbia. Die genannten Organisationen hielten seit den 1940er Jahren Jahrestagungen ab, denn die American Chemical Society (ACS) gestattete Studierenden dieser Colleges nicht die Teilnahme an ihren Tagungen, die im Süden des Landes abgehalten wurden. Die Studierenden sollten dadurch die Gelegenheit erhalten, spannende Vorträge zu hören und ihre eigenen Arbeiten in Form von Postern oder kurzen Referaten zu präsentieren, wie sie es auch auf den Jahrestagungen der ACS getan hätten. Zwar können schwarze Studierende an den ACS-Tagungen schon seit langer Zeit ungehindert teilnehmen, die Honor Society existiert aber noch heute und hält weiterhin jedes Jahr eine Tagung ab. Die Veranstaltung, an der ich teilnahm, fand im März 2014 in Houston in Texas statt. Als Kim Fenwick von der University of the District of Columbia mich anrief und einlud, rechnete sie ganz offensichtlich nicht mit einer Zusage. Aber nachdem ich mich über die Hintergründe der Veranstaltung informiert hatte, nahm ich die Einladung als „Summa"-Dozent an. Es verschaffte mir die Gelegenheit, junge Studierende zu inspirieren, damit sie sich bemühten, über ihr Umfeld hinauszuwachsen und sich beispielsweise mit größerem Selbstvertrauen als Doktoranden der Eliteuniversitäten zu bewerben.

Die Tagung war gut organisiert, und mehrere herausragende Wissenschaftler hielten Vorträge. Warren Washington, der 2007 als Mitglied des Weltklimarates IPCC den Friedensnobelpreis erhalten hatte, legte in einem ausgezeichneten Vortrag dar, welche Gefahren der Klimawandel mit sich bringt. Ich hielt eine aktualisierte Version meines „Beuteltier-Vortrags".[1] Zwar versuche ich stets, die Öffentlichkeit auf verständliche Weise mit der Wissenschaft bekanntzumachen, aber wie ich von Marci weiß, gelingt es mir nicht immer. Dennoch habe ich in die Vorlesung genügend Themen von allgemeinem Interesse aufgenommen, sodass zumindest alle Spaß haben,

---

[1] Vor dem Nobelpreis hatte man mich nur selten zu öffentlichen Vorträgen eingeladen, und mir war nicht klar, wie nützlich der „Beuteltier-Vortrag" sein würde. Eine Version davon hielt ich 2007 an der Stanford University im Rahmen der John Stouffer Lectureship, bei der man zweimal eine Vorlesung präsentieren muss. Die eine ist eine gewöhnliche wissenschaftliche Vorlesung, die andere ein „öffentlicher" Vortrag und damit für ein breiteres Publikum bestimmt. In den „Beuteltier-Vortrag" nehme ich immer neue Themen von allgemeinem Interesse auf, das heißt, er entwickelt sich ständig weiter.

24.1. Mit Studierenden nach meinem Vortrag auf der Tagung in Houston

selbst wenn sie nicht alles verstehen. Im vielleicht spektakulärsten Teil zeige ich Videoaufnahmen von Delphinen mit lauten Platschgeräuschen. Nach der Tagung in Houston und weiteren ähnlichen Veranstaltungen drängte ich die Organisatoren, dafür zu sorgen, dass die Studierenden vor dem Vortrag meinen „Spinatartikel" von 2006 lasen. Nach dem Vortrag setzte ich mich auf dem Podium auf einen Stuhl und beantwortete fast eine Stunde lang Fragen. Das Spektrum reichte dabei von den wissenschaftlichen Aspekten meines Vortrags und der Frage, was man tun muss, um einen Nobelpreis zu erhalten, bis hin zu persönlicheren Themen über meine Jugend und meine Gefühle, kurz nachdem ich in die Vereinigten Staaten gekommen war. Nach der Fragestunde baten mich viele Studierende, ein Foto mit mir machen zu dürfen; einige bevorzugten Einzelaufnahmen, andere Fotos mit der ganzen Gruppe aus einer Hochschule (Abbildung 24.1).

Fast alle hatten ein Smartphone mit Kamera dabei, sodass es ein sehr effizientes Unternehmen wurde. Was mich angeht, so muss ich gestehen, dass ich mich wie ein „Rockstar" fühlte. Und mir ist klar, dass ich für viele von ihnen tatsächlich so etwas wie ein „Rockstar" war.

Eine weitere Einladung kam von meiner Nichte Beverly Hartline, der ältesten Tochter meines Bruders und seiner Frau Betty. Beverly ist *Vice Provost* (hohe Leitungsposition an einer Universität, vergleichbar einer Vize-

24.2. Mit Schülerinnen und Schülern nach meinem Vortrag in Butte in Montana

rektorin, A. d. Ü) für Forschung an der University of Montana in Butte. Sie lud mich zu einer Versammlung für Schülerinnen und Schüler von Middle und Highschools aus Montana und den umgebenden Bundesstaaten ein, die im Februar 2015 stattfinden sollte. Die Schülerinnen und Schüler nahmen in Butte an der Intermountain Junior Science and Humanities Fair und der Tech Regional High School Science Fair teil. Ich sollte bei der Veranstaltung den Abschlussvortrag halten, und nach meinen früheren Erfahrungen aus Houston war mir klar, dass allein mein Erscheinen vielleicht mehr noch als der Inhalt des Vortrages dazu dienen konnte, junge Studierende für eine Zukunft in der Wissenschaft zu begeistern. Meine Gegenwart – von meinem Vortrag kann ich das eigentlich nicht sagen – hatte den gleichen Rockstar-Effekt wie in Houston (Abbildung 24.2). Für mich war es natürlich ein großartiges Erlebnis.

Im Oktober 2014 organisierten Andre Sali und andere frühere Studierende in San Francisco eine Feier anlässlich meines Nobelpreises und meines bevorstehenden 85. Geburtstages. Viele frühere Studierende hielten Vorträge. Außerdem gab es einen Abschlussvortrag von David Chandler, der einen wunderbaren Überblick über meine Arbeiten vermittelte. Für mich bedeutete das viel, denn ich hatte seine scharfsinnige Herangehensweise an physikalische Probleme immer bewundert, auch wenn wir nie

24.3. Karplusianer und Freunde bei der Feier in San Francisco

einen gemeinsamen Fachartikel veröffentlichten; an einem Entwurf hatten wir sogar gearbeitet, aber eingereicht wurde er nie (Abbildung 24.3).

Vielleicht der ungewöhnlichste Schauplatz für den „Beuteltier-Vortrag" war Anfang November 2015 die Universidad del Valle in Kolumbien. Man hatte mich dorthin eingeladen, aber ich verspürte zu jener Zeit keine Neigung, in das Land zu reisen. Der Verantwortliche, Professor Julio Cesar Arce Clavijo, schlug vor, ich solle meinen Vortrag von Harvard aus über Webex halten. Auf diese Weise könnten die Studierenden seiner Universität ihn hören und die Dias sehen. Auch ich würde sie sehen und mit ihnen in Austausch treten können, „als ob ich dort wäre". Professor Clavijo überzeugte mich, dass sich das über das sogenannte Webex-System sehr gut machen lasse. Nach einigem Hin und Her, nach Proben mit Webex und nachdem wir einen Termin gefunden hatten, der sowohl mir als auch den Studierenden in Kolumbien passte, entschloss ich mich, es zu versuchen. Aber obwohl wir im Vorfeld alles geübt hatten, kam es zu den unvermeidlichen Komplikationen. Die technischen Probleme wurden von einer IT-Fachkraft schnell gelöst, und ich hielt meinen Vortrag einschließlich der Geräuscheffekte mit den Delphinen. Dann forderte ich die Zuhörenden auf, Fragen zu stellen. Sowohl der Professor als auch eine ganze Reihe von Studierenden hatten tatsächlich Fragen, und ich konnte sie beantworten, als säßen wir alle gemeinsam in demselben Hörsaal. Besonders freute ich mich, als Professor Clavijo mir wenig später in einer E-Mail mitteilte, mehrere Studierende seien motiviert worden, in die Wissenschaft zu gehen, während sie zuvor die Absicht gehabt hätten, Geschäftsleute zu werden. Was kann man sich Schöneres wünschen?

Ein bemerkenswertes Erlebnis war die Konferenz Malta VII, die vom 15. bis 20. November 2015 in der marokkanischen Hauptstadt Rabat stattfand. Diese Tagungen werden von Zafra Lerman organisiert, und als Schauplatz der ersten Veranstaltung hatte man Malta gewählt, weil sich junge Wissenschaftlerinnen und Wissenschaftler aus allen Teilen des Nahen Ostens (darunter Ägypten, Libanon, Palästina, Israel und Syrien) an diesem neutralen Ort treffen und kennenlernen konnten. Es ist ein wichtiger Aspekt der Tagungen, dass jeweils einige Nobelpreisträger zu Vorträgen eingeladen werden. Damit soll bei den jungen Teilnehmerinnen und Teilnehmern die Erkenntnis gefördert werden, dass Wissenschaft als Brücke dienen und sie verbinden kann. Tatsächlich entwickeln sich dort Gemeinschaftsprojekte, auch wenn ihre Heimatländer keine sonstigen Beziehungen pflegen oder sogar Krieg führen.

Als Zafra mich einlud, wusste ich nichts über die Malta-Konferenzen, und anfangs war ich ein wenig skeptisch. Nach einem Austausch von E-Mails und Gesprächen mit den Nobelpreisträgern Jean-Marie Lehn und Roald Hoffmann, die an früheren Konferenzen teilgenommen hatten, entschloss ich mich zur Zusage. Zu meiner Entscheidung trug bei, dass die Tagung in Marokko abgehalten wurde, denn das würde mir die Gelegenheit verschaffen, einige historische Städte wie Fez und Marrakesch zu besuchen und dort hoffentlich neue Fotos für meine Sammlung aufnehmen zu können. Neben örtlichen Fremdenführern in den beiden Städten hatte ich den Fahrer Abdellah, der mich auf der gesamten Reise begleitete (siehe Kapitel 17). Abdellah hatte klare Ansichten darüber, was für einen Touristen von Interesse sein sollte – nämlich vor allem Bauwerke –, aber nach einiger Zeit ging er auch auf meine Bitten ein: Ich wollte sehen, wie die Menschen lebten, wo sie einkauften und so weiter. Wenn ich ihn fragte, ob ich dieses oder jenes tun könne, lautete seine Antwort regelmäßig inschallah, was so viel wie „so Gott will“ bedeutet. Hin und wieder bekamen wir in den Basaren Schwierigkeiten, wenn ich Menschen im Bild festhielt, die sich nicht fotografieren lassen wollten und lautstark protestierten. Mit meiner Digitalkamera war es viel schwieriger, die Methode anzuwenden, die ich mit der Leica und ihrem Hector-Objektiv entwickelt hatte. Also bemühte ich mich um ungestellte Bilder, indem ich sie sehr schnell aufnahm (Abbildung 24.4).

24.4. Ein Laden im Basar von Fez

Manchmal bemerkte ein Ladeninhaber, was ich vorhatte, und schrie mich an. Dann ging Abdellah zu ihm hin, sprach mit ihm und gab ihm vermutlich auch einen kleinen Geldbetrag. Aber dann war es in der Regel zu spät, denn nun posierte der Ladeninhaber mit einem breiten Lächeln, und das war das Letzte, was ich mir wünschte.[2]

Ich habe bereits an einigen Beispielen gezeigt, wie der Nobelpreis mir die Gelegenheit gegeben hat, junge Menschen zu begeistern. Besonders lieb sind mir Einladungen zu Veranstaltungen, die von Studierenden für Studierende organisiert werden. In der Regel handelt es sich dabei um Chemie-Doktoranden, manchmal sind es aber sogar *undergraduates*, Studierende, die noch keinen akademischen Abschluss haben. Im Januar 2018 veranstaltete die Harvard College Undergraduate Research Association eine zweitägige Tagung an der Harvard University, die in diesem Jahr der Ort der Na-

[2] In Fez hatte ich auch einen lokalen Fremdenführer, der als Teilzeitbeschäftigung Touristen herumführte, um sein Einkommen als Sozialarbeiter aufzubessern. Eines Tages – wir standen gerade vor dem Königspalast – erzählte er mir eine Geschichte über König Mohammed VI., der 1999 nach dem Tod seines Vaters an die Macht gekommen war. Mohammed VI. ist viel demokratischer eingestellt, als sein Vater es war, und in der Bevölkerung allgemein beliebt. Eines Tages besuchte er spät abends ein Krankenhaus und stellte fest, dass viele Krankenschwestern, die eigentlich Dienst gehabt hätten, nicht dort waren. Als er sich nach dem Grund erkundigte und keine zufriedenstellende Antwort erhielt, ließ er sie nicht hinauswerfen, sondern er befahl dem Direktor, die fehlenden Schwestern für drei Jahre in kleine Dörfer zu schicken, wo Krankenschwestern zu jener Zeit knapp waren. Dies erschien mir als sehr konstruktiver Weg, mit der Situation umzugehen.

tional Collegiate Research Conferences war. Es gab Diskussionsforen über die verschiedensten Themen, vom Unternehmertum bis zu der Frage, wie man zum Medizinstudium zugelassen wird. Die Teilnehmer waren über 200 Studierende von 81 Universitäten. Ich war als einer der Hauptredner eingeladen und hielt meinen „Beuteltier-Vortrag". Die Begeisterung der Teilnehmer mitzuerleben, war erfreulich, auch wenn ein beträchtlicher Anteil von ihnen wahrscheinlich nicht über die notwendigen Vorkenntnisse verfügte, um ihn vollständig zu verstehen.

Eine andere Gelegenheit zur Öffentlichkeitsarbeit bieten die Schulbesuche durch Nobelpreisträger, die von dem russisch-amerikanischen Wissenschaftler und Ingenieur Ed Shapiro organisiert werden. Sie verfolgen das Ziel, Nobelpreisträger in Highschools zu bringen und die Schüler zu motivieren, ihre naturwissenschaftlichen Interessen zu verfolgen. Zum ersten Mal nahm ich im Februar 2017 an der Cambridge Rindge and Latin School in Cambridge, Massachusetts, an einer solchen Veranstaltung teil. Nachdem der Besuch organisiert war, bat ich darum, dass die Schülerinnen und Schüler sich im Vorfeld auf der Website *NobelPrize.org* meinen Nobelvortrag ansehen und meine Autobiografie lesen sollten. Dann formulierten sie in Zusammenarbeit mit ihren naturwissenschaftlichen Lehrern eine Reihe von Fragen, bei denen Überschneidungen vermieden wurden. Das Programm begann mit einer kurzen Einführung durch Ed Shapiro. Anschließend fragten die Lehrer und das aus rund hundert jüngeren und älteren Schülerinnen und Schülern bestehende Publikum nach allem Möglichen, ob es nun Wissenschaft, mein Leben oder sonst irgendetwas betraf.

Als letzte kleine Bemerkung möchte ich erwähnen, was manchmal geschieht, wenn ich mit dem Taxi fahre. Einmal stellte sich heraus, dass der Fahrer in Nigeria Ingenieurwissenschaften studiert hatte. Er fuhr Taxi, um mit dem Geld seine 29-köpfige Großfamilie zu unterstützen: Tanten und Onkel, außerdem natürlich Eltern, Brüder und Schwestern. Gleichzeitig besuchte er die Abendschule, um einen Master-Abschluss als Elektroingenieur zu machen. Wir kamen auf mich zu sprechen, und er fragte mich, was ich beruflich machte. Als ich erwähnte, dass ich einen Nobelpreis erhalten hatte, sagte er, es sei ihm eine Ehre, mich als Fahrgast zu haben. Ähnliche Reaktionen erlebe ich fast immer, wenn ich meinen Nobelpreis erwähne. Dies bestärkt mein Gefühl, dass der Preis mir die Gelegenheit verschafft hat, in der Welt etwas Gutes zu bewirken.

ANHANG 1

Karplusianer 1955–2019

Ivana Adamovic
Yuri Alexeev
David H. Anderson
Ioan Andricioaei
Yasuhide Arata
Georgios Archontis
Gabriel G. Balint-Kurti
Christian Bartels
Paul Bash
Donald Bashford
Mark Bathe
Oren M. Becker
Robert Best
Anton Beyer
Robert Birge
Ryan Bitetti-Putzer
Arnaud Blondel
Stefan Boresch
John Brady
Bernard Brooks
Charles L. Brooks, III
Thomas H. Brown
Robert E. Bruccoleri
Paul W. Brumer
Axel T. Brünger
Rafael P. Brüschweiler
Matthias Buck
Amedeo Caflisch
William J. Campion
William Carlson
David A. Case
Leo Caves
Thomas C. Caves
Marco Cecchini
John-Marc Chandonia
Ta-Yuan Chang
Xavier Chapuisat
Sergei Chekmarev
Rob D. Coalson
François Colonna-Cesari
Simone Conti
Michael R. Cook
Qiang Cui
Tara Prasad Das
Annick Dejaegere
Philippe Derreumaux
Aaron Dinner
Uri Dinur
Manvendra K. Dubey
Roland L. Dunbrack, Jr.
Chizuko Dutta
Nader Dutta
Claus Ehrhardt
Ron Elber
Marcus Elstner
Byung Chan Eu
Jeffrey Evanseck
Erik Evensen
Jeffrey Evenson
Thomas C. Farrar
Martin J. Field
Stefan Fischer
David L. Freeman
Thomas Frimurer
Kevin Gaffney
Jiali Gao
Yi Qin Gao
Bruce Gelin
R. Benny Gerber
Paula M. Getzin
Debra A. Giammona
Martin Godfrey
Andrei Golosov
David M. Grant
Daniel Grell
Peter Grootenhuis
Hong Guo
Ogan Gurel
Robert Harris
Karen Haydock
Russell J. Hemley
Jeffrey C. Hoch
Milan Hodoscek
Gary G. Hoffman
L. Howard Holley
Barry Honig
Victor Hruby
Rod E. Hubbard
Robert P. Hurst
Vincent B.-H. Huynh
Toshiko Ichiye
K. K. Irikura
Alfonso Jaramillo
Tom Jordan
Diane Joseph-McCarthy
Sun-Hee Jung
C. William Kern
William Kirchhoff
Burton S. Kleinman
Gearld W. Koeppl
H. Jerrold Kolker
Yifei Kong
Lewis M. Koppel
J. Kottalam
Felix Koziol
Christoph Kratky
Sergei Krivov
Olga Kuchment
Krzysztof Kuczera
John Kuriyan
Joseph N. Kushick
Peter W. Langhoff
Antonio C. Lasaga
Frankie T. K. Lau
Themis Lazaridis
Fabrice LeClerc
Angel Wai-mun Lee
Irwin Lee
Sangyoub Lee
Ming Lei
Ronald M. Levy
Xiaoling Liang
Carmay Lim

Xabier Lopez
Guobin Luo
Paul D. Lyne
Jianpeng Ma
Alexander D. MacKerell, Jr.
Christoph Maerker
Paul Maragkakis
Marc Martí-Renom
Jean-Louis Martin
Carla Mattos
J. Andrew McCammon
H. Keith McDowell
Jorge A. Medrano
Morten Meeg
Marcus Meuwly
Olivier Michielin
Stephen Michnick
Fredrick L. Minn
Andrew Miranker
Keiji Morokuma
A. Mukherji
Adrian Mulholland
David Munch
Petra Munih
Robert Nagle
Setsuko Nakagawa
Kwango Nam
Eyal Neria
John-Thomas C. Ngo
Dzung Nguyen
Lennart Nilsson
Iwao Ohmine
Barry Olafson
Kenneth W. Olsen
Neil Ostlund
Victor Ovchinnikov
Emanuele Paci
Yuh-Kang Pan
C.S. Pangali
Richard W. Pastor
Lee Pedersen
David Perahia
Robert Petrella
B. Montgomery Pettitt
Ulrich Pezzeca
Richard N. Porter
Jay M. Portnow
Carol B. Post
Lawrence R. Pratt
Martine Prévost
Blaise Prod'hom
Jingzhi Pu
Dagnija Lazdins Purins
Lionel M. Raff
Mario Raimondi
Francesco Rao
Gene P. Reck
Swarna Yeturu Reddy
Walter E. Reiher, III
Nathalie Reuter
Bruno Robert
Peter J. Rossky
Benoît Roux
Andrej Sali
Daniel Saltzberg
Michael Schaefer
Michael Schlenkrich
David M. Schrader
John C. Schug
Klaus Schulten
Eugene Shakhnovich
Moshe Shapiro
Ramesh D. Sharma
Isaiah Shavitt
Henry H.-L. Shih
Bernard Shizgal
David M. Silver
Manuel Simoes
Balvinder Singh
Jeremy Smith
Sung-Sau So
Michael Sommer
Ojars J. Sovers
Martin Spichty
David J. States
Richard M. Stevens
Roland Stote
John Straub
Collin Stultz
Neena Summers
Henry Suzukawa
S. Swaminathan
Attila L. Szabo
Antoine Taly
Kwong-Tin Tang
Bruce Tidor
Hideaki Umeyama
Arjan van der Vaart
Wilfred van Gunsteren
Herman van Vlijmen
Michele Vendruscuolo
Dennis Vitkup
Mark Wagman
Shunzhou Wan
Iris Shih-Yung Wang
Ariel Warshel
Masakatsu Watanabe
Kimberly Watson
David Weaver
Paul Weiner
Michael A. Weiss
Joanna Wiórkiewicz-Kuczera
George Wolken
Youngdo Won
Yudong Wu
Robert E. Wyatt
Wei Yang
Robert Yelle
Darrin York
Hsiang-ai Yu
Guishan Zheng
Yaoqi Zhou
Vincent Zoete

ANHANG 2

Ein Leben in Farbe – von den 1940er Jahren bis 2019

„Das sichtbare Bild gibt eine unsichtbare Wahrheit wieder“
(aus einem Manuskript aus dem 10. Jahrhundert)

Als ich 1953 am Caltech meine Promotion abgeschlossen hatte, schenkten mir meine Eltern eine Leica IIIC. Die Kamera nahm ich mit nach Oxford, als ich dort am Mathematischen Institut eine Postdoc-Stelle antrat. Ich war erst 23 Jahre alt und hatte mich während der Promotion ganz auf diese konzentriert; jetzt war ich erpicht darauf, während des Aufenthalts in Europa auch über die Wissenschaft hinaus Erfahrungen zu sammeln. Ein Stipendium der National Science Foundation (NSF) verschaffte mir ein für die damalige Zeit üppiges Einkommen, 3000 Dollar im Jahr, und das reichte für einige Reisen. Außerhalb der drei sechswöchigen Vorlesungsperioden, in denen ich in Oxford wohnte, unternahm ich zahlreiche Reisen durch Europa. Menschen zu begegnen und ihre Kultur, Kunst, Architektur und Küche kennenzulernen, war eine unglaublich schöne Erfahrung und hinterließ bleibende Eindrücke bei mir.

Auf meinen Reisen wollte ich das Gesehene festhalten, und so machte ich viele Fotos. In ihnen hat sich meine Sicht auf eine Welt bewahrt, die es heute nicht mehr gibt. Wirtschaftliche Entwicklung, weltumspannende Kommunikation und Kriege haben seither schweren Tribut gefordert. Viele Städte und Dörfer wurden zerstört oder umgestaltet, die Alltagskleidung jener Zeit wird heute nur noch für Touristen getragen, und auch vom gesellschaftlichen Zusammenhalt ist nicht mehr viel übrig. Viele Menschen, die ich fotografiert habe, gehörten der letzten Generation an, die noch so lebte wie vor Jahrhunderten. Die Regionen, die ich in Europa und Amerika besuchte, hatten ihre eigenen Traditionen, und die sind heute, da die Welt immer einheitlicher wird, verschwunden.

Um die Fotos und insbesondere um Aufnahmen von Menschen zu machen, bediente ich mich eines Hektor-Objektivs mit langer Brennweite. Mit seinem Reflexsucher konnte man Bilder aufnehmen, während man scheinbar in eine ganz andere Richtung schaute. Auf diese Weise erhielt ich Nahaufnahmen von Menschen und Menschenmengen, ohne dass die Aufgenommenen es merkten. Viel später erfuhr ich, dass Paul Strand und Walker Evans schon Anfang der 1920er Jahre mit der gleichen Strategie einige ihrer berühmten Schwarzweißaufnahmen gemacht hatten.

Im Studienjahr 1999/2000 war ich wieder in Oxford, dieses Mal als Eastman Professor. Dort machte ich die Bekanntschaft des hervorragenden Fototechnikers Paul Sims (Colourbox Technique), der einen Teil der Dias einscannte, sodass man für Ausstellungen digitale Abzüge herstellen konnte. Die erste derartige Ausstellung fand in The Cloisters (National Institutes of Health) in Bethesda, Maryland, statt (April 2005). Es folgten Ausstellungen am Carpenter Center for Visual Arts der Harvard University (November 2005), in der Panopticon Gallery in Boston (August/September 2006) und in der Wolfson College Gallery in Oxford, England (November/December 2006). Eine Einzelausstellung fand im Stimultania in Straßburg (Frankreich) statt (Mai/Juni 2008), außerdem am Cambridge Multicultural Center in Cambridge, Massachusetts (November/Dezember 2008). Bilder aus der Sammlung wurden projiziert beim Transphotographique Festival in Lille, Frankreich (Frühjahr/Sommer 2009) und bei einer Gruppenausstellung im Real Colegio Complutense in Cambridge, Massachusetts (April/Mai 2011). Einzelausstellungen wurden veranstaltet in der Stoneham Theatre Gallery des Griffin Museum of Photography in Stoneham, Massachusetts (Januar–März 2012), in der Gallery of the Hallmark School of Photography in Turner Falls, Massachusetts (April–Juni 2012) und im Multicultural Art Center in Cambridge, Massachusetts (August–Dezember 2012).

Eine große Einzelausstellung fand in der Bibliothèque Nationale in Paris statt (Mai–August 2013), bevor mir später im gleichen Jahr der Nobelpreis für Chemie verliehen wurde. Weitere Ausstellungen wurden veranstaltet in der Galerie Einstein in Berlin (Oktober–Dezember 2014), im Österreichischen Kulturforum in New York (September–Dezember 2014) und im Österreichischen Kulturforum in Washington, D.C. (Januar–März 2015). Die Ausstellung aus der Bibliothèque nationale de France (BnF) wurde seither auch gezeigt in Wien (Mai–Juli 2015), Mailand (April/Mai 2016), San Sebastian (September–November 2016) und Venedig (Oktober–November 2018). Eine Ausstellung mit Schwerpunkt Amerika fand an der Cambridge Public Library von April bis Juni 2018 statt. Eine Ausstellung, in deren Mittelpunkt das frühere Jugoslawien stand, fand von Oktober 2019 bis Januar 2020 am Center for European Studies in Harvard statt. Eine Dauerausstellung befindet sich im Atrium des Institut de Science et d'Ingénierie Supramoléculaires (ISIS) in Straßburg, an dem ich viele Jahre gearbeitet habe.

Heute benutze ich eine Digitalkamera des Typs Canon EOS 70D. Es ist eine ausgezeichnete Kamera, aber sie hat nicht das Objektiv der Leica und weder die Auflösung noch die Farbqualität der Kodachrome-Filme. Ich habe mich auf Projekte in China (2008, 2015) und Indien (2009) konzentriert, wo heute ganz ähnliche Veränderungen stattfinden und sich auf ein viele Generationen altes kulturelles Erbe auswirken. Im Jahr 2015 arbeitete ich an Projekten in Tibet, Kuba und Marokko.

Angewandte Nobelaufsätze

Molecular Modeling

DOI: 10.1002/ange.201403924

Entwicklung von Multiskalenmodellen für komplexe chemische Systeme: Von $H + H_2$ zu Biomolekülen (Nobel-Aufsatz)**

*Martin Karplus**

Bewegungsgleichungen · Computerchemie · Molekülmechanik · Multiskalenmodelle · Potentialflächen

„Gehe nicht, wohin der Weg führen mag, sondern dorthin, wo kein Weg ist, und hinterlasse eine Spur.
Ralph Waldo Emerson"

In Anlehnung an Ralph Waldo Emerson, einem Philosophen und Essayisten des 19. Jahrhunderts aus Neuengland, versuche ich in dieser Vorlesung zu zeigen, wie ich dorthin ging, wo es keinen Weg gab und dabei eine Spur hinterließ. Diese führt über Trajektorienrechnungen von Reaktionen kleiner Moleküle zu Molekulardynamiksimulationen von biologischen Makromolekülen.

Der Schlüssel zur Entwicklung computergestützter Methoden zum Studium komplexer chemischer System war, klassische Konzepte so weit wie möglich einzuführen und anstelle zeitaufwendigerer quantenmechanischer Rechnungen zu verwenden. 1929[1] schrieb Paul Dirac (Nobelpreis für Physik, 1933) den mittlerweile bekannten Satz (Abbildung 1):

Quantenmechanik von Vielelektronen-Systemen

"Die zu Grunde liegenden physikalischen Gesetze der mathematischen Theorie eines großen Teils der Physik sowie der gesamten Chemie sind somit bekannt, und die Schwierigkeit besteht nur darin, dass die exakte Anwendung dieser Gesetze auf Gleichungen führt, die zu schwierig sind, um lösbar zu sein."

Abbildung 1. Zitat von P. A. M. Dirac aus dem Jahr 1929 (Lit. [1]).

„Die zu Grunde liegenden physikalischen Gesetze der mathematischen Theorie eines großen Teils der Physik sowie der gesamten Chemie sind somit bekannt, und die Schwierigkeit besteht nur darin, dass die exakte Anwendung dieser Gesetze auf Gleichungen führt, die zu schwierig sind, um lösbar zu sein."

Das vollständige Zitat hat jedoch eine weniger bekannte Fortsetzung (Abbildung 2): *„Es ist daher wünschenswert, näherungsweise, praktische Methoden für die Anwendung der Quantenmechanik zu entwickeln, die die wichtigsten Wesenszüge komplexer atomarer Systeme ohne allzu aufwendige Rechnungen erklären können."* Diese Aussage könnte als

Quantenmechanik von Vielelektronen-Systemen

"Die zu Grunde liegenden physikalischen Gesetze der mathematischen Theorie eines großen Teils der Physik sowie der gesamten Chemie sind somit bekannt, und die Schwierigkeit besteht nur darin, dass die exakte Anwendung dieser Gesetze auf Gleichungen führt, die zu schwierig sind, um lösbar zu sein. **Es ist daher wünschenswert, näherungsweise, praktische Methoden für die Anwendung der Quantenmechanik zu entwickeln, die die wichtigsten Wesenszüge komplexer atomarer Systeme ohne allzu aufwendige Rechnungen erklären können.**"

Abbildung 2. Fortsetzung des Zitats von P. A. M. Dirac aus dem Jahr 1929 (Lit. [1]).

Leitmotiv des diesjährigen Chemienobelpreises betrachtet werden, wenngleich sich Diracs Publikation nicht auf die Einführung von klassischer Mechanik, sondern auf die Vereinfachung quantenmechanischer Ansätze bezieht.

Um Methoden für das Studium komplexer chemischer Systeme, einschließlich Biomolekülen, zu entwickeln, muss man die beiden Faktoren berücksichtigen, die ihr Verhalten steuern (Abbildung 3): 1) Die Potentialfläche, auf der sich die Atome bewegen, sowie 2) die Bewegungsgleichungen, welche die Dynamik der Atome auf der Potentialfläche bestimmen.

Der Nobelpreis konzentrierte sich auf die Entwicklung von Modellen für die Potentialfläche. Als ich 1969 die Gruppe

[*] Prof. M. Karplus
Department of Chemistry & Chemical Biology, Harvard University
Cambridge, MA 02138 (USA)
und
Laboratoire de Chimie Biophysique, ISIS, Université de Strasbourg
67000 Strasbourg (Frankreich)

Hintergrundinformationen zu diesem Beitrag sind im WWW unter http://dx.doi.org/10.1002/ange.201403924 zu finden.

Entwicklung von Multiskalenmodellen für komplexe chemische Systeme

- Um das Verhalten komplexer chemischer Systeme zu verstehen, muss man zwei Faktoren berücksichtigen:
  - Die Potentialfläche, auf der sich die Atome bewegen
  - Die Bewegungsgleichungen für die Atome

Abbildung 3. Essenzielle Faktoren für die Berechnung des Verhaltens komplexer chemischer Systeme.

von Lifson besuchte, herrschte beträchtliche Begeisterung über die Entwicklung empirischer, potentieller Energiefunktionen, primär für kleine Moleküle. Die zentrale, „neue" Idee bestand in der Verwendung einer funktionalen Form, die nicht nur die Berechnung von Schwingungsfrequenzen ermöglichte, was ebenso mit der Entwicklung des Potentials um ein bekanntes oder vermutetes Minimum möglich wäre, sondern auch die Bestimmung der molekularen Geometrie im Minimum erlaubte. Dieser Ansatz führte zur Molekularmechanik oder Kraftfeldern, wie sie heute bezeichnet werden. In diesen drückt man die Energie in Termen empirischer Funktionen aus, die einfach zu berechnen sind. Die Gruppen von Allinger,[2] Scheraga[3] und Lifson[4] trugen maßgeblich zu deren Entwicklung bei. Die Möglichkeit, solche Energiefunktionen auf größere Systeme anzuwenden, erschien mir sehr reizvoll, aber es sollte noch einige Zeit dauern, bis ich daran arbeitete.
Da Michael Levitt und Arieh Warshel von der Lifson-Gruppe hier sind, überlasse ich ihnen die eingehende Diskussion von Potentialflächen (Abbildung 4). Ich konzentriere mich im Folgenden auf die klassische Beschreibung atomarer Bewegungen, sowohl in kleinen als auch großen Molekülen (Abbildung 5). Obwohl die Bewegung von Atomen den Gesetzen der Quantenmechanik unterliegt, so war dennoch die Erkenntnis, dass eine klassisch mechanische Beschreibung atomarer Bewegung in den meisten Fällen ausreicht, der Schlüssel zur Simulation der Dynamik komplexer Systeme, einschließlich Biomolekülen.

Ich gelangte zu dieser Einsicht aufgrund von Rechnungen, die meine Gruppe in den 1960er Jahren durchführte, als wir eine sehr einfache Reaktion untersuchten, die symmetrische Austauschreaktion, $H + H_2 \rightarrow H_2 + H$. Wie in Abbildung 6 oben zu sehen, besteht diese aus dem Zusammenstoß von Atom H_C mit Molekül H_A-H_B, wobei ein neues Molekül H_B-H_C entsteht und Atom H_A entweicht. Um die Trajektorien zu berechnen, welche die Reaktion beschreiben, ist es notwendig

Martin Karplus wurde 1930 in Wien geboren und promovierte 1953 am California Institute of Technology, CA. Er ist Professeur Conventionné an der Université de Strasbourg und Theodore William Richards Professor of Chemistry, Emeritus, an der Harvard University in Cambridge, Massachusetts, USA. Photo: P. Badge.

Der Nobelpreis konzentrierte sich auf die Entwicklung von Modellen für die Potentialfläche

- Die wichtigsten Ansätze für die Darstellung der Potentialfläche komplexer Systeme, die keine Quantenmechanik verwenden (sogenannte Kraftfelder), wurden von den Gruppen von Allinger, Lifson und Scheraga entwickelt.
- Unterschiedliche Darstellungen der elementaren Teilchen wurden eingeführt: Atome, Aminosäuren, Sekundärstrukturen usw.
- Um chemische Reaktionen zu untersuchen, wurden die klassischen Kraftfelder so erweitert, dass sie Teile des Systems quantenmechanisch behandeln; dies ist die sogenannte QM/MM-Methode.

Abbildung 4. Aspekte von Potentialflächen komplexer chemischer Systeme.

Die Bewegungsgleichungen für die Atome

- Obwohl die Bewegung von Atomen den Gesetzen der Quantenmechanik unterliegt, war die Erkenntnis, dass eine klassisch mechanische Beschreibung atomarer Bewegung in den meisten Fällen ausreicht, der Schlüssel zur Simulation der Dynamik komplexer Systeme.
- Zu dieser Einsicht gelangte man aufgrund von Simulationen der Dynamik der $H+H_2$-Austauschreaktion.

Abbildung 5. Bewegungsgleichungen: Quantenmechanik im Vergleich zu klassischer Mechanik.

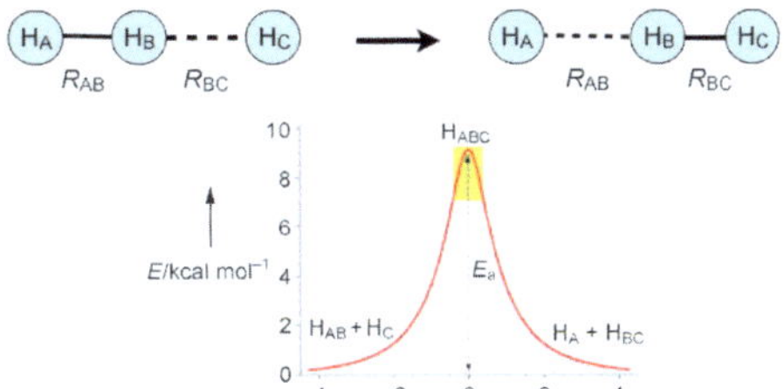

Abbildung 6. Die $H + H_2$-Reaktion. Oben: Kollinearer reaktiver Stoß; unten: PK-Potentialfläche für eine kollineare Reaktion (siehe Lit. [5]).

(Abbildung 3), die Potentialfläche zu kennen, welche die Wechselwirkung zwischen den drei Atomen bestimmt. Richard Porter und ich verwendeten eine semiempirische Valenzstruktur-Potentialfläche.[5] Das ist nicht überraschend, denn ich hatte bei Linus Pauling (Chemienobelpreis, 1954; Friedensnobelpreis, 1962) studiert, und dieser war überzeugt, dass die Valenzstruktur-Methode der beste Ansatz zum Verständnis der chemischen Bindung sei. In einem Vergleich mit detaillierten quantenchemischen Berechnungen[6] erwies sich die „Porter-Karplus"(PK)-Fläche trotz der Einfachheit des Modells als überraschend genau. Wie später noch genauer beschrieben, wurde die PK-Fläche von mehreren Gruppen zum Testen rechnerischer Methoden zur Untersuchung der $H + H_2$-Reaktion verwendet.[7]

Die Energie als Funktion der Reaktionskoordinate für einen kollinearen Stoß, welcher dem Reaktionspfad mit der niedrigsten Energie entspricht, ist in der unteren Hälfte von Abbildung 6 gezeigt. Das wichtigste Merkmal der Fläche ist die hohe Aktivierungsbarriere für die Reaktion. Wenngleich Abbildung 6 die kollineare Fläche zeigt, so wurden die Trajektorien, welche die Reaktion beschreiben, durch die Lösung der Newtonschen Bewegungsgleichungen im vollen dreidimensionalen Raum ermittelt.[8]

Da es nur drei Atome gibt, können die relativen Positionen durch die Abstände zwischen den drei Atompaaren beschrieben werden. Links unten in Abbildung 7 sind die Abstände zwischen den Atomen als Funktion der Zeit in Femtosekunden zu sehen, dies ist die passende Zeitskala für einen Stoß. In dieser Abbildung, die einen reaktiven Stoß zeigt, nehmen die Abstände R_{AC} und R_{BC} ab, während Atom H_C mit Molekül H_A-H_B zusammenstößt. Letzteres schwingt vor der Reaktion; nach der Reaktion schwingt das neu entstandene Molekül H_B-H_C, und Atom H_A entweicht. Der rechteckige gelbe Hintergrund in der Abbildung hebt die Zeitdauer hervor, während der starke Wechselwirkungen zwischen den Atomen herrschen; diese ist ungefähr 10 Femtosekunden lang.

Abbildung 8 (links unten) zeigt einen nicht-reaktiven Stoß, die Darstellung ist analog zum reaktiven Stoß in Abbildung 7. Wie zuvor findet die Wechselwirkung (gelbes Rechteck) innerhalb von Femtosekunden statt. In diesem Fall setzt der Kern-Kern-Abstand R_A-R_B die Schwingung als Molekül fort, und das kollidierende Atom H_C entweicht.

Kurz nach Abschluss der Rechnungen entdeckten Lee Pedersen und Keiji Morokuma, Postdoktoranden in meiner Gruppe, dass es in Harvard ein Graphiklabor gab, und sie bekamen die Erlaubnis einen Film zu produzieren, der eine Serie reaktiver und nicht-reaktiver Stöße zeigt. Einzelbilder aus Filmen, die eine reaktive bzw. nicht-reaktive Trajektorie zeigen, sind jeweils rechts unten in Abbildungen 7 und 8 zu sehen. Eine kurze Beschreibung der Filme findet sich im Anhang. Die Filme sind über Links in den Hintergrundinformationen erhältlich.

Obwohl eine einzelne Reaktion innerhalb von Femtosekunden abläuft, ist die makroskopische Reaktionsgeschwindigkeit viel langsamer. Die unterschiedlichen Zeitskalen resultieren daher, dass die Reaktionsgeschwindigkeit durch Mittelung über eine große Anzahl von Trajektorien erhalten wird, deren Energieverteilung dem Boltzmann-Gesetz entspricht. Sogar bei 1000 K, einer Temperatur, die hoch genug ist um die Reaktion ohne Probleme messen zu können,[9] haben die meisten Stöße nicht genug Energie, um die Barriere zu überwinden. Daher ist die makroskopische Reaktionsgeschwindigkeit um Größenordnungen langsamer, obwohl ein Einzelereignis extrem rasch abläuft.

Die klassischen Trajektorienrechnungen für die $H + H_2$-Reaktion stimmten ungefähr mit den verfügbaren experimentellen Daten überein.[9,10] Es war mir jedoch wichtig sicherzustellen, dass die Details der klassischen Resultate korrekt waren. Dafür braucht man eine vollständige quan-

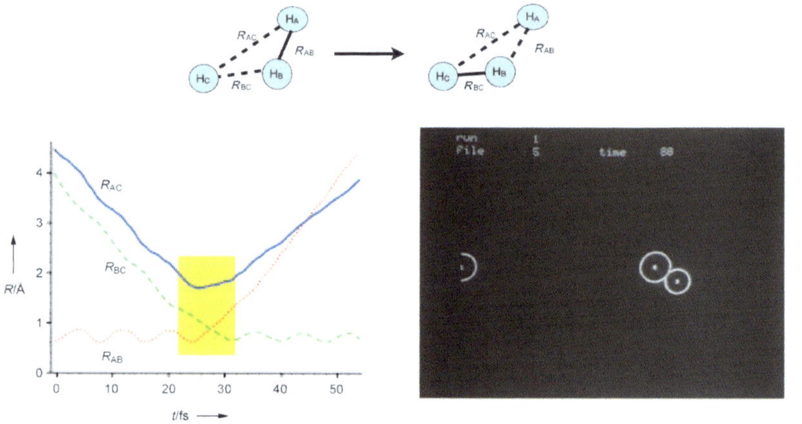

Abbildung 7. Reaktiver Stoß von $H + H_2$. Oben: Nicht-kollinearer reaktiver Stoß. Links unten: Atomabstände während des reaktiven Stoßes, das gelbe Rechteck markiert den Bereich starker Wechselwirkungen. Unten rechts: Einzelbild eines reaktiven Stoßes (aus Film 1) (siehe Lit. [8, 36]).

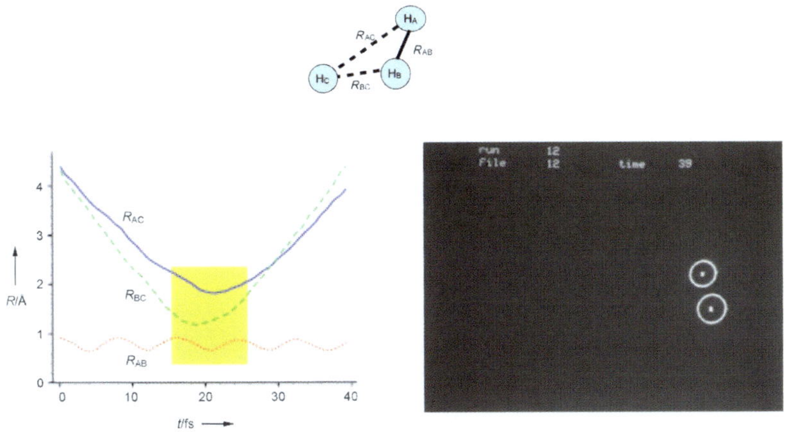

Abbildung 8. Nicht-reaktiver Stoß von $H + H_2$. Oben: Nicht-kollinearer, nicht-reaktiver Stoß. Links unten: Atomabstände während des nicht-reaktiven Stoßes, das gelbe Rechteck markiert den Bereich starker Wechselwirkungen. Unten rechts: Einzelbild eines nicht-reaktiven Stoßes (aus Film 1) (siehe Lit. [8, 36]).

tenmechanische Berechnung der $H + H_2$-Reaktion, welche es zu diesem Zeitpunkt nicht gab. Dafür bedurfte es einer bedeutenden theoretischen Entwicklung und viel mehr Computerzeit. Erst zehn Jahre später konnten ein guter Freund von mir, Aron Kuppermann,[11] sowie auch Bob Wyatt[12] eine solche Rechnung durchführen (Abbildung 9).

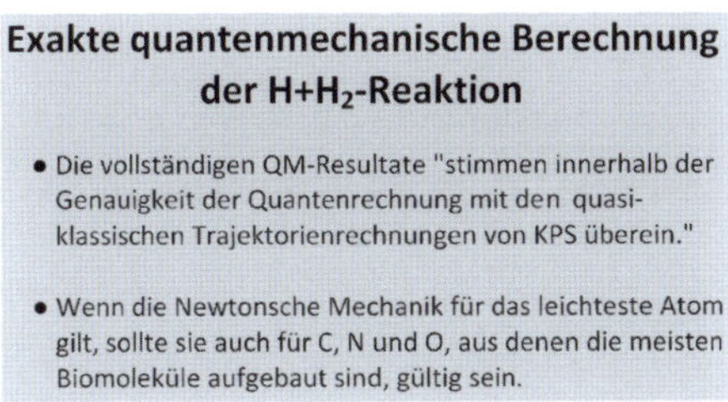

Abbildung 9. Bedeutung einer exakten quantenmechanischen Rechnung zur Validierung der klassischen Rechnung (siehe Lit. [8, 11]).

Da wir das näherungsweise PK-Potential für die klassisch mechanische Rechnung verwendet hatten, verwendeten beide Gruppen ebenfalls das PK-Potential. Sie überprüften daher nicht, ob das Resultat mit dem Experiment übereinstimmte, sondern ob die klassische Berechnung zulässig war. Wie in der Abbildung zu sehen ist, fanden sie, dass das klassische Resultat gleich genau wie das quantenmechanische Resultat war, welches sie mit viel höherem Aufwand erhalten hatten.

Der Vergleich zeigte, dass die Reaktion von Wasserstoffatomen, für die man die größten Quanteneffekte erwarten würde, in den meisten Fällen klassisch beschrieben werden kann. Bei niedrigen Temperaturen kann es zu beträchtlichen Tunneleffekten kommen, sodass Quantenkorrekturen erforderlich sind.[13] Das bedeutet jedoch, dass sowohl für schwerere Atome, als auch für Wasserstoffatome klassische Mechanik ausreichen sollte, um Dynamik bei Raumtemperatur zu untersuchen. Da Biomoleküle hauptsächlich aus Kohlenstoff, Stickstoff und Sauerstoff mit daran gebundenen Wasserstoffatomen bestehen, kam ich zu der Schlussfolgerung, dass klassisch mechanische Molekulardynamiksimulationen aussagekräftig sein würden.

Ehe ich mich der Dynamik größerer Moleküle zuwende, möchte ich ein wenig auf die Arbeiten eingehen, die mit einer im „Wissenschaftlichen Background“ für den Chemienobelpreis erwähnten Publikation zusammenhängt. Als Student in Harvard hatte ich mich für die Chemie des Sehvorgangs zu interessieren begonnen und forschte mit Ruth Hubbard und George Wald (Nobelpreis für Physiologie, 1967). Nach meiner Rückkehr nach Harvard als Professor im Jahr 1966 stieß ich auf einen Artikel von Ruth Hubbard und George Wald in einem anlässlich des 65. Geburtstags von Linus Pauling erschienenen Buch.[14] Der Titel war „Pauling und die Stereochemie von Carotinoiden.“ Hubbard und Wald fassten darin Paulings Beiträge zum Verständnis von Polyenen unter besonderer Berücksichtigung des Chromophors des Sehvorgangs, Retinal, zusammen. Der Artikel enthielt einen Absatz, den ich hier vollständig wiedergebe, weil er ein Element von Paulings Zugang zur Wissenschaft beschreibt, der meine Forschung maßgeblich beeinflusst hat:

„Eines der bewundernswerten Dinge an Linus Paulings Denkweise ist, dass er ein Problem immer bis auf die Ebene von Zahlen durchdenkt. Daher ist es üblicherweise völlig klar, was er meint. Manchmal sind seine ersten Überlegungen provisorisch, da die Daten noch nicht ausreichen, und dann sind

spätere Verfeinerungen oder Überarbeitungen nötig. Aber häufig ist es er selbst, der die erste Version verfeinert."

Beim Durchsehen des Artikels wurde mir klar, dass sich seit meinen Diskussionen mit Hubbard und Wald während meiner Studienzeit die Theorie des elektronischen Absorptionsspektrums von Retinal und der für den Sehvorgang essenziellen Geometrieänderung bei Anregung nicht bedeutend weiterentwickelt hatte. Ich kam zur Überzeugung, teilweise aufgrund meiner Zeit in Oxford als Postdoktorand bei Charles Coulson, dass Polyene, wie z.B. Retinal, ideale Systeme für Untersuchungen mit den verfügbaren semiempirischen Methoden waren. Anders gesagt, wenn es irgendein biologisch interessantes System gab, in dem Quanteneffekte wichtig sind und welches gleichzeitig adäquat beschrieben werden konnte, so war das Retinal. Barry Honig, der in Theoretischer Chemie bei Joshua Jortner promoviert hatte, wurde zu dieser Zeit Mitglied meiner Arbeitsgruppe. Er war der perfekte Kandidat, um am Retinalproblem zu arbeiten.

Abbildung 10 zeigt die relevanten Konformationen von Retinal. Der aktive Chromophor ist 11-*cis*; d.h., die C_{11}-C_{12}-Doppelbindung hat eine *cis*-Konfiguration (siehe Abbildung 10b, c). Bei der Photoisomerisierung von Retinal, dem

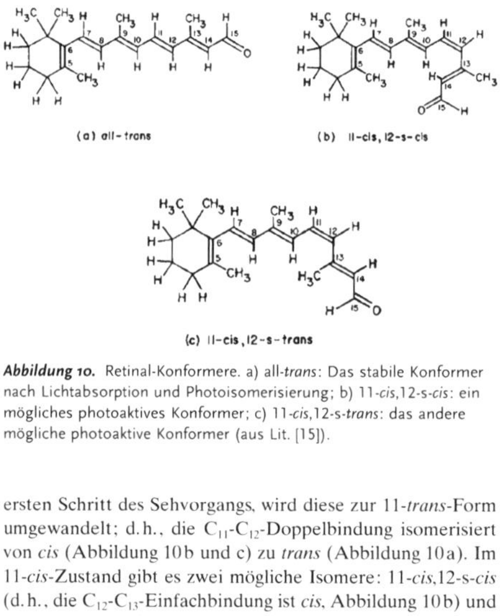

Abbildung 10. Retinal-Konformere. a) all-*trans*: Das stabile Konformer nach Lichtabsorption und Photoisomerisierung; b) 11-*cis*,12-s-*cis*: ein mögliches photoaktives Konformer; c) 11-*cis*,12-s-*trans*: das andere mögliche photoaktive Konformer (aus Lit. [15]).

ersten Schritt des Sehvorgangs, wird diese zur 11-*trans*-Form umgewandelt; d.h., die C_{11}-C_{12}-Doppelbindung isomerisiert von *cis* (Abbildung 10b und c) zu *trans* (Abbildung 10a). Im 11-*cis*-Zustand gibt es zwei mögliche Isomere: 11-*cis*,12-s-*cis* (d.h., die C_{12}-C_{13}-Einfachbindung ist *cis*, Abbildung 10b) und 11-*cis*,12-s-*trans* (Abbildung 10c). Bei bloßer Betrachtung der beiden Konformere würde man annehmen, dass das 12-s-*cis*-Konformer beträchtlich niedrigere Energie besitzt: Die Wasserstoffe H_{10} und H_{14} scheinen zwar nahe genug zu sein, um sich abzustoßen (siehe Abbildung 10b), aber sie sind kleiner als H_{10} und $(CH_3)_{13}$ (siehe Abbildung 10c), für welche man daher die stärkere Abstoßung erwarten würde.

Aber als Barry Honig und ich die Energien in der ersten Arbeit[15] berechneten, in der wir ein quantenmechanisches Modell für die π-Elektronen und eine paarweise nichtbindende Van-der-Waals-Wechselwirkungsenergie für das σ-Bindungsgerüst verwendeten, fanden wir, dass die beiden Konformere energetisch sehr ähnlich sind, weil die erwartete größere Abstoßung in 12-s-*trans* durch Drehung um die Einfachbindung deutlich verringert werden kann. Der Unterschied zum energetisch niedrigeren 12-s-*cis* beträgt nur 1.5 kcal mol^{-1}. Da diese und andere Ergebnisse im Manuskript wichtige Folgerungen für das Verständnis des Sehvorgangs hatten, reichten wir die Arbeit bei *Nature* ein. Die Gutachten waren ausgezeichnet, trotzdem wurde das Manuskript mit der Begründung abgelehnt, es gäbe keinen experimentellen Beweis für unsere Ergebnisse, daher sei es nicht sicher, ob unsere Schlussfolgerungen korrekt seien. Dies war meine erste Erfahrung mit *Nature* und mit der Schwierigkeit, theoretische Resultate mit Bezug zu Biologie in einem „High-Impact"-Journal zu veröffentlichen. Das Problem ist heute beinahe ebenso weit verbreitet wie damals, d.h., wenn die Theorie mit dem Experiment übereinstimmt ist sie uninteressant, denn das Ergebnis ist ja schon bekannt. Macht man jedoch eine Vorhersage, kann diese nicht publiziert werden, weil es keinen experimentellen Beweis gibt. Ich war durch die redaktionelle Entscheidung derartig aufgebracht, dass ich John Maddox, den Herausgeber von *Nature* anrief und ihm die Situation erklärte. Offensichtlich war dies erfolgreich, denn die Arbeit wurde akzeptiert. Glücklicherweise für Maddox und uns wurde ungefähr sechs Monate später eine Röntgenstruktur von Jerome Karle (Nobelpreis für Chemie, 1985) und Mitarbeitern[16] veröffentlicht, die unsere Ergebnisse bestätigten. In einem Überblicksartikel über Studien zum Chromophor des Sehvorgangs[17] merkten wir an, dass „*Theoretische Chemiker das Wort 'Vorhersage' häufig sehr frei in Bezug auf jegliche Rechnung verwenden, die mit dem Experiment übereinstimmt, selbst wenn letzteres als erstes durchgeführt wurde. Die 12 s-cis Geometrie war jedoch eine Vorhersage im eigentlichen Sinn des Wortes.*"

Während Arieh Warshel Postdoktorand in meiner Gruppe war, erweiterten wir die gemischt quanten-/klassisch-mechanischen Methoden aus Lit. [15] auf die Berechnung des Spektrums und der Schwingung von Retinal[18] und verwandten Molekülen. Darauf folgte die Verwendung klassischer Trajektorien von der Art wie für $H + H_2$ zur Untersuchung der Photoisomerisierung, unter Verwendung eines einfachen Modells für die Kreuzung der Potentialflächen.[19] Abbildung 11 (links unten) zeigt das untersuchte System. Es handelte sich um die Photoisomerisierung von 2-Buten von der *cis*-Konfiguration mit zwei Methylgruppen auf derselben Seite der Doppelbindung zur *trans*-Konfiguration mit den beiden Methylgruppen auf den entgegengesetzten Seiten der Doppelbindung.

Betrachtet man Abbildung 11 (oben), so sieht man, dass die Photoisomerisierung von Retinal von 11-*cis* zu all-*trans* eine große Verschiebung der beiden Molekülenden relativ zueinander für sowohl 12-s-*cis* als auch 12-s-*trans* bedingt. Kurz nachdem Warshel meine Gruppe verließ, publizierte er eine Arbeit,[20] die auf der Idee beruhte, dass die Molekülenden sich während der Isomerisierung nicht stark bewegen könnten, wenn der Prozess gebunden am Protein Rhodopsin in den Netzhautstäbchen des Auges stattfindet. Wie in Abbildung 11 (unten rechts) zu sehen, fixiert das verwendete

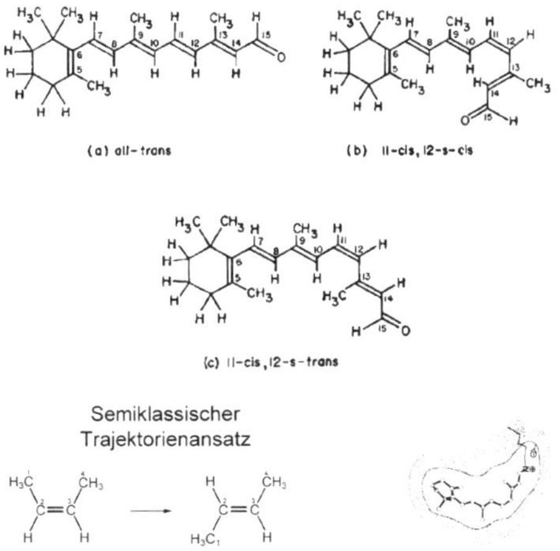

Abbildung 11. Dynamik der Retinal-Photoisomerisierung. Links unten: Umwandlung von *cis*- zu *trans*-2-Buten. Rechts unten: Die vorgeschlagenen Bewegungseinschränkungen von Retinal im Protein Rhodopsin (adaptiert von Lit. [19,20]).

Modell die Endgruppen. Damit Retinal ohne Bewegung der Endgruppen isomerisieren kann, schlug er das sogenannte „Fahrradpedal"-Modell („bicycle pedal") vor. Natürlich war Rhodopsin nicht Teil der Rechnung (d.h., es war kein Protein vorhanden), denn die Struktur war zu diesem Zeitpunkt noch nicht bekannt. Neuere Studien[21] haben gezeigt, dass die Isomerisierung in Wirklichkeit nach einem komplizierteren Schema als dem von Warshel vorgeschlagenen stattfindet, und dass Relaxation von Rhodopsin eine wichtige Rolle spielt.

Im selben Jahr (1976) führten J. Andrew (Andy) McCammon, Bruce Gelin und ich die erste Rechnung durch, in der die klassische Trajektorienmethodik auf ein Protein, Trypsininhibitor aus Rinderpankreas („bovine prancreatic trypsin inhibitor", BPTI), angewendet wurde. Wir wählten dieses Protein, weil es klein war (nur 58 Aminosäuren und nur 458 (Pseudo-)Atome bei Verwendung einer „united-atom"-Beschreibung), und weil es eines der wenigen Proteine war, für das es eine hochaufgelöste Kristallstruktur gab.[22] Mitte der 1970er Jahre war es schwierig, für eine derartige Simulation in den USA die nötige Computerzeit zu bekommen, die NSF-Zentren existierten noch nicht. CECAM (Centre Européen de Calcul Atomic et Moléculaire) in Orsay in Frankreich hingegen, geleitet von Carl Moser, einem Mann mit ungewöhnlichem Weitblick für die zukünftige Bedeutung von Rechnungen in den Naturwissenschaften, hatte Zugang zu einem leistungsfähigen Rechner für wissenschaftliche Forschung. Im Sommer 1976 organisierte Herman Berendsen einen zweimonatigen Workshop in CECAM. Andy McCammon und Bruce Gelin wurde klar, dass der Workshop eine großartige, wenn nicht sogar die einzige Gelegenheit war, die notwendigen Rechnungen durchzuführen, und arbeiteten daher intensivst an der Fertigstellung und Überprüfung eines Programms für die Molekulardynamiksimulation von BPTI (Abbildung 12). Dank der gründlichen Vorbereitung konnte Andy die Molekulardynamiksimulation unmittelbar nach

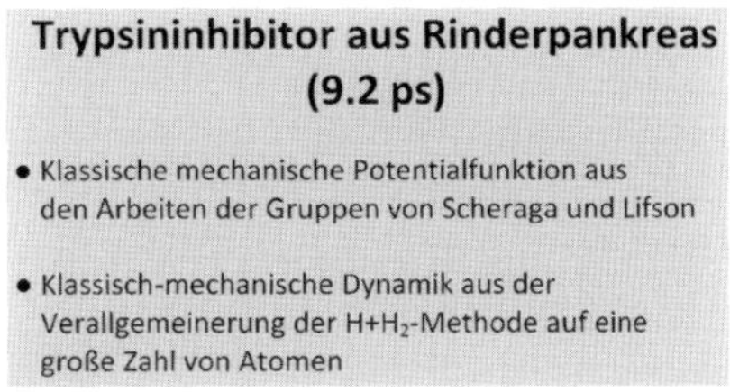

Abbildung 12. Methodische Details der Simulation von BPTI (siehe Text und Lit. [23]).

seiner Ankunft starten. Sie wurde im Wesentlichen während des Workshops fertiggestellt und 1977 publiziert.[23] Erwähnenswert ist, dass angeregt durch die Beschreibung der BPTI-Simulation eine Reihe von Gruppen während dieses Workshops begann, Molekulardynamik zur Untersuchung von Biomolekülen zu verwenden. Darunter befanden sich W. F. van Gunsteren und H. J. C. Berendsen, J. Hermans und A. Rahman, und M. Levitt (siehe den CECAM Workshop Report zu „Models of Protein Dynamics", Orsay, 24. Mai–17. Juli 1976).

Wir verwendeten ein von Bruce Gelin[24] entwickeltes Kraftfeld, welches eine Kombination der Potentialfunktionen der Arbeitsgruppen von Scheraga und von Lifson war. Die Molekulardynamiksimulation von BPTI war eine Erweiterung dessen, was wir für $H + H_2$ gemacht hatten, von einem dreiatomigen System zu einem System, das aus 458 (Pseudo-)Atomen bestand. Wie schon erwähnt, war das eine logische Verallgemeinerung, da die klassischen Bewegungsgleichungen unabhängig von der Anzahl der Atome anwendbar sein sollten. Es ist auch wichtig, sich daran zu erinnern, dass die BPTI-Simulation nicht die erste Simulation eines Vielteilchensystems mit einer realistischen Potentialfunktion zur Beschreibung der Wechselwirkungen war. Insbesondere Aneesur Rahman, ein Pionier auf dem Gebiet der Simulation, der unglücklicherweise jung verstarb, hatte 1964 flüssiges Argon[25] und in Zusammenarbeit mit Frank Stillinger 1974 flüssiges Wasser[26] untersucht. Sie schienen sich keine Sorgen über die Gültigkeit der klassischen Mechanik für diese Systeme gemacht zu haben, vielleicht war ich einfach übervorsichtig.

Die 9.2 ps Simulation von BPTI[23] zeigte die Fluid-artigen internen Bewegungen von Proteinen, ein Resultat, welches in scharfem Gegensatz zu der starren Sichtweise stand, die sich aus Röntgenkristallstrukturen ergab. Das Ausmaß der Beweglichkeit überraschte viele Kristallographen[27] und ist ein frühes Beispiel für die konzeptionellen Einblicke in Proteineigenschaften, die aus Molekulardynamiksimulationen gewonnen wurden.

Naturgemäß wäre ein Film der Trajektorie die beste Art und Weise, um die Bewegungen zu zeigen. Die uns zur Verfügung stehenden Computergraphiksysteme waren jedoch nicht fortgeschritten genug, um in endlicher Zeit ein System aus 458 Atomen bearbeiten zu können. Bruce Gelin machte daher stattdessen zwei Zeichnungen der Struktur von BPTI (Abbildung 13), eine zu Beginn der Simulation (links) und die

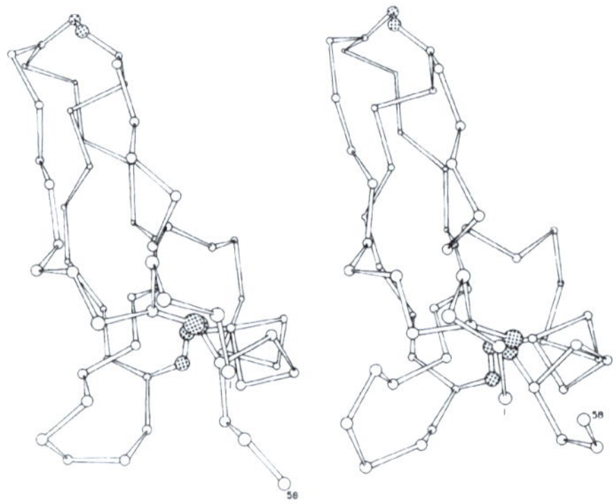

Abbildung 13. Simulation von BPTI. Links: Startstruktur; Rechts: Struktur nach 3.2 ps. Die C_α-Kohlenstoffe sind durch Kreise dargestellt, die Schwefelatome in Disulfidbrücken durch getüpfelte Kreise, die C_α-Kohlenstoffe sind durch Stäbe verbunden (aus Lit. [23]).

andere (rechts) nach 3.2 Pikosekunden. Wenn Sie die Abbildung sorgfältig betrachten, so sehen Sie, dass sich jede Aminosäure ein bisschen bewegt hat, obwohl die beiden Strukturen sehr ähnlich sind. Heute ist es natürlich ein Leichtes, einen derartigen Film zu erstellen, und Victor Ovchinnikov, ein Postdoktorand in meiner Gruppe, hat für die Nobelvorlesung einen Film in der entsprechenden Darstellung erzeugt (siehe Abbildung 14 und Film 2).

Andy McCammon sagte 1995 in einem Oral-History-Interview in vorausschauender Weise (Abbildung 15): „*Wir fühlten schon zu diesem Zeitpunkt, dass etwas wahrhaft Historisches vor sich ging, dass wir zum Beispiel erste Einblicke bekamen, wie ein Enzym sich bewegen könnte, um seiner Rolle als biologischer Katalysator nachzukommen.*“

Wenn heute hunderte Wissenschaftler tausende Molekulardynamiksimulationen von Biomolekülen durchführen, so ist es klar, dass das, was wir damals fühlten, der Beginn einer neuen Ära für das Verständnis biologischer Systeme war. Mit schnelleren Computern konnten die Resultate verbessert werden, nicht nur durch verfeinerte Kraftfelder, sondern auch durch längere Simulationen von realistischeren Modellsystemen. Während des CECAM-Workshops, bei dem die erste BPTI-Simulation durchgeführt wurde, simulierten Peter Rossky und ich,[29,30] in Zusammenarbeit mit Aneesur Rahman, Alanindipeptid (Abbildung 16) in einer Box von Wassermolekülen und zeigten, dass sich Wasser in der Nähe der hydrophoben Methylgruppen anders verhält als Wasser, welches mit den polaren C=O- und N-H-Gruppen interagiert.

1988 publizierten Michael Levitt und Ruth Sharon[31] eine Simulation von BPTI (siehe Abbildung 17), welche mehr als

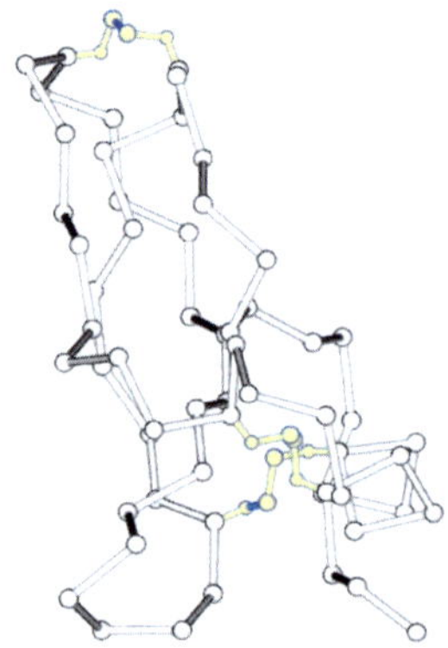

Abbildung 14. Simulation von BPTI. Abbildung zu Film 2. Wie Abbildung 13, jedoch sind die Disulfidbrücken durch gelbe Kreise dargestellt und mit gelben Stäbe verbunden. Die hellen/dunklen C_α-Verbindungselemente deuten den Effekt von auf das Bild fallendem Licht an. (Die Abbildung wurde von Victor Ovchinnikov mit VMD erstellt.)

> Wir fühlten schon zu diesem Zeitpunkt, dass etwas wahrhaft Historisches vor sich ging, dass wir zum Beispiel erste Einblicke bekamen, wie ein Enzym sich bewegen könnte, um seiner Rolle als biologischer Katalysator nachzukommen.
>
> J. A. McCammon, Oral History (1995)

Abbildung 15. Basierend auf einem Interview von J. A. McCammon aus dem Jahr 1995, nachdem er den 1995 Cray Research Leadership Award for Breakthrough Science der Computer World Foundation erhalten hatte (siehe Lit. [28]).

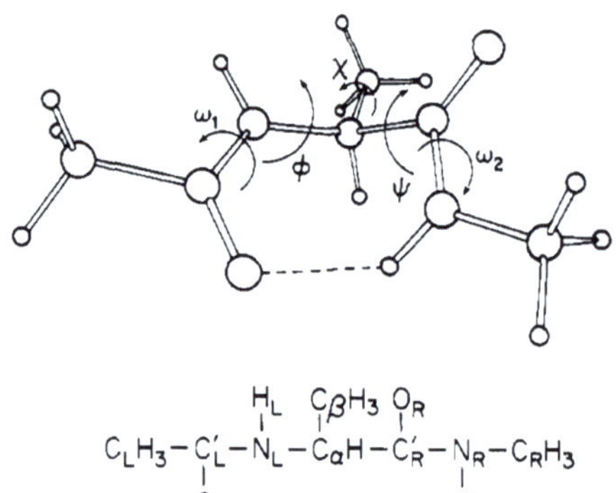

Abbildung 16. Zeichnung von Alanin-Dipeptid für die Simulationen in Lösung. Oben: in der Simulation verwendete Konformation; unten: chemische Formel (Lit. [29]).

Simulationen von Proteinen in Lösung

- Simulation von BPTI während 210 ps in einer Box von 2607 Wassermolekülen (Levitt & Sharon, 1988)
- Simulation von BPTI während 1 ms in Wasser (Shaw et al., 2010)
- Bis jetzt gibt es keine Faltungssimulation von BPTI; für mehrere kleinere Proteine wurden solche Simulationen durchgeführt (Shaw et al., 2011)

Abbildung 17. Überblick über Simulationen von BPTI in Lösung (siehe Text).

zwanzig Mal länger war als die ursprüngliche Simulation. Noch wichtiger ist, dass die Simulation in einer Box von Wassermolekülen durchgeführt wurde. Die Levitt-Sharon-Simulation bestätigte das Verhalten von Wasser, welches in den Publikationen von Rossky et al.[29,30] beobachtet worden war. Darüber hinaus stimmte die Simulation qualitativ mit der ursprünglichen BPTI-Simulation in Vakuum überein, wenngleich die Bewegungen der Aminosäuren etwas weniger stark und wegen der Reibung mit Wasser auch etwas langsamer waren. Neuere Arbeiten[32,33] haben unser Verständnis der Bedeutung der Wasserumgebung für die Dynamik von Proteinen vertieft.

Im Jahr 2010 führten David Shaw und Mitarbeiter[34] (Abbildung 17) eine 1-Millisekunden-Simulation von BPTI auf einem speziell entwickelten Computer durch. Dabei wurde ein Standardkraftfeld verwendet. Die Publikation analysierte die Details der Langzeitdynamik, aber der für mich wichtigste Aspekt der Arbeit besteht darin, dass BPTI auf einer Millisekundenzeitskala stabil blieb. Ich hatte mich immer gefragt – „gefürchtet“ ist vielleicht der bessere Ausdruck –, ob mit den von uns verwendeten relativ simplen Potentialen das Protein nicht auseinanderfallen (denaturieren) würde, wenn die Molekulardynamik über solch lange Zeitspannen durchgeführt würde, Zeitspannen die für viele biologische Prozesse von Interesse sind.

In Zusammenhang mit derartigen Überlegungen möchte ich darauf hinweisen, dass auf dem Gebiet der Molekulardynamiksimulation von Biomolekülen die Verifizierung der Resultate ein sehr schwieriges Problem darstellt. Experimentelle Ergebnisse (z.B. NMR-Untersuchungen) zur Validierung der Resultate sind wichtig, aber nur eingeschränkt verwendbar, denn sie enthalten nicht genug Information für quantitative Tests. Entgegen der Pressemitteilung des Nobelkomitees („Der Computer ist genauso wichtig wie das Reagenzglas“) sind Experimente unabdingbar um zu überprüfen, ob das, was wir tun, sinnvoll ist. Oft kann man verifizieren, dass der statistische Fehler klein genug ist, sodass Simulationen verwendet werden können, die untersuchten Phänomene zu verstehen,[35] aber der systematische Fehler, der durch die Näherungen in den Kraftfeldern entsteht, ist schwierig zu quantifizieren.

Neben der Dynamik von nativen Proteinen wie BPTI ist es von großem Interesse, wie sich eine Polypeptidkette in den nativen Zustand faltet.[36] Bis jetzt gibt es keine Faltungssimulation von BPTI (Abbildung 17), obwohl solche Simulationen für mehrere kleinere Proteine durchgeführt worden sind.[37] Der derzeitige Stand des Wissens wie BPTI faltet, als erstes von Levitt und Warshel mit einem extremst vereinfachten Modell untersucht,[38] ist in Lit. [39] zusammengefasst.

Ein frühes Beispiel von „Multiskalen“-Modellierung im Sinne der Nobelpreisverkündung ist das Diffusions-Kollisions-Modell der Proteinfaltung, welches David Weaver und ich 1976 entwickelten.[40] Es bediente sich einer grobkörnigen Beschreibung des Proteins mit Helices als elementaren Teilchen, und es zeigte, wie das Suchproblem für den nativen Zustand durch einen „teile und herrsche“-Ansatz („divide-and-conquer approach“) gelöst werden kann. Das von Cy Levinthal eingeführte, sogenannte Levinthal-Paradoxon zeigt, dass das Finden des nativen Zustands mittels Zufallssuche des astronomisch großen Konfigurationsraums einer Polypeptidkette länger dauern würde als das Alter der Erde, wohingegen im Experiment Proteine innerhalb von Mikrosekunden bis Sekunden falten. Das Diffusions-Kollisions-Modell bot nicht nur eine konzeptionelle Antwort auf die durch das Levinthal-Paradoxon aufgeworfene Frage, sondern ermöglichte auch die Abschätzung von Faltungsgeschwindigkeiten. Das Modell war seiner Zeit voraus, da Messdaten für seine Überprüfung noch nicht vorhanden waren. Erst vor relativ kurzer Zeit zeigten experimentelle Studien, dass das Diffusions-Kollisions-Modell den Faltungsmechanismus vieler helikaler[41] sowie auch mancher anderer Proteine beschreibt.[42]

Bis jetzt habe ich mich in der Vorlesung auf die Geschichte von Molekulardynamiksimulationen von Proteinen und die daraus gewonnenen qualitativen Erkenntnisse über Proteinbewegung konzentriert. Eine essenzielle Schlussfolgerung dieser frühen Arbeit ist, wie schon erwähnt, dass in Proteinen bei Raumtemperatur Fluid-artige interne Bewegungen stattfinden. Wie bei so vielen natürlich vorkommenden Phänomenen ist es wahrscheinlich, dass sich die Natur dieser Beweglichkeit während der evolutionären Entwicklung bedient hat. Die Wichtigkeit der internen Bewegungen ist in folgendem, bekannten Zitat auf den Punkt gebracht (Abbildung 18): „*... alles was Lebewesen machen, kann durch das Rütteln und Schütteln der Atome verstanden werden*“.[43] Ich war jedoch verblüfft als ich herausfand, dass bereits vor 2000 Jahren ein römischer Dichter, Titus Lucretius, der durch ein einziges Lehrgedicht „De rerum natura“ bekannt ist, folgende Aussage machte (Abbildung 19): „*Die Atome sind ewig und in ständiger Bewegung. Alles entsteht aus der zufälligen Bewegung der Atome, welche, genügend Zeit vorausgesetzt, sich formieren und neu formieren und dabei mit unterschiedlichen Konfigurationen von Materie experimentieren, woraus schlussendlich alles entsteht, was wir kennen...*“

Titus Lucretius’ Gedicht stützte sich auf die detaillierte Atomtheorie der Materie, die vom griechischen Philosophen Demokrit (ungefähr 400 v. Chr.) entwickelt wurde. Darin wird zum Beispiel zwischen der Bindung von Atomen in Flüssigkeiten und Festkörpern unterschieden. Anscheinend ging die Atomtheorie der Materie über Jahrhunderte verlo-

„...alles was Lebewesen machen, kann durch das Rütteln und Schütteln der Atome verstanden werden.“

Abbildung 18. Oben: Zitat aus den „Feynman Lectures“ (siehe Lit. [43]); unten: Richard Feynman (Nobelpreis für Physik, 1965) beim Bongospiel (von http://www.richard-feynman.net/index.htm).

"Die Atome sind ewig und in ständiger Bewegung. Alles entsteht aus der zufälligen Bewegung der Atome, welche, genügend Zeit vorausgesetzt, sich formieren und neu formieren und dabei mit unterschiedlichen Konfigurationen von Materie experimentieren, woraus schlussendlich alles entsteht, was wir kennen..."

Abbildung 19. Eine Übertragung von Titus Lucretius' „Über die Natur der Dinge: De Rerum Natura“ (Vol.I:1023ff) von Stephen Greenblatt, basierend auf der Übersetzung des Gedichts durch Martin Ferguson Smith (Hacket Publishing Co., Cambridge, 2001).

ren und wurde erst im 18. Jahrhundert von John Dalton wiederentdeckt.

Diese Zitate werfen die Frage auf, wie die Natur im Rahmen der Evolution die Strukturen von Proteinen so entwickelt hat, dass ihr „Rütteln und Schütteln“ eine funktionelle Rolle spielt. Wie in Abbildung 20 gezeigt, gibt es dabei zwei Aspekte. Erstens ist die Proteinstrukur durch die Evolution bedingt. In vielen, wenngleich nicht allen Fällen, bestehen Proteine aus relativ starren Baulementen, die durch Scharniere verbunden sind. Diese ermöglichen es den Bauelementen, sich gegeneinander zu bewegen. Zweitens kann ein Signal, typischerweise das Binden eines Liganden, das Gleichgewicht zwischen zwei Strukturen, in denen sich die starren Bauelemente in unterschiedlichen Anordnungen zueinander befinden, verändern.

Funktionsprinzip des "Schütteln und Rütteln"

A) Relativ starre Domänen mit Scharnieren

B) Bindung eines Liganden verändert das Gleichgewicht zwischen zwei Konformationen

Abbildung 20. Wie das „Schütteln und Rütteln“ des Feynman-Zitats von der Natur verwendet wird (gemäß der Interpretation dieser Vorlesung).

Als Beispiel möchte ich kurz die Adenylat-Kinase besprechen, ein Enzym, welches zwei wichtige Konformationen besitzt (Abbildung 21). Seine Funktion besteht in der Übertragung einer Phosphatgruppe von Adenosindiphosphat (A-P-P) auf ein weiteres A-P-P, wobei Adenosintriphosphat (A-P-P-P) und Adenosinmonophosphat (A-P) entstehen. Links in der Abbildung sieht man die offene Struktur, in der sich die Substrate nähern und die Produkte entfernen können. Rechts ist die geschlossene Struktur gezeigt. Diese schafft eine „Reaktionskammer“, die vom Lösungsmittel isoliert ist und in der die katalytischen Aminosäuren so positioniert sind, dass die Reaktion stattfinden kann. Abbildung 22 (oben) zeigt einzelne Cartoons aus einem Film (siehe Film 3); das Substrat nähert sich und das Enzym schließt sich. Abbildung 22 (unten) zeigt die stattfindende Reaktion und das Öffnen des Enzyms, um die Produkte entweichen zu lassen.

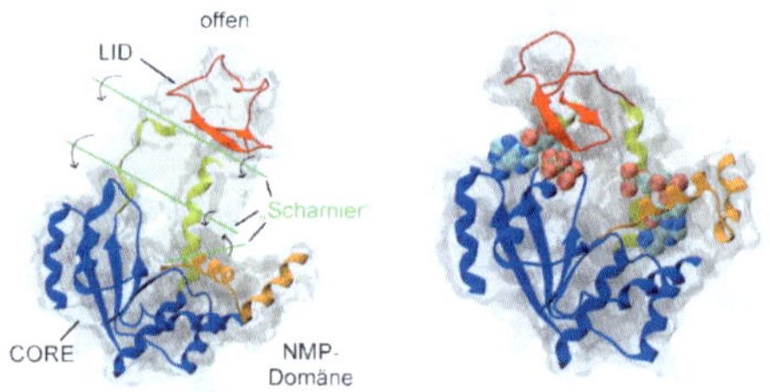

2A-P-P ⇌ A-P-P-P + A-P

Abbildung 21. Adenylat-Kinase. Links: offene Struktur ohne gebundenes Substrat, die Scharniere („hinges“) sind hervorgehoben. Rechts: geschlossene Struktur mit zwei gebundenen Adenosindiphosphaten (A-P-P) (erstellt von Victor Ovchinnikov mit VMD).

Diese Art von Konformationsänderung kommt in vielen Enzymen vor und ist ein essenzieller Bestandteil ihres Mechanismus. Darüber hinaus ist in der Adenylat-Kinase und

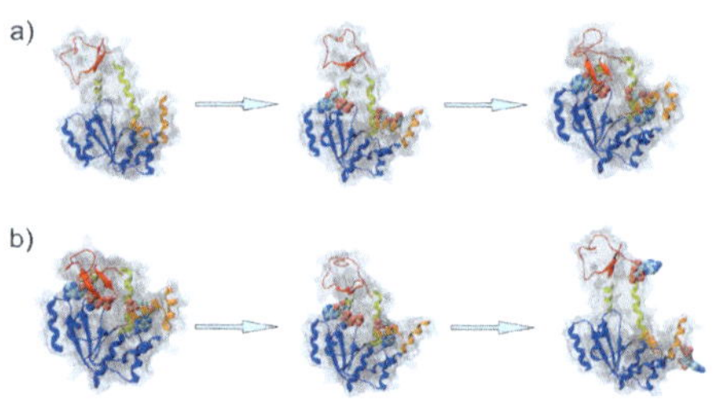

Abbildung 22. Einzelbilder des Adenylat-Kinase-Films (Film 3). a) Schließen des Enzyms während der Bindung der Substrate; b) Reaktion der Substrate und Öffnen unter Entweichen der Produkte (erstellt von Victor Ovchinnikov mit VMD und FFmpeg).

vielen anderen Enzymen die Chemie soweit optimiert, dass sie nicht der geschwindigkeitsbestimmende Schritt der Gesamtreaktion ist.[44,45] Jeremy Knowles[46] hat solche Enzyme als „perfekt“ bezeichnet, da es für die Evolution keinen Grund gibt, die Chemie weiter zu optimieren, wenn der geschwindigkeitsbestimmende Schritt das Öffnen des Enzyms ist, um die Produkte entweichen zu lassen.

Molekulare Motoren sind die Musterbeispiele wie das „Rütteln und Schütteln“ verwendet wird, etwas für das Leben Essenzielles zu schaffen (siehe Abbildung 23). Meine Arbeitsgruppe hat verschiedene Motoren untersucht, darunter Myosin V,[47,48] F_1-ATPase[49,50,51] und Kinesin.[52,53] Ich werde nur über einen davon, Kinesin, sprechen, da Kinesine einen Bezug zum diesjährigen Preis für Physiologie oder Medizin haben, der für die „Entdeckungen der Regulation des Vesikel-Verkehrs, eines wichtigen Transportsystems in unseren Zellen“ verliehen wurde. Diese Arbeit beschäftigte sich mit genetischen Analysen, wie Vesikel sich am richtigen Ort und zur richtigen Zeit öffnen und ihr Tranportgut entladen. Obwohl sich nicht alle Vesikel von einem Ort zum anderen bewegen müssen, sind Kinesine, die 1982 im Axon des Riesenkalmars entdeckt wurden,[54] sehr wichtig für die Funktion vieler Vesikel. Kinesine transportieren die Vesikel über große Distanzen entlang des Mikrotubuli-Zytoskeletts der Zelle.

In Abbildung 24 sind Momentaufnahmen aus einem Film (siehe Film 4) zu sehen, der zeigt, wie Kinesine funktionieren. Die zwei globulären „Füße“ sind gut zu sehen. Eigentlich handelt es sich um zwei Moleküle, jedes mit einem globulären Fuß. Diese sind über Proteinstränge verbunden, je einer pro Molekül (siehe auch Abbildung 25), die eine Doppelwendel („coiled-coil“) formen und an deren oberen Ende das Vesikel getragen wird. Wir wissen sehr wenig über die Struktur der Vesikel oder wie sie am oberen Ende der Doppelwendel befestigt sind. Unsere Forschung versucht den Mechanismus zu verstehen, durch den sich das Kinesin-Dimer entlang des Mikrotubuli-Zytoskeletts bewegt. Wenn Sie Film 4 sorgfältig betrachten, so können Sie sehen, dass Kinesin genauso geht wie wir. Es bewegt den linken Fuß vorwärts, dann den rechten, und so weiter. Der Film zeigt jedoch, dass die Moleküle nicht „normal“ gehen. Ihre Fortbewegungsart erinnert an eine Person mit künstlichen Beinen. Wenn Sie allerdings bedenken, welch komplexes Muskel- und Nervensystem für unser Gehvermögen erforderlich ist, dann ist der Gang von Kinesin trotzdem verblüffend, zumindestens empfinde ich das so.

Um den Schrittmechanismus zu verstehen, führten Wonmuk Hwang, Matt Lang und Mitarbeiter, und ich Molekulardynamiksimulationen durch.[52] Die Momentaufnahmen aus dem Film (Abbildung 24) zeigen, dass die Moleküle ATP und dessen Hydrolyseprodukte, ADP und Orthophosphat, am Schrittmechanismus beteiligt sind. Die Bindung von ATP löst die Bewegung aus, durch die der hintere „Fuß“ nach vorne „geworfen“ wird und so einen Schritt entlang des Mikrotubulus durchführt. Um den Mechanismus in größerem Detail zu untersuchen, wurde die in Abbildung 25 gezeigte Röntgenkristallstruktur des Kinesin-

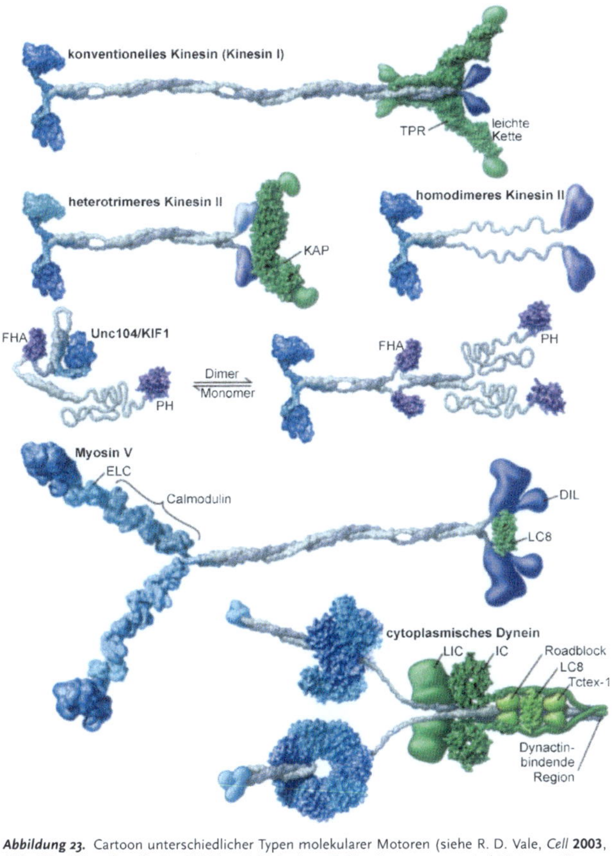

Abbildung 23. Cartoon unterschiedlicher Typen molekularer Motoren (siehe R. D. Vale, *Cell* **2003**, *112*, 467–480 zu Details der Abbildung). Viele der zelluläre Komponenten sind Motoren: Sie wandeln Energie in Bewegung um. Myosin bewegt sich auf Actin fort, und Kinesine bewegen sich auf Mikrotubuli fort, um Materialien in einer organisierten Weise zu transportieren. Ein Motor ist besonders: Er bewegt sich nicht fort, sondern ist für die Synthese von ATP zuständig.

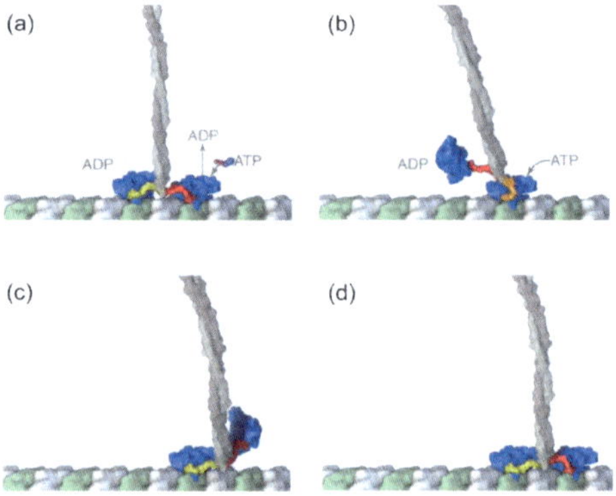

Abbildung 24. Fortbewegung von Kinesin. Einzelbilder aus Film 4 (erstellt von Graham Johnson für R. D. Vale und R. A. Milligan, 2000; siehe Lit. [55]). a) Darstellung der beiden an den Mikrotubulus gebundenen globulären Domänen (der „Füße"); ADP wurde freigesetzt und ATP bindet an den vorderen Fuß, wodurch der Ruderschlag („power stroke") ausgelöst wird (siehe Abbildung 26 und Text); b) Loslassen des hinteren Fußes; c) teilweise beendeter Ruderschlag; d) beendeter Schritt.

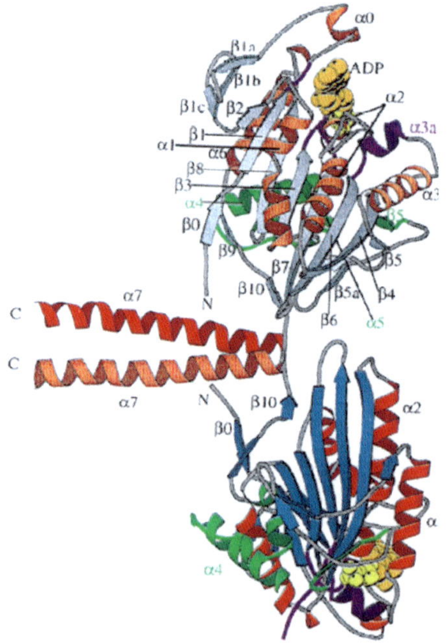

Abbildung 25. Röntgenstruktur des Kinesin-Dimers aus Rattenhirn. Der β_{10}-Strang jedes Monomers, der zur Doppelwendel („coiled-coil") führt, und der β_0-Strang, des „Cover-strand" (CS, wörtlich „Deckel-Strang") sind gut erkennbar (aus Lit. [56]).

Dimers als Ausgangspunkt für die Simulationen verwendet.[56] Die Rechnungen zeigten, dass der als Verbindungsglied dienende β-Strang, β_{10} in der Abbildung, nicht genügend starr wäre, um den sogenannten „Ruderschlag" („power-stroke") durchzuführen, bei dem der hintere Fuß nach vorne geworfen wird. Uns fiel auf, dass es einen weiteren als β_0 bezeichneten β-Strang am N-terminalen Ende des Moleküls gibt. Er ist in manchen Strukturen ungeordnet, aber in anderen formt er mit β_{10} ein zweisträngiges β-Faltblatt. Wir bezeichneten β_0 als „Cover-strand" (CS, wörtlich „Deckel-Strang") und das zweisträngige β-Faltblatt als „Cover-neck-bundle" (CNB, wörtlich „Deckel-Hals-Bündel").

Abbildung 26 zeigt eine Visualisierung der Simulationsergebnisse. In jedem der drei Diagramme auf der linken Seite kann man die zwei Füße und darunter ein Modell des Mikrotubulus sehen. Im obersten Diagramm (A) hat der vordere Fuß einen ungeordneten Cover-strand, dargestellt in blau. Die Simulation zeigt, dass sich bei der Bindung von ATP (Teilbild B) ein zweisträngiges Cover-neck-bundle bildet. Es sieht einer Feder ziemlich ähnlich und scheint ein Konstrukt mit hoher Energie zu sein. Die Simulation deutet darauf hin, dass es sich tatsächlich wie eine nach vorne ausgerichtete Feder verhält und den Ruderschlag generiert, indem es in Vorbereitung des nächsten Schritts den hinteren Fuß vorwärts treibt (unteres Teilbild C).

Um das aus Simulationen gewonnene Modell zu testen, wurden Experimente mit einer optischen Pinzette in Gegenwart einer äußeren Kraft an Wildtyp-Kinesin sowie zwei Mutanten durchgeführt.[53] Eine Gruppe von Mutationen führte zwei Glycine ein (G2), welche das CNB flexibler machen sollten. In der anderen Mutation ist der Cover-strand komplett entfernt (DEL) (Abbildung 27a). Abbildung 27b

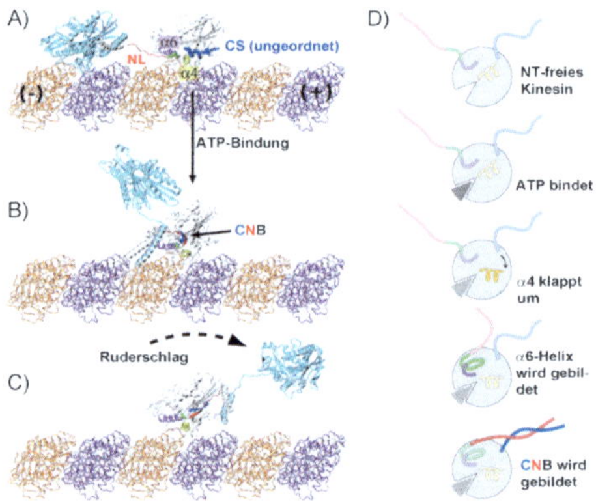

Abbildung 26. Auf den Simulationen basierende Darstellung, wie es zum Ruderschlag („power stroke") kommt. A) Vor dem Binden von ATP; B) nach dem Binden von ATP; C) Ruderschlag; D) schematische Darstellung der maßgeblichen molekularen Ereignisse, die zur Bildung des „Cover-neck-bundle" (CNB, wörtlich „Deckel-Hals-Bündel") und dem Ruderschlag führen (siehe Lit. [53] und Text).

zeigt einen Cartoon des Experimentaufbaus. Abbildung 27c zeigt einen Satz von Ergebnissen, nämlich die Abnahme der beim G2-Mutanten nötigen Anhaltekraft („stall force"), und die beinahe bei null liegende Anhaltekraft für Mutante DEL,

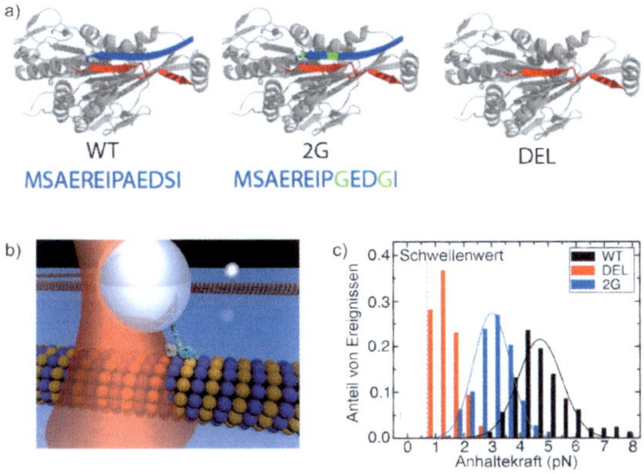

Abbildung 27. Details zu den Mutanten, die zum Testen des Ruderschlagmechanismus („power stroke mechanism") verwendet wurden (aus Lit. [53]).

welche den Mikrotubulus bestenfalls entlang „hinkt". Weitere Details der experimentellen Studien, die das CNB-Modell stützen, sind separat beschrieben.[53] Zusätzliche Simulationen zur Vertiefung unseres Verständnisses der Funktionsweise von Kinesin sind in Arbeit. Eine wesentliche von uns untersuchte Frage betrifft die Rolle der Wechselwirkungen zwischen Kinesin und dem Mikrotubulus beim Schrittmechanismus.

Kinesin-Motoren, wie auch andere molekulare Motoren, sind sehr wichtig für die Existenz von Leben.[57] Wie in Abbildung 28 gezeigt, werden Mitose und Zellteilung verhindert, wenn Kinesine aufgrund letaler Mutationen nicht funktionieren. Wegen ihrer Bedeutung für die Zellteilung sind sie ein Angriffspunkt für Chemotherapie gegen Krebs. Kinesine sind essenziell für den Transport in Axonen, wo Material über große Distanzen geliefert werden muss. Manche Viren haben gelernt, dass sie sich in wenigen Minuten entlang des Mikrotubulus von einem Ort der Zelle zu einem anderen transportieren lassen können, indem sie an Kinesine dort binden, wo das reguläre Transportgut zu finden wäre. Mittels Diffusion in einem komplexen Zellmedium wären für dieselbe Distanz ungefähr zehn Stunden nötig.

Bedeutung von Kinesin-Motoren

Verhindern Mitose und Zellteilung.

Physiologische Transportgüter werden nicht richtig transportiert (z. B. Blockieren des axonalen Transports).

Nicht-physiologische Transportgüter machen sich das Transportsystem zu Nutze (z. B. Viren).

Abbildung 28. Bedeutung von Kinesinmotoren.

Was birgt die Zukunft (Abbildung 29)? Wir alle wissen, dass echte Voraussagen schwierig sind, daher habe ich relativ vorsichtige Voraussagen in die Abbildung genommen. Die erste, welche in der Einleitung erwähnt wurde, ist ein Traum von mir seit ich die ersten biomolekularen Simulationen durchführte. Es geht nicht um den Ersatz von Experimenten durch Simulationen, wie die Presseaussendung des Nobelkomitees zu implizieren scheint, sondern darum, dass Experimentatoren Simulationen als eines von vielen Werkzeugen (wie Röntgenstrukturanalyse oder NMR-Strukturanalyse) in ihrer Arbeit benutzen und dadurch zu einem tieferen Verständnis gelangen werden, verglichen zur Verwendung von ausschließlich Experimenten oder Simulationen. Dass Experimentatoren Simulationen in dieser Art und Weise zu nützen beginnen, ist in der Literatur belegt.[58] Vermutlich wird das durch den Nobelpreis erhöhte Ansehen von Molekulardynamiksimulationen ihre Verwendung in der wissenschaftlichen Gemeinschaft weiter erhöhen.

Was hält die Zukunft bereit?

- Experimentatoren benutzen Simulationen als eines von vielen Werkzeugen
- Die Anwendung von Simulationen auf immer komplexere Systeme (Viren, Ribosomen, Zellen, das Gehirn)

Stets mit der Warnung, dass Simulationen, genauso wie Experimente, Einschränkungen und inhärenten Fehlern unterliegen.

Abbildung 29. Die Zukunft von Molekulardynamiksimulationen.

Was tatsächliche Simulationen betrifft, so werden immer kompliziertere Systeme untersucht. Molekulardynamiksimulationen von Viren, Ribosomen und sogar Zellen werden durchgeführt, um Einblicke in deren Funktionsweise zu bekommen. Wäre ich dreißig Jahre jünger, würde ich das Gehirn simulieren. Vor ungefähr zwanzig Jahren verbrachte ich zwei Jahre damit zu lernen, was über das Gehirn bekannt war. Ich kam zu dem Schluss, dass noch nicht genug Daten vorhanden waren, um durch Simulationen auf der molekularen Ebene zu relevanten Ergebnissen zu kommen. Ich bedauere diese Zeit in keinster Weise, da ich viel Interessantes lernte, und meine Forschungsgruppe sich auf Probleme konzentrierte, die wir lösen konnten. Unser Wissen über das Gehirn hat sich derart vergrößert, dass ich jetzt junge Wissenschaftler ermuntere, auf diesem aufregenden Gebiet zu forschen, auf dem Initiativen sowohl in Europa als auch in den USA erste Schritte unternehmen.

Wie glänzend die Zukunft auch scheinen mag, ich möchte das Publikum warnen (so wie ich auch immer meine Studenten warne), dass Simulationen, genauso wie Experimente, Einschränkungen unterliegen. Besonders wenn Sie etwas Neues und Aufregendes entdeckt haben, sollten Sie doppelt vorsichtig sein und sicher stellen, dass Ihnen kein Fehler unterlaufen ist. Das Beispiel meiner Sondierung der Hirnforschung erlaubt mir auf einen weiteren Punkt hinzuweisen. Wenn man an der Schnittstelle von Chemie und Biologie mittels Simulationsverfahren arbeitet, ist es essenziell zu bedenken, dass von den vielen spannenden Systemen, die experimentell untersucht werden, nur relativ wenige auf Fragestellungen führen, die beim derzeitigen Entwicklungstand durch Molekulardynamiksimulationen beantwortet werden können.

In Abbildung 30 sind alle Personen verzeichnet, denen diese Vorlesung gewidmet ist. Es sind die Karplusians: 244 Personen, die in meinem „Laboratorium" in Illinois, Columbia, Harvard, Paris und Straßburg gearbeitet haben. Ohne sie wäre ich heute nicht hier. Während der letzten vierzig Jahre haben viele von ihnen zu Methodik und Anwendung von Molekulardynamiksimulationen beigetragen. Beim Schreiben dieses Satzes finde ich es seltsam, dass Molekulardynamiksimulationen nicht in der wissenschaftlichen Hintergrundinformation zum Nobelpreis erwähnt wurden. Die große Gemeinschaft derer, die sich mit Molekulardynamiksimulationen beschäftigen und die alle diesjährigen Nobelpreisträger miteinschließt, hat das Gebiet von einem esoterischen Gegenstand, der nur eine kleine Gruppe von Spezialisten interessierte, zu einem zentralem Element der modernen Chemie und Biologie gemacht. Ohne Molekulardynamiksimulationen und deren explosive Entwicklung hätte es auf diesem Gebiet keinen Nobelpreis gegeben.

Vielleicht gibt es hier eine Parallele zwischen der Nichterwähnung der Molekulardynamik in der Begründung des Nobelpreises und der Begründung von Einsteins Nobelpreis

Karplusian: 1955-2013

*Ivana Adamovic
Yuri Alexeev
David H. Anderson
Ioan Andricioaei
Yasuhide Arata
Georgios Archontis
Gabriel G. Balint-Kurti
Christian Bartels
Paul Bash
Donald Bashford
Mark Bathe
Oren M. Becker
Robert Best
Anton Beyer
Robert Birge
Ryan Bitetti-Putzer
Arnaud Blondel
Stefan Boresch
John Brady
Bernard Brooks
Charles L. Brooks III
Thomas H. Brown
Robert E. Bruccoleri
Paul W. Brumer
Axel T. Brünger
Rafael P. Brüschweiler
Matthias Buck
Amedeo Caflisch
William J. Campion
William Carlson
David A. Case
Leo Caves
Thomas C. Caves
Marco Cecchini
John-Marc Chandonia
Ta-Yuan Chang
Xavier Chapuisat
Sergei Chekmarev
Rob D. Coalson
François Colonna-Cesari
Michael R. Cook*

*Qiang Cui
Tara Prasad Das
Annick Dejaegere
Philippe Derreumaux
Aaron Dinner
Uri Dinur
Roland L. Dunbrack, Jr.
Chizuko Dutta
Nader Dutta
Claus Ehrhardt
Ron Elber
Marcus Elstner
Byung Chan Eu
Jeffrey Evanseck
Erik Evensen
Jeffrey Evenson
Thomas C. Farrar
Martin J. Field
Stefan Fischer
David L. Freeman
Thomas Frimurer
Kevin Gaffney
Jiali Gao
Yi Qin Gao
Bruce Gelin
R. Benny Gerber
Paula M. Getzin
Debra A. Giammona
Martin Godfrey
Andrei Golosov
David M. Grant
Daniel Grell
Peter Grootenhuis
Hong Guo
Ogan Gurel
Robert Harris
Karen Haydock
Russell J. Hemley
Jeffrey C. Hoch
Milan Hodoscek
Gary G. Hoffman*

*L. Howard Holley
Barry Honig
Victor Hruby
Rod E. Hubbard
Robert P. Hurst
Vincent B.-H. Huynh
Toshiko Ichiye
K. K. Irikura
Alfonso Jaramillo
Tom Jordan
Diane Joseph-McCarthy
Sun-Hee Jung
C. William Kern
William Kirchhoff
Burton S. Kleinman
Gearld W. Koeppl
H. Jerrold Kolker
Yifei Kong
Lewis M. Koppel
J. Kottalam
Felix Koziol
Christoph Kratky
Sergei Krivov
Olga Kuchment
Krzysztof Kuczera
John Kuriyan
Joseph N. Kushick
Peter W. Langhoff
Antonio C. Lasaga
Frankie T. K. Lau
Themis Lazaridis
Fabrice LeClerc
Angel Wai-mun Lee
Irwin Lee
Sangyoub Lee
Ming Lei
Ronald M. Levy
Xiaoling Liang
Carmay Lim
Xabier Lopez
Guobin Luo*

*Paul D. Lyne
Jianpeng Ma
Alexander D. MacKerell, Jr.
Christoph Maerker
Paul Maragkakis
Marc Martí-Renom
Jean-Louis Martin
Carla Mattos
J. Andrew McCammon
H. Keith McDowell
Jorge A. Medrano
Morten Meeg
Marcus Meuwly
Olivier Michielin
Stephen Michnick
Fredrick L. Minn
Andrew Miranker
Keiji Morokuma
A. Mukherji
Adrian Mulholland
David Munch
Petra Munih
Robert Nagle
Setsuko Nakagawa
Kwango Nam
Eyal Neria
John-Thomas C. Ngo
Lennart Nilsson
Dzung Nguyen
Iwao Ohmine
Barry Olafson
Kenneth W. Olsen
Neil Ostlund
Victor Ovchinnikov
Emanuele Paci
Yuh-Kang Pan
C.S. Pangali
Richard W. Pastor
Lee Pedersen
David Perahia
Robert Petrella*

*B. Montgomery Pettitt
Ulrich Pezzeca
Richard N. Porter
Jay M. Portnow
Carol B. Post
Lawrence R. Pratt
Martine Prévost
Blaise Prod'hom
Jingzhi Pu
Dagnija Lazdins Purins
Lionel M. Raff
Mario Raimondi
Francesco Rao
Gene P. Reck
Swarna Yeturu Reddy
Walter E. Reiher III
Nathalie Reuter
Bruno Robert
Peter J. Rossky
Benoît Roux
Andrej Sali
Daniel Saltzberg
Michael Schaefer
Michael Schlenkrich
David M. Schrader
John C. Schug
Klaus Schulten
Eugene Shakhnovich
Moshe Shapiro
Ramesh D. Sharma
Isaiah Shavitt
Henry H.-L. Shih
Bernard Shizgal
David M. Silver
Manuel Simoes
Balvinder Singh
Jeremy Smith
Sung-Sau So
Michael Sommer
Ojars J. Sovers
Martin Spichty*

*David J. States
Richard M. Stevens
Roland Stote
John Straub
Collin Stultz
Neena Summers
Henry Suzukawa
S. Swaminathan
Attila L. Szabo
Antoine Taly
Kwong-Tin Tang
Bruce Tidor
Hideaki Umeyama
Arjan van der Vaart
Wilfred van Gunsteren
Herman van Vlijmen
Michele Vendruscuolo
Dennis Vitkup
Mark Wagman
Shunzhou Wan
Iris Shih-Yung Wang
Ariel Warshel
Masakatsu Watanabe
Kimberly Watson
David Weaver
Paul Weiner
Michael A. Weiss
Joanna Wiórkiewicz-K.
George Wolken
Youngdo Won
Yudong Wu
Robert E. Wyatt
Wei Yang
Robert Yelle
Darrin York
Hsiang-ai Yu
Guishan Zheng
Yaoqi Zhou
Vincent Zoete*

Abbildung 30. Liste der Karplusians (2013). Dies sind alle Personen, die mit mir in Illinois, Columbia, Harvard, Paris und Straßburg gearbeitet haben.

in Physik (1921). Der Nobelpreis wurde ihm für die Theorie des photoelektrischen Effekts verliehen, und nicht für seine wichtigste Arbeit, die allgemeine Relativitätstheorie, die bereits experimentell bestätigt und der Ursprung seiner weltweiten Berühmtheit als Wissenschaftler war. Interessanterweise hielt er seine Nobelvorlesung über Relativität, obwohl er über den photoelektrischen Effekt sprechen sollte. In ähnlicher Weise habe ich in meiner Vorlesung die Geschichte der Molekulardynamiksimulation skizziert und bin nicht auf die Entwicklung der Potentialfunktionen für Simulationen eingegangen, welche der Schwerpunkt der Nobelpreisbegründung ist. Die komplexen Erwägungen des Physik-Komitees, die zu der Entscheidung bezüglich Einsteins Nobelpreis führten, sind heute bekannt, weil der Preis vor mehr als fünfzig Jahren verliehen wurde.[59] Die Öffentlichkeit wird weitere fünfzig Jahre warten müssen, um herauszufinden, was das Chemie-Komitee zur Verleihung des diesjährigen Nobelpreises bewog.

Ich möchte noch unbedingt eine weitere Person erwähnen, meine Frau Marci. Sie war bereit, ihr Leben mit mir zu teilen, mit jemandem also, der nach ihrer Aussage „die ganze Zeit nur arbeitete“. Über das Zusammenleben hinaus hatte sie auch den Mut, meine Laboradministratorin zu werden. Dadurch wurde es in unserem abwechslungsreichen Leben unter anderem möglich, viele Jahre in den USA und in Frankreich zu arbeiten. Zudem wären die Vorbereitungen der Reise nach Stockholm und die Herausforderung, immer zur rechten Zeit am rechten Ort zu sein, nicht zu bewältigen gewesen, wenn sie nicht da gewesen wäre und sich um Alles gekümmert hätte.

Appendix: Anmerkungen zu den Filmen (siehe Hintergrundinformationen)

Film 1. $H + H_2$-Stöße

Der Film zeigt zwei Trajektorien, die erste ist reaktiv (Film 1a) und die zweite nicht-reaktiv (Film 1b). In der nichtreaktiven Trajektorie ist es offensichtlich, dass eines der Atome im Molekül sich vor die Reaktionsebene bewegt und das andere hinter die Reaktionsebene wandert. Dieser Effekt wird durch die Einführung von Perspektive erreicht, d.h., das eine Atom wird größer während es auf den Betrachter zukommt, und das andere wird kleiner während es sich vom Betrachter wegbewegt.

Während der Erstellung des Films tauchte die Frage auf, wie man die Perspektive darstellen sollte. Wenn der Radius der Kreise, welche die Atome repräsentierten, linear mit der Distanz vor oder hinter der Ebene variiert wurde, war die Perspektive schwer wahrzunehmen. Daher mussten wir einen besseren Weg finden, um die Perspektive zu zeigen.

Während Aufenthalten in Venedig betrachtete ich daher Bilder von Canaletto und verglich die tatsächlichen Distanzen mit deren Darstellung in seinen Bildern. Ich fand heraus, dass er näherungsweise ein exponentielles Gesetz, $e^{\alpha R}$, zu verwenden schien, wobei R der Abstand von der Ebene und α ein Koeffizient ist, an dessen Wert ich mich nicht mehr erinnere. Wenn ich dieses Ergebnis publiziert hätte (ich machte viele Dinge, die nicht publiziert wurden), gäbe es vielleicht ein Karplus-Gesetz der Kunsttheorie, so wie es eine Karplus-Gleichung der Kernresonanzspektroskopie gibt.

Der Film ist außerdem aus mehreren Gründen historisch interessant. Im Jahr 1967 angefertigt, stellt er zum ersten Mal bildlich das Resultat einer genauen Rechnung der Bewegung von Atomen dar, die an einer chemischen Reaktion teilnehmen. Der Film wurde im Labor von Professor Sutherland erstellt, der an der Entwicklung der ersten Computergraphiksysteme arbeitete. Es war ein Prototyp der Geräte, die heute von Evans und Sutherland hergestellt werden und z.B. in der Flugsicherung eingesetzt werden.

Film 2. Dynamik von BPTI

Der Film zeigt die Dynamik von BPTI während einer Dauer von ungefähr 10 ps, in Übereinstimmung mit Abbildung 14. Der Film wurde von Victor Ovchinnikov mit FFmpeg unter Verwendung von mit VMD generierten Bildern erstellt.

Film 3. Cartoon: Dynamik von Adenylat-Kinase

In Film 3a ist das Schließen von Adenylat-Kinase durch Scharnierbewegungen („hinge bending motions“) zu sehen, während die zwei A-P-P-Substrate binden. Film 3b zeigt die Reaktion, in der A-P-P-P und A-P im geschlossenen Molekül entstehen, gefolgt vom Öffnen durch Scharnierbewegungen und Entweichen der Produkte. Der Film wurde von Victor Ovchinnikov mit FFmpeg unter Verwendung von mit VMD generierten Bildern erstellt.

Film 4. Cartoon: Fortbewegung von Kinesin auf Mikrotubuli

Der Film zeigt mehrere Schritte von Kinesin auf dem Mikrotubulus (siehe Abbildung 24 und Text). Er wurde von der Gruppe von R. D. Vale und R. A. Milligan erstellt.[55]

Eingegangen am 2. April 2014
Online veröffentlicht am 25. Juli 2014

Übersetzt von Prof. Stefan Boresch, Wien

[1] P. A. M. Dirac, *Proc. R. Soc. London Ser. A* **1929**, *123*, 714–733.
[2] N. L. Allinger, M. A. Miller, L. W. Chow, R. A. Ford, J. C. Graham, *J. Am. Chem. Soc.* **1965**, *87*, 3430–3435.
[3] G. Némethy, H. Scheraga, *Biopolymers* **1965**, *4*, 155–184.
[4] S. Lifson, A. Warshel, *J. Chem. Phys.* **1968**, *49*, 5116–5129.
[5] R. N. Porter, M. Karplus, *J. Chem. Phys.* **1964**, *40*, 1105–1115.
[6] P. Siegbahn, B. Liu, *J. Chem. Phys.* **1978**, *68*, 2457.
[7] G. C. Schatz, *Theor. Chem. Acc.* **2000**, *103*, 270–272.
[8] M. Karplus, R. N. Porter, R. D. Sharma, *J. Chem. Phys.* **1966**, *45*, 3871–3873.
[9] A. Farkas, L. Farkas, *Proc. R. Soc. London Ser. A* **1935**, *152*, 124.
[10] S. Datz, E. H. Taylor, *J. Chem. Phys.* **1963**, *39*, 1896.
[11] A. Kuppermann, G. C. Schatz, *J. Chem. Phys.* **1975**, *62*, 2502.

[12] A. B. Elkowitz, R. E. Wyatt, *J. Chem. Phys.* **1975**, *62*, 2504.
[13] M. Garcia-Viloca, J. Gao, M. Karplus, D. G. Truhlar, *Science* **2004**, *303*, 186 – 195.
[14] „Structural implications of reaction kinetics": R. Hubbard, G. Wald in *Structural Chemistry and Molecular Biology: a Volume dedicated to Linus Pauling by his Students, Colleagues, and Friends* (Hrsg.: A. Rich, N. Davidson), Freeman, San Francisco, **1968**, S. 837 – 847.
[15] B. Honig, M. Karplus, *Nature* **1971**, *229*, 558 – 560.
[16] R. Gilardi, I. L. Karle, J. Karle, W. Sperling, *Nature* **1971**, *232*, 187 – 189.
[17] B. Honig, A. Warshel, M. Karplus, *Acc. Chem. Res.* **1975**, *8*, 92 – 100.
[18] A. Warshel, M. Karplus, *J. Am. Chem. Soc.* **1972**, *94*, 5612 – 5625.
[19] A. Warshel, M. Karplus, *Chem. Phys. Lett.* **1975**, *32*, 11 – 17.
[20] A. Warshel, *Nature* **1976**, *260*, 679 – 683.
[21] V. R. I. Kaila, R. Send, D. Sundholm, *J. Phys. Chem. B* **2012**, *116*, 2249 – 2258.
[22] J. Deisenhofer, W. Steigemann, *Acta Crystallogr. Sect. B* **1975**, *31*, 238 – 250.
[23] J. A. McCammon, B. R. Gelin, M. Karplus, *Nature* **1977**, *267*, 585 – 590.
[24] B. R. Gelin, M. Karplus, *Proc. Natl. Acad. Sci. USA* **1975**, *72*, 2002 – 2006.
[25] A. Rahman, *Phys. Rev.* **1964**, *136*, A405 – 11.
[26] F. H. Stillinger, A. Rahman, *J. Chem. Phys.* **1974**, *60*, 1545 – 1557.
[27] D. C. Phillips in *Biomolecular Stereodynamics*, Bd. II (Hrsg.: R. H. Sarma), Adenine Press, Guilderland, New York, **1981**, S. 497.
[28] The Computer World Information Technology Foundation, Oral History Collection Archives, **1995**.
[29] P. J. Rossky, M. Karplus, A. Rahman, *Biopolymers* **1979**, *18*, 825 – 854.
[30] P. J. Rossky, M. Karplus, *J. Am. Chem. Soc.* **1979**, *101*, 1913 – 1937.
[31] M. Levitt, R. Sharon, *Proc. Natl. Acad. Sci. USA* **1988**, *85*, 7557 – 7561.
[32] D. Vitkup, D. Ringe, G. A. Petsko, M. Karplus, *Nat. Struct. Biol.* **2000**, *7*, 34 – 38.
[33] A. L. Tournier, J. C. Xu, J. C. Smith, *Biophys. J.* **2003**, *85*, 1871 – 1875.
[34] D. E. Shaw, P. Maragakis, K. Lindorff-Larsen et al., *Science* **2010**, *330*, 341 – 346.
[35] W. Yang, R. Bitetti-Putzer, M. Karplus, *J. Chem. Phys.* **2004**, *120*, 2618 – 2628.
[36] C. M. Dobson, A. Sali, M. Karplus, *Angew. Chem.* **1998**, *110*, 908 – 935; *Angew. Chem. Int. Ed.* **1998**, *37*, 868 – 893.
[37] D. P. Scarpazza, D. J. Ierardi, D. E. Shaw, *Science* **2013**, *334*, 517 – 520.
[38] M. Levitt, A. Warshel, *Nature* **1975**, *253*, 694.
[39] J. C. Smith, B. Roux, *Structure* **2013**, *21*, 2102 – 2105.
[40] M. Karplus, D. L. Weaver, *Nature* **1976**, *260*, 404 – 406.
[41] M. Karplus, D. L. Weaver, *Biopolymers* **1979**, *18*, 1421 – 1437.
[42] M. Karplus, D. L. Weaver, *Protein Sci.* **1994**, *3*, 650 – 668.
[43] R. P. Feynman, R. B. Leighton, M. Sands, *The Feynman Lectures in Physics*, Bd. I, Addison-Wesley, Reading, **1963**, Kap. 3.
[44] K. A. Henzler-Wildman, V. Thai, M. Lei, M. Ott, M. Wolf-Watz, T. Fenn, E. Pozharski, M. A. Wilson, G. A. Petsko, M. Karplus, C. G. Hübner, D. Kern, *Nature* **2007**, *450*, 838 – 844.
[45] K. A. Henzler-Wildman, M. Lei, V. Thai, S. J. Kerns, M. Karplus, D. Kern, *Nature* **2007**, *450*, 913 – 916.
[46] A. L. Wendell, R. J. Raines, J. R. Knowles, *Biochemistry* **1988**, *27*, 1158 – 1167.
[47] M. Cecchini, A. Houdusse, M. Karplus, *PLoS Comput. Biol.* **2008**, *4*, e1000129.
[48] V. Ovchinnikov, B. L. Trout, M. Karplus, *J. Mol. Biol.* **2010**, *395*, 815 – 833.
[49] W. Yang, Y. Q. Gao, Q. Cui, J. Ma, M. Karplus, *Proc. Natl. Acad. Sci. USA* **2003**, *100*, 874 – 879.
[50] Y. Q. Gao, W. Yang, M. Karplus, *Cell* **2005**, *123*, 195 – 205.
[51] J. Pu, M. Karplus, *Proc. Natl. Acad. Sci. USA* **2008**, *105*, 1192 – 1197.
[52] W. Hwang, M. J. Lang, M. Karplus, *Structure* **2008**, *16*, 62 – 71.
[53] A. S. Khalil, D. C. Appleyard, A. K. Labno, A. Georges, M. Karplus, A. M. Belcher, W. Hwang, M. J. Lang, *Proc. Natl. Acad. Sci. USA* **2008**, *105*, 19247 – 19251.
[54] S. T. Brady, R. J. Lasek, R. D. Allen, *Science* **1982**, *218*, 1129 – 1131.
[55] R. D. Vale, R. A. Milligan, *Science* **2000**, *288*, 88 – 95.
[56] F. Kozielski, S. Sack, A. Marx, *Cell* **1997**, *91*, 985 – 994.
[57] E. Mandelkow, E. M. Mandelkow, *Trends Cell Biol.* **2002**, *12*, 585 – 591.
[58] M. A. Young, S. Gonfloni, G. Superti-Furga, B. Roux, J. Kuriyan, *Cell* **2001**, *105*, 115 – 126.
[59] M. Friedman, *The Politics of Excellence*, Henry Holt and Company, New York, **2001**, Kap. 7.

ANHANG 4

Der Artikel in der israelischen Tageszeitung Haaretz

Polizisten trennen Israelis und Palästinenser am Damaskustor am Jerusalemtag, dem 8. Mai 2013. *Foto: AFP*

„Zwei Staaten in einem Land“: ein Chemie-Nobelpreisträger auf der Suche nach Frieden

Die Trennung zwischen Israelis und Palästinensern ist ein ernstes Hindernis für den Frieden: Von einer Zusammenarbeit zur Verbesserung ihrer gemeinsamen Heimat würden alle profitieren, Juden ebenso wie Araber. **Von Martin Karplus,** 16. Juni 2014

Dass ich persönlich in den israelisch-palästinensischen Friedensprozess verwickelt wurde, war teilweise Zufall, teilweise aber auch Absicht.

Herbert Kelman ist emeritierter Professor für Sozialethik an der Harvard University. Ich lernte ihn bei einer Tagung mit dem Thema „The Transformation of Intractable Conflicts“ („Die Transformation schwer lösbarer Konflikte“) kennen, die zu seinen Ehren abgehalten wurde. Dort hörte ich von seinem Vorschlag „Ein Land, zwei Staaten“. Darin formulierte Kelman seine Hoffnungen für Israelis und Palästinenser so: „Die Anerkennung der

Tatsache, dass beide Völker an das ganze Land gebunden sind, obwohl sie jeweils nur einen Teil davon als ihren eigenen, unabhängigen Staat beanspruchen, könnte bei der Öffentlichkeit beider Seiten sehr wohl eine Saite zum Klingen bringen“ und es beiden Seiten leichter machen, „die Kompromisse hinzunehmen, die mit einem Abkommen einhergingen“.

Ich unterstütze zwar nachdrücklich Kelmans Vorschlag, mir ist aber klar, dass die derzeitige israelische Führung nicht bereit ist, ihn zu akzeptieren. Man scheint allgemein der Auffassung zu sein, dass für einen Friedensschluss ein Politiker vom Format eines Yitzhak Rabin notwendig wäre, dem sowohl Juden als auch Araber vertrauen. Dass Mahmud Abbas die Realität des Holocaust anerkannte, war ein bedeutender Schritt zum Aufbau einer vertrauensvollen Beziehung.

Deshalb hatte ich die Absicht, sowohl auf israelische als auch auf palästinensische Bedenken Rücksicht zu nehmen, als ich David Hershkowitz antwortete, dem Präsidenten der Bar-Ilan-Universität, der mich einlud, eine Ehrendoktorwürde in Empfang zu nehmen: „Ich fühle mich durch die Einladung geehrt ... Aber ich habe auch Bedenken ... Es ist meine Hoffnung, dass ich, nachdem ich mit einem Nobelpreis geehrt wurde, etwas Gutes bewirken kann, wenn ich im Rampenlicht stehe. Für Israel bedeutet das, den Friedensprozess auf jede nur mögliche Weise voranzubringen. Natürlich kann ein Einzelner nur darauf hoffen, kleine Dinge zu tun, um Israelis und Palästinenser näher zusammenzubringen. Ein Paradebeispiel ist das West-Eastern Divan Orchestra. Als ich vor einigen Jahren [in Israel] einen Vortrag hielt, verlieh ich meiner Hoffnung Ausdruck, dass an dem nächsten Vortrag, den ich in Israel halten würde, auch Studierende und Mitglieder des Lehrkörpers palästinensischer Universitäten teilnehmen könnten. In den seither verflossenen Jahren ist der Friedensprozess offensichtlich nicht vorangekommen, aber ich möchte mein Wort halten. Ich wünsche mir, dass Sie nicht nur Menschen aus Universitäten in Israel einladen, sondern auch solche von Universitäten in den Palästinensergebieten.“

Ich nannte sechs palästinensische Hochschulen, an denen es bekannte Wissenschaftler gab, und sowohl der für äußere Beziehungen zuständige Vizepräsident der Bar-Ilan-Universität als auch ich nahmen persönlich Kontakt zu ihnen auf. Diejenigen, die antworteten, schrieben, sie fühlten sich durch die Einladung geehrt, könnten aber unmöglich annehmen. Typisch ist die folgende Begründung: „Selbst wenn ich all das [die politische Situation] beiseite lasse, bin ich persönlich nicht bereit, mich der Erniedrigung zu unterwerfen, der ich ausgesetzt wäre, wenn ich einen Grenzposten zum israelischen Kernland passiere.“ Nachdem ich selbst bei einem Besuch im

Die trennende Mauer. *Foto: Martin Karplus*

Westjordanland miterlebt hatte, was einem Palästinenser an einem solchen Grenzposten widerfahren kann, kann ich das nachempfinden. Ein menschlicherer Umgang mit den Sicherheitserfordernissen würde ganz eindeutig dazu beitragen, die Kontakte zwischen Wissenschaftlern in den Palästinensergebieten und Israel zu verbessern.

Das Scheitern meines ersten und vielleicht naiven Versuchs, Israelis und Palästinenser an der Bar-Ilan-Universität zusammenzuführen, war für mich der Anlass, die Möglichkeit eines parallelen Vortrages an einer palästinensischen Universität zu sondieren. Über die israelisch-palästinensische Wissenschaftsorganisation IPSO hatte ich Kontakt mit Hasan Dweik aufgenommen, dem Vizepräsidenten der Al-Quds-Universität; zusammen mit Professor Khalid Kanan lud er mich ein, meinen Vortrag auf dem Campus von Abu Dis zu halten, wo Wissenschaftler von allen sechs palästinensischen Hochschulen anwesend waren, an die man Einladungen verschickt hatte, außerdem aber auch rund hundert Studentinnen und Studenten. Nach dem Vortrag diskutierten wir über den Friedensprozess.

Ich brachte meine Hoffnung zum Ausdruck, dass mein Besuch als Nobelpreisträger der Welt bewusst machen würde, wie wichtig die Wissenschaft in den Palästinensergebieten ist.

Außerdem sieht es so aus, als sei weder die häufig diskutierte „Zweistaatenlösung" noch die „Einstaatenlösung" realisierbar – die erste ist wegen des Siedlungsproblems nicht umsetzbar, und die zweite würde das Ende des jüdischen Staates Israel bedeuten (siehe zum Beispiel den zuvor in diesem Jahr in *Haaretz* erschienenen Meinungsartikel von Dov Waxman, „Time to choose: Liberalism or Zionism?“). Stattdessen schlug ich vor, Kelmans Konzept „Ein Land und zwei Staaten“ in Erwägung zu ziehen. Letztlich sind der derzeitige Staat Israel und die Palästinensergebiete zusammengenommen („ein Land“) historisch die Heimat sowohl von Juden als auch von Arabern und sollten als solche anerkannt werden. In dieser historischen Heimat gäbe es dann zwei souveräne Gebilde („zwei Staaten“), die ungefähr dem heutigen Israel und den Palästinensergebieten entsprechen würden, wobei allerdings die genaue Grenzziehung eines der vielen Probleme ist, die noch zu lösen wären.

Bevor die Regierungsverantwortlichen Israels und der Palästinensergebiete einander so weit vertrauen, dass sie gemeinsam Verantwortung für das „eine Land“ übernehmen könnten, müsste sich noch vieles ändern. Ein kleiner Schritt in diese Richtung ist das von Papst Franziskus vermittelte gemeinsame Gebet der Präsidenten Israels und der Palästinenser im Vatikan. Ich hoffe, dass auch meine Tätigkeit während dieses Besuches im Nahen Osten einen Beitrag leisten wird.

Eine Zusammenarbeit von Juden und Arabern mit dem Ziel, die gemeinsame Heimat voranzubringen, wäre für beide Seiten von ungeheurem Nutzen. Die Vereinten Nationen haben 2013 zum Jahr für Zusammenarbeit im Wasserbereich erklärt. Angesichts der Wasserknappheit in der Region wäre eine effiziente Wassernutzung durch Erweiterung der israelischen Entsalzungstechnik und der Hydrokultur in den Palästinensergebieten ein konstruktiver Weg der Zusammenarbeit.

Mit „zwei Staaten“ in dem „einen Land“ könnten die jüdischen Siedler in den heutigen Palästinensergebieten weiterhin leben und hätten dort die Wahl – analog zu den Arabern, die in Israel leben –, palästinensische Bewohner oder Bürger zu werden.

Nach der Diskussion hatte ich auch Gelegenheit, den Campus von Al-Quds zu besuchen und einige Forschungslabors zu besichtigen. Eines davon beschäftigte sich mit Virologie und war sehr gut ausgestattet; es besaß die technische Ausrüstung, um Viren zu identifizieren, die an bestimmten Infektionen beteiligt sind. Diese Ausrüstung wurde mit Forschungsmitteln von außen gekauft. Die Al-Quds-Universität erhält zwar für ihre Forschung umfangreiche Spenden für Ausstattung und Gebäude, aber die kleinen Summen zu beschaffen, die zum Betrieb einer Apparatur erforderlich sind, ist viel schwieriger. Hier könnte eine Zusammenarbeit mit israelischen Krankenhäusern, etwa über eine Bereitstellung der Mittel, die für den laufenden Testbetrieb in den Labors erforderlich sind, zum Aufbau von Vertrauen beitragen.

Ebenso erfuhr ich von anderen Unternehmungen, bei denen Israelis und Palästinenser zusammenarbeiten – oft ohne dass groß darüber berichtet wird. Ein solches Gemeinschaftsprojekt sind Firmengründungen im Hightech-Bereich. Die Kosten sind dabei anfangs gering, und der Erfolg hängt vorwiegend von der Intelligenz und der Originalität der beteiligten Menschen ab. Es gibt auch eine palästinensisch-israelische Forschungsgruppe (PICR) für die medizinische Kooperation zwischen Palästinensern und Israelis zur Verbesserung der Behandlung und Erforschung von Infektionskrankheiten.

Im derzeitigen Stadium kann es sinnvoll sein, sich auf Ausbildung, Technologie, Medizin und Wirtschaft auf der Ebene von Einzelpersonen und kleinen Organisationen zu konzentrieren; das könnte dazu beitragen, das Leben in den Palästinensergebieten zu verbessern und das Vertrauen zu entwickeln, das für politischen Fortschritt notwendig ist.

Angesichts der gegenwärtigen politischen Situation glaube ich, dass kleine Schritte das Einzige sind, was eine Einzelperson wie ich unternehmen kann, um die Beziehung zwischen Juden und Arabern zu verbessern.

Ich möchte mit einem Auszug aus einer E-Mail schließen, die ich nach meinem Vortrag an der Bar-Ilan-Universität erhielt.

> *Danke für die Worte, mit denen Sie Ihren Vortrag begonnen haben, und danke, dass Sie an der Bar-Ilan-Universität nur unter der Bedingung aufgetreten sind, dass palästinensische Kollegen kommen und Ihnen zuhören können. Dass wir nicht in der Lage sind, Frieden mit unseren palästinensischen Nachbarn zu schließen, liegt nach meiner Überzeugung zuallererst daran, dass wir von ihnen getrennt sind, und deshalb ist jede Vorgehensweise, die uns zusammenführt, ein Segen. Ich stamme aus einer langen Reihe von Friedensaktivisten und bin von einem fest überzeugt: Je öfter sich unsere beiden Völker treffen und interagieren und kennenlernen, desto besser sind die Aussichten, dass wir politische Führer wählen, die sich eines Tages erfolgreich um Frieden bemühen. Deshalb war ich stolz und dankbar, dass ich Ihre Worte hören konnte, und ich lobe Sie dafür.*

Martin Karplus wurde 1930 in Wien geboren und floh 1938, kurz nachdem Hitler in Wien einmarschiert war, aus Österreich. Er ging mit seiner Familie in die Schweiz, nach Frankreich und schließlich in die Vereinigten Staaten, wo er an der Harvard University (BA) und am Caltech (PhD) studierte. Später kehrte er als Professor nach Harvard zurück und entwickelte dort die Methode der Molekulardynamik, für die er 2013 mit anderen den Nobelpreis erhielt.

Index

C

D

E

F

G

H

I

J

K

L

M

N

O

P

T

U

V

W

X

Y

Z